知识工程技术术
及其应用

Knowledge Engineering Technology and Its Application

张春霞　著

北京理工大学出版社
BEIJING INSTITUTE OF TECHNOLOGY PRESS

内 容 简 介

知识工程是人工智能的重要分支领域。本书围绕知识工程技术及其应用，对领域本体、时间本体与时间信息抽取、实体识别、实体关系获取、实体属性知识获取、描述流抽取以及知识评估进行了详细的论述。全书共分 8 章，沿着从知识表示到知识抽取、知识评估这一主线逐步展开，围绕相关应用，由浅入深，阐明相关概念和核心方法，为知识工程领域的从业人员了解相关知识表示和知识获取技术提供参考。本书可作为知识工程、人工智能等专业本科生及研究生的教学参考用书，也可供研究院所从事知识工程、行业信息化领域的研发人员阅读参考。

版权专有 侵权必究

图书在版编目（CIP）数据

知识工程技术及其应用／张春霞著． －－北京：北京理工大学出版社，2023.3
　　ISBN 978 - 7 - 5763 - 2237 - 8

Ⅰ．①知… Ⅱ．①张… Ⅲ．①知识工程 Ⅳ.
①TP182

中国国家版本馆 CIP 数据核字（2023）第 056471 号

出版发行／北京理工大学出版社有限责任公司
社　　址／北京市海淀区中关村南大街 5 号
邮　　编／100081
电　　话／（010）68914775（总编室）
　　　　　（010）82562903（教材售后服务热线）
　　　　　（010）68944723（其他图书服务热线）
网　　址／http://www.bitpress.com.cn
经　　销／全国各地新华书店
印　　刷／保定市中画美凯印刷有限公司
开　　本／710 毫米 × 1000 毫米　1/16
印　　张／17　　　　　　　　　　　　　　　责任编辑／多海鹏
字　　数／294 千字　　　　　　　　　　　　文案编辑／把明宇
版　　次／2023 年 3 月第 1 版　2023 年 3 月第 1 次印刷　　责任校对／刘亚男
定　　价／98.00 元　　　　　　　　　　　　责任印制／李志强

图书出现印装质量问题，请拨打售后服务热线，本社负责调换

前　言

知识工程是一门以知识为研究对象的学科，是人工智能领域的重要研究内容。知识工程技术是利用知识工程原理与方法构建知识嵌入的人工智能系统的技术体系。知识工程技术主要研究知识表示、知识获取、知识推理、知识评估以及知识应用等核心技术和智能应用系统构建方法，是实现知识嵌入的人工智能的重要知识基础和技术支撑。开展知识工程技术研究，旨在利用现代计算技术为人们的生产生活提供精准的知识服务、提高知识获取的效率和质量，为各行业领域的信息化建设、智能化建设提供技术支撑。

本书作者在长期进行相关研究的基础上，对知识工程中的知识表示、知识获取、知识评估方法以及相关应用等进行全面论述。撰写本书的目的是为了呈现相关概念、技术思想、核心方法和相关应用，从而为语义检索、问答系统、信息推荐等下游任务提供知识支撑，为"知识"在多种人工智能系统中的应用提供方法论和技术支持。

全书共分 8 章。第 1 章主要介绍知识工程技术的研究背景，阐述知识工程技术的研究内容以及面临的挑战，并对本书内容进行梳理，给出本书的组织结构。

第 2 章以领域本体为切入点，从领域本体角度，阐述形式领域本体；从知识获取角度，介绍领域知识获取本体和模式本体；从领域本体应用角度，作为应用案例，论述考古学领域本体和数学课程本体。

第 3 章讨论时间本体和时间信息抽取。从本体表示角度，阐述时间本体；从时间信息抽取角度，论述时间实体识别方法；从本体应用角度，介绍时间本体在问答系统中的应用。

第 4 章介绍实体识别。从知识获取对象角度，分别阐述领域概念获取方法、术语定义抽取方法以及领域术语抽取方法。

第 5 章论述实体关系知识获取。阐述实体上下位关系抽取方法，以及实体对齐关系识别方法。

第 6 章讨论实体属性知识获取。对于实体属性知识，介绍实体的显式槽和隐式槽的属性知识获取方法。进一步，介绍作者身份识别应用，从三个方面开展相关论述。阐述非结构化文本的作者身份属性识别方法，博客作者身份属性识别方法，源代码作者身份属性识别方法。

第 7 章介绍描述流抽取。讨论描述流的表示和结构，给出描述流的形式分析、定性分析和定量分析，并阐述领域本体驱动的描述流抽取方法。

第 8 章论述知识评估。首先，介绍概念分类层次知识的评估方法；然后，阐述实体属性知识评估方法，包括单种属性关系的属性知识评估、多种属性关系的属性知识评估以及相关应用方法。

本书可作为知识工程、人工智能等专业本科生及研究生的教学参考用书，也可供研究院所从事知识工程、行业信息化领域的研发人员阅读参考。

本书凝聚了作者同事、朋友和研究生的心血。在本书的撰写过程中，参阅并引用了诸多文献和部分国内外相关研究成果，敬致感谢。在本书写作和出版过程中，北京理工大学出版社给予了大力帮助，特此表示感谢。

知识工程发展迅速，呈现与自然科学、社会科学交叉融合的态势，相关理论与技术尚处于不断完善、探索和发展之中。由于作者水平所限，书中难免有疏漏和不妥之处，欢迎专家和读者提出宝贵意见，给予批评指正，激励我们不断完善和提高，将不胜感激。

目　录

第 1 章

引　言

随着人工智能和大数据技术的迅猛发展，知识工程技术获得飞速发展和广泛应用。作为一门学科，知识工程的研究对象是知识。知识工程技术是利用知识工程原理与方法构建知识嵌入的人工智能系统的技术体系。知识工程技术主要研究知识表示、知识获取、知识推理、知识评估以及知识应用等核心技术和智能应用系统构建方法，是实现知识嵌入的人工智能的重要知识基础和技术支撑。本章介绍知识工程技术的研究背景、研究内容和未来挑战。

|1.1 研究背景|

当今诸多行业领域面临杂乱信息泛滥、精准知识匮乏的问题。在社会生产和日常生活中,随着人工智能技术的发展与深度应用,人们冀望获得高质量的精准知识服务。

人工智能的目标是通过计算机来模拟和延伸人类智能行为。当前,深度学习方法的广泛应用迅猛地推动着专用人工智能技术的发展。作为一种数据驱动的方法,深度学习在计算机视觉、自然语言处理、语音识别等领域获得了极大的成功。但是,随着开放环境的泛在以及复杂智能感知与决策任务需求的增长,纯数据驱动的人工智能技术发展到了极致阶段,技术上难以实现大超越。技术上,"知识"嵌入是实现高阶人工智能的必要基础。

知识工程是人工智能学科中的重要内容。作为知识工程的核心内容,知识表示、知识获取、知识推理的相关方法与技术已经广泛应用于诸多智能系统之中[1,2,3]。在诸多行业领域中,领域知识是广泛存在的。在方法论层面,领域知识描述特定领域的概念内涵与外延、领域实体关系以及领域实体属性知识等。将领域知识与计算机技术有机融合可有效地处理专业领域应用任务[4,5]。比如,在医学领域、金融领域以及气象领域中,现有人工智能系统充分利用了领域知识,提升了相关人工智能产品的性能和服务质量。另外,问答系统、信息推荐和知识融合等知识工程应用技术所取得的突破性进展,同样离不开对相关领域知识或常识知识的深度应用。知识工程技术主要包括知识表示、知识获取、知识验证或评估、知识推理等内容。知识表示是指对各种类型的知识进行表示与组织，为知识工程的众多下游任务提供知识支撑。知识获取是指从互联网、书籍、期刊以及专家等来源中获取知识。其中，涉及结构化数据、半结构化数据和非结构化数据。知识类型包括领域知识、常识知识，或事实性知识、程序性知识、过程性知识以及意见性知识。知识验证是指对于以自动方式、半自动方式或人工方式获取的知识，验证其一致性、正确性和完全性。知识推理是指根据已有知识推理出未知的新知识。

鉴于知识工程的相关内容十分广泛，本书主要聚焦于知识表示、知识获取和知识验证及应用四个层面。具体涉及以下内容：

（1）在知识表示方面，主要包括形式领域本体、领域知识获取本体、模式本体、课程本体、时间本体。

（2）在知识获取方面，主要包括时间信息抽取、实体识别、术语定义抽取、实体上下位关系抽取、实体对齐关系识别、领域实体属性知识获取、非结构化文本作者属性识别、博客作者属性识别、源代码作者属性识别、文本描述流抽取。

（3）在知识验证方面，主要包括概念分类层次知识评估或验证、实体属性知识评估或验证。

（4）在知识应用方面，主要呈现时间本体在问答系统中的应用，以及概念分类层次知识评估和实体属性知识评估方法在多领域知识验证中的应用。

1.2 知识工程挑战

第三代人工智能通过"知识、数据、算法和算力"四要素，实现能够模拟人类认知、思维和决策等的人工智能技术和应用[6]。知识工程的研究内容主要包含知识处理的理论、方法，以及技术和应用。知识工程涉及自然语言处理、人工智能、机器学习、大数据分析和数据挖掘等技术[7]。

知识工程技术面临的主要挑战包括：

（1）海量知识的多源异构性。

在知识工程中，知识来源呈现多样性和分散性特点。知识来源包括书籍、领域专家和互联网等。互联网主要包含新闻网站、百科网站、社交平台等。从数据类型看，主要包括文本、图片、音频和视频等非结构化数据。文本语言进一步包括书面语、口头语和网络用语等。文本包括短文本和长文本。从知识来源的模态看，知识来源包括单种模态数据（如文本或图像）和多种模态数据（如文本－图像对）。总之，知识工程所处理的数据多源异构，具有不同的模态特性、不同的模态规模、不同的时空粒度、不同的表征结构、不同的语义信息、不同的度量特性。如何实现高效的知识表示、知识获取，突破模态平衡的陷阱和粒度鸿沟，是其中的一个挑战性问题。

（2）知识的动态更新性。

近年来，社交平台和社交软件呈持续增长的态势，知识来源的种类不断增加，数据获取的渠道不断丰富。同时，各领域知识处于不断发展和更新之中。结构化数据、半结构化数据和非结构化数据呈现几何级增长态势。总之，不同软件系统或知识库中的知识表示不断更新，需要构建可自适应转换不同表示语言的知识表示方法，不断动态更新知识库，为知识融合、语义互操作、知识共享和重用开辟新的技术途径，是一个持续面临的技术挑战问题。

（3）多粒度知识融合。

知识工程涉及文本、图片、视频和音频等多种模态数据。在知识融合的内容方面，需要融合同一实体的相关知识、同一概念的相关知识、具有相同属性或相同关系的知识、隶属于相同类别的实体知识等。在知识融合过程中，还需要充分考虑不同类型的知识载体，包含来自不同专家的知识和来自不同软件系统的知识。因此，如何高效融合具有不同知识来源、不同模态特征、不同表示语言、不同自然语言形态、不同表示粒度的知识，是需要解决的技术问题。

（4）多类型知识验证。

在知识工程中，"知识"往往呈现出不同的性质。在知识内容方面，需要验证概念层面的知识、实体层面的知识。概念层面的知识包括概念的含义、概念之间的语义关系、概念分类层次知识等。实体层面的知识即知识图谱，包括实体之间的语义关系、实体的属性知识、实体与概念的隶属关系等。在知识验证的时间维度方面，需要验证不同时间的知识正确性和一致性。在知识验证的知识粒度方面，需要验证不同粒度的知识，包括同一概念同一属性的不同粒度的相关知识、同一实体和同一属性的不同粒度的相关知识。因此，知识验证需要充分解决多类型知识中可能存在的语义歧义、矛盾以及异构性，确保知识的一致性、正确性和完全性。

1.3 本书组织结构

本书共包括 8 章内容，主要包括知识表示、知识获取，以及知识评估等内容。

第 1 章，引言，介绍知识工程的研究背景、研究内容及其挑战性问题。

第 2 章，领域本体，阐述形式领域本体、领域知识获取本体、模式本体、课程本体的构成和表示。

第 3 章，时间本体和时间信息抽取，阐述时间本体的构成框架、基础时间本体、扩展时间本体以及时间信息抽取方法。

第 4 章，实体识别，论述概念抽取方法、术语定义抽取方法等。

第 5 章，实体关系知识获取，阐述上下位关系抽取方法、实体对齐关系识别方法。

第 6 章，实体属性知识获取，阐述领域实体属性知识获取方法、非结构化文本作者属性识别方法、博客作者属性识别方法、源代码作者属性识别方法。

第 7 章，描述流抽取，阐述描述流的表示和结构、描述流的定性分析和定量分析以及描述流抽取方法。

第 8 章，知识评估，阐述概念分类层次知识评估方法、实体属性知识评估方法。

领域本体

目 前，互联网载体信息具有海量繁杂和多源异构特点。多源异构知识的异质性和分散性严重地阻碍了知识在多主体和软件实体之间的语义互操作、共享和重用。从技术发展趋势来看，形式本体已被认为是很有前途的解决方法。为此，本章首先介绍形式领域本体、领域知识获取本体；其次，阐述模式本体和考古学领域本体；最后，论述数学课程本体。

|2.1　形式领域本体|

形式领域本体旨在为领域知识提供一种形式化的、可共享的概念化规范性表示。在形式领域本体基础上，本章构建了领域知识获取本体、模式本体、考古学领域本体和数学领域课程本体[8,9,10]。

在自然语言处理、问答系统、信息检索、知识工程、情感分析和智能教育等知识密集型应用中，通用领域本体和专业领域本体是实现这些应用系统的必要基础和支持。

形式领域本体采用框架和一阶谓词逻辑相融合的本体表示语言。基于描述逻辑，Loom 语言是采用基于规则和框架的方式来表示的语言[11]。形式领域本体表示语言借鉴了通用框架协议[12]和 Loom 语言。领域本体、顶层本体、通用或常识本体、知识本体、语言学本体，以及任务本体和应用本体均独立于本体表示语言。因此，利用本节形式领域本体表示语言所表示的本体能够被转换为基于 XML（eXtended Markup Language）、RDF（Resource Description Framework）、XOL（XML – based Ontology Exchange Language）、OWL（Web Ontology Language）、DAML + OIL（DARPA Agent Markup Language + Ontology Interchange Ontology）等其他本体表示语言表示的本体。

形式领域本体通常由领域中的类别（即概念）、类别关系（即概念之间的关系）和公理（Axiom）三部分所组成。类别关系主要包括继承关系（即上下位关系）和部分关系（即部分 – 整体关系）等。公理包括类别成员公理、类槽公理和类间公理。其中，类别成员公理是判定个体类属（即实例所属类别）的公理，类槽公理是关于类别的两种槽即属性和关系的公理，类间公理由类级公理和类槽间公理构成。进一步，类级公理是关于类别与类别之间关系的公理，类槽间公理是关于不同类别的槽之间的公理。由此形成的形式领域本体不仅能够获取领域知识的语义信息，而且为领域知识提供了一种可共享的概念化规范性框架。该规范的特点是采用显式的、形式化的描述方式。因此，不同用户、用户群体和计算机系统能够以结构化的方式共享和重用领域知识，从而可以在计算机软件系统之间实现知识的语义互操作。

在构建形式领域本体时，通常遵循如下准则：共享性与重用性、清晰性与客观性、完全性、转换性、可读性和命名的标准性。

|2.2 领域知识获取本体|

2.2.1 知识获取本体

领域知识获取本体是为获取领域知识而设计的形式领域本体，包含概念知识（Conceptual Knowledge）和语言学知识（Linguistic Knowledge）。下面将介绍基本概念。

定义（类别，Category）：类别是具有一定共性的事物或对象的集合。用符号"C"表示。例如，高等学校类、研究型大学类、教学研究型大学类、教学型大学类、应用型大学等。

定义（槽，Slot）：类别的属性或者关系称为槽。用符号"S"表示。例如，研究型大学类具有槽"学校特色""创办时间"和"占地面积"。又如，古文化类具有槽"分布时期"和"地址时代"。

定义（实例或者个体，Instance or Individual）：类别中的外延成员称为类别的实例或个体，即将具有概念所反映性质的事物称为类别的实例或个体。用符号"I"表示。函数 Ext(C) 表示类别 C 的实例集合或个体集合，其中，Ext 是 Extension 的简写。例如，乾清宫和太和殿是宫殿的实例或个体，巴蜀文化和金牛山文化为古文化类的实体或个体。

定义（类别继承关系，Inheritance Relation）：对于类别 C_1 和 C_2，若 Ext(C_1) $\subset$ Ext(C_2)，则称类别 C_2 与类别 C_1 之间具有继承关系，C_1 为 C_2 的子类（Sub-category），C_2 为 C_1 的父类（Super-category），记作 IS-A（C_1,

C_2）。例如，研究型大学为高等学校的子类，高等学校为普通高等学校、职业高等学校、成人高等学校的父类。又如，洞穴遗址为遗址的子类。

以上类别继承关系、子类和父类的定义可以视为根据类别实例的外延给出类别之间关系的定义。

定义（类内槽，公共槽）：将定义在类别 C 中的槽称为类内槽，将不同类别可共享的槽称为公共槽。例如，槽"主管部门"为研究型大学这一类别和职业高等学校这一类别的公共槽。

定义（槽重用关系）：对于槽 S_1 和 S_2，若 S_2 的性质与 S_1 的性质完全相同，则 S_2 可以共享 S_1，称 S_2 重用 S_1。例如，槽"地质年代"重用槽"地质时代"。

定义（槽继承关系）：对于槽 S_1 和 S_2，若 S_1 满足的性质 S_2 也满足，则称 S_2 继承 S_1。例如，陶器的槽"代表纹饰"和"主要纹饰"继承陶器的槽"纹饰"。

领域知识获取本体中公共槽的构建方法如下：如果槽 S 均为类别 C_1 和 C_2 的槽，并且 C_1 和 C_2 不具有继承关系，则将 S 构建为公共槽。如图 2.1 所示，成人高等学校类别 C_4 与研究型大学类别 C_5 具有公共槽"学校特色 S_1"和"学校特点 S_2"。

领域知识获取本体中公共槽和类内槽之间的关系如下。其一，公共槽之间可以具有重用关系和继承关系。如图 2.1 所示，槽"学校特点 S_2"重用槽"学校特色 S_1"。其二，类内槽可以重用或者继承公共槽。如图 2.1 所示，类别研究教学型大学槽"主要奖项"继承槽"奖项"。

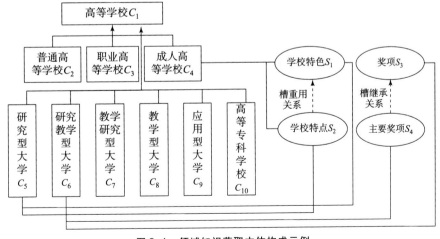

图 2.1 领域知识获取本体构成示例

2.2.2　知识获取本体表示

领域知识获取本体表示语言 KAOL（Knowledge Acquisition Ontology Language）由两部分所构成：类别表示和槽模式表示。

2.2.2.1　类别表示

根据框架表示语言的结构性和集成性的特点，类别表示语言中，类别标题包括关键字"defcategory"和类别名称。类别主体由槽集合和公理所构成。槽进一步可分为属性槽和关系槽。对于槽的属性和性质等附加信息，利用槽的侧面（Facet）进行描述。公理是一阶谓词公式，表示关于类别的属性和性质、类间关系等。类别的表示示例如下所示。

defcategory 类别
{
　　　　属性：子类
　　　　属性：类别的名称词汇
　　　　属性：类别的模式词汇
　　　　属性：又称
　　　　槽：槽值
　　　　属性：槽名称
　　　　　　：侧面槽的名称词汇
　　　　　　：侧面槽的模式词汇
　　　　　　：侧面槽模式
　　　　属性：聚类属性
　　　　　　：侧面元素
　　　　属性：重用属性
　　　　属性：重用关系
　　　　属性：继承属性
　　　　属性：继承关系
　　　　属性：公共槽继承属性
　　　　属性：类内槽继承属性
　　　　属性：公共槽继承关系
　　　　属性：类内槽继承关系
　　　　属性：子类生成规则
}

构建子类生成规则的目的是根据类别的槽的值域来生成类的子类。其形式为 $< C_1 . S_1 > < C_2 . S_2 >$，其中，$S_1$ 为类别 C_1 的槽，S_2 为类别 C_2 的槽。例如，根据子类名称生成规则"< 磨制石器 . 器形 > < 磨制石器 . 子类 >"，可构建磨制石器的子类"单刃石铲"，因为"单刃"为磨制石器的一种器形，"石铲"为磨制石器的子类。有关类别及其槽的内容示例，如下所示。

defcategory 类别

｛

　　属性：子类

　　　　：类型　字符串数组

　　　　：注释"表示类别的子类"

　　　　：例子"居住址的子类：生活遗址，和　生产遗址"

　　属性：类别的名称词汇

　　　　：类型　字符串数组

　　　　：注释"表示该类别的不同语词形式"

　　　　：例子"墓葬类别的名称词汇：墓，和　墓址，和　墓葬"

　　属性：类别的模式词汇

　　　　：类型　字符串数组

　　　　：注释"表示与类别相关的词汇"

　　属性：又称

　　　　：类型　字符串数组

　　　　：注释"表示类的其他名称"

　　属性：类别的实例名称词法

　　　　：类型　字符串

　　　　：注释"表示类的实例名称的构成词法"

　　　　：例如"遗址类的实例名称词法：< #非空字符串 > < 遗址 >。也就是，若 I 由非空字符串遗址关键字构成，则 I 可能为遗址类的实例。例如，仰韶文化遗址由非空字符串文化和关键字遗址构成，为遗址的一个实例"

　　槽：槽值

　　　　：注释"表示类的槽以及槽值"

　　属性：槽名称

　　　　：类型　字符串

　　　　：侧面　槽的名称词汇

　　　　：侧面　槽的模式词汇

: 侧面　槽模式

: 槽模式　槽模式（类别 = 类别名；槽 = {槽名 S_1，槽名 S_2，…，槽名 S_n}）

属性：聚类属性

: 类型　字符串

: 侧面　元素

属性：重用属性

: 类型　字符串数组

: 注释"表示该属性被类内槽或其他公共槽重用"

属性：重用关系

: 类型　字符串数组

: 注释"表示该关系被类内槽或其他公共槽重用"

属性：公共槽继承属性

: 类型　字符串数组

: 注释"继承公共槽属性 S_1 是指公共槽 S_1 继承公共槽 S_2，继承的内容在 S_2 的框架中定义，标识符为 defcommonslot S_1"

属性：类内槽继承属性

: 类型　字符串数组

: 注释"类内槽继承属性 S_1 是指类 C 的槽 S_1 继承公共槽 S_2 的性质，继承的内容在 S_2 的框架中定义，标识符为' defcategoryslot S_1（类 = S）'"

属性：子类生成规则

: 类型　字符串数组

}

下面给出考古学领域中石制品类别的内容示例，如下所示。

defcategory 石制品

{

子类：石器，和　石片，和　石核

类内槽继承属性：代表石制品

: 类型　字符串数组

: 注释"小南海文化的石制品的代表石制品：石器，和　制作石器所产生的石片，和　制作石器所产生的石核"

类内槽继承属性：主要石制品

: 类型　字符串数组

　　　　　：注释"大荔人遗址的主要石制品：石片，和　石核"

　　类内槽继承属性：主要石制品所占比例

　　　　　：类型　字符串数组

　　　　　：注释"猫猫洞旧石器地点的石制品的主要石制品所占比例：占
　　　　　　总数的 82.7%"

　　类内槽继承属性：其它石制品

　　　　　：类型　字符串数组

　　　　　：注释"猫猫洞旧石器地点的石制品的其他石制品：石核、砾石
　　　　　　和石块做的石器"

　　类内槽继承属性：其它石制品所占比例

　　　　　：类型　字符串数组

　　　　　：注释"富林遗址的石制品的其他石制品所占比例：2.6%"

　　属性：器形

　　　　　：槽的名称词汇型式，和类型

　　　　　：值域斧，和　锛，和　铲，和　刀，和　镰，和　镞，和
　　　　　　矛，和　矛头，和　凿，和　石磨盘，和　石磨棒

　　属性：形制

　　　　　：类型　字符串

　　　　　：注释"小南海文化的石制品的石饰的形制：中心的竖孔为自然
　　　　　　形成"

　　属性：制作材料

　　　　　：槽的名称词汇原料，和　质料，和　材料，和　原材料

　　　　　：槽的模式词汇制作，和　制成

　　属性：制作地点

　　　　　：类型　字符串数组

　　　　　：注释"小南海文化的石制品的石饰的制作地点：小南海洞"

　　重用关系：继承

　　　　　：类型　字符串

　　　　　：建议侧面例子

　　　　　：注释"峙峪文化的石制品继承：北京人文化的某些传统技术，
　　　　　　':例子用砸击法生产两极石核、两极石片'为其侧面"

　　}

defcategoryslot 主要石制品（类别 = 石制品）

　　{

　　　继承属性：主要 ~ MS

　　　参数： ~ MS

　　　　　：值域石制品

　　}

　　框架"defcategoryslot 主要石制品（类别 = 石制品）"中，表示类别"石制品"的槽"主要石制品"为类内槽继承属性，继承公共槽"主要 ~ MS"， ~ MS 为参数，值为"石制品"。

2.2.2.2　槽模式表示

　　槽模式（Slot Pattern）是为了获取领域实例或领域个体的知识而设计的。给定类 C 的槽 S_1， S_2， …， S_n（$n \geq 1$）的槽模式，若 I 为 C 的实例，则可以根据其槽模式来提取 I 的槽 S_1， S_2， …， S_n 的槽值。槽模式包括类名、槽名、触发条件、模式、泛化模式、合并模式、实例槽名槽值等内容。槽模式采用框架来进行表示。模式和槽模式具有不同的含义。槽模式中可能包含多个模式，每个模式是获取槽值的一个句子层次上的模式。槽模式的内容示例，如下所示。

　　defcategory 槽模式（类 = 类名 C；槽名 = {槽 S_1，槽 S_2，…，槽 S_n}）

　　}

　　　属性：触发条件

　　　：类型　字符串

　　　：注释"表示提取类 C 的个体的槽 S 的槽值所满足的触发条件"

　　　属性：触发词

　　　：类型　字符串

　　　：注释"触发词为一种触发条件。句子中包含触发词，既不是该句子所包含类的个体的槽的槽值的充分条件，也不是必要条件"

　　　属性：模式

　　　：类型

　　　：侧面　匹配率

　　　：侧面　正确率

　　　：注释"表示提取类 C 的个体的槽 S 的槽值所满足的句子层级模式。为了区别不同的模式，可对模式进行编号。槽模式中的每一个模式均有一个唯一的编号。设语料中含有 N_n 个句子，对于模式或语境 CP，若存在 N_m 个句子匹配 CP，N_p 个句子为正确匹配，则模式的匹配率等于 N_m/N_n，模式的正确率等于 $N_p/$

N_m”

属性：实例槽名槽值

　　：类型　　元组

　　：注释“表示根据模式提取出来的类的实例的名称、槽的名称以及槽值”

属性：合并模式（模式 CP_1，模式 CP_2，…，模式 CP_k；类 C，槽 S）

　　：侧面　　合并规则

　　：注释“表示由类 C 的槽 S 的槽模式中的模式 CP_1，CP_2，…，CP_k（$k \geqslant 1$）根据合并规则得出的新模式”

属性：泛化模式（模式 CP_1，模式 CP_2，…，模式 CP_k；类 C，槽 S）

　　：侧面　　泛化规则

　　：注释“表示由类 C 的槽 S 的槽模式中的模式 CP_1，CP_2，…，CP_k（$k \geqslant 1$）根据泛化规则得出的新模式”

}

古文化类别中槽“名称由来”的槽模式如下所示。

defslotcontext 槽模式（类别＝古遗址；槽＝｛发掘时间｝）

{

　　触发词：得名

　　模式 I：＜#SV＞＜！发掘队＞＜！发掘＞＜#INS＞

　　模式 II：＜#SV＞＜！发掘队＞＜！对＞＜#INS＞＜开展＞＜！发掘＞

　　模式槽名槽值：（实例＝＜#INS＞，发掘时间＝＜#SV＞）

}

其中，“#SV”和“#INS”为字符串变量名，“#INS”表示实例变量，“#SV”表示槽值变量。“＜！发掘队＞”和“＜！发掘＞”等表示常量类项，例如，常量类项＜！发掘＞包括字符串“发掘”和“挖掘”。对于句子“1963 年，由冯汉骥领队，四川省博物馆、四川大学历史系组成的联合考古队再次发掘了三星堆遗址的月亮湾等地点。”，该句子可与模式 I 进行匹配。

2.2.2.3　模式项的类型

模式的项分为常量项和变量项，其分类结构如图 2.2 所示。常量项包括单常量项和常量类项。变量项包括自由变量项和约束变量项。约束变量项是指对项加以结构、词汇、语法、语义等方面的约束。例如，词性变量项、关系动词变量项和字符串变量项为约束变量项。自由变量项是指对项不加以约束，可为任意非空的字符串。模式项的内容示例如下所示。

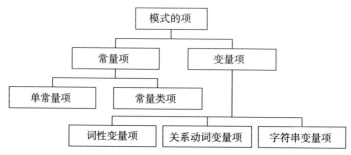

图2.2　模式项的类型

defcategory 模式的项

{

　　类型：单常量项

　　　　：类型　字符串，和　汉字字符串

　　　　：标识符无

　　　　：例子"＜得名＞，表示汉字串常量'得名'"

　　　　：注释"表示一个字符串常量"

　　类型：常量类

　　　　：类型

　　　　：标识符"！"

　　　　：例子"＜！句中点号＞，表示常量类'句中点号'，包括顿号、
　　　　逗号、分号、冒号"

　　　　：注释"表示一个字符串常量集合"

　　类型：词性变量项

　　　　：类型字符串

　　　　：文法＜词性标注＞字符串＜/词性标注＞

　　　　：标识符"词性标注"

　　　　：例子"＜adv＞字符串s＜/adv＞，表示s为副词，adv为副词标
　　　　记，＜adv＞为开始标记，＜/adv＞为结束标记"

　　　　：注释"表示字符串满足的词性条件"

　　类型：关系动词变量项

　　　　：类型字符串

　　　　：标识符"relation－verb"

　　　　：例子"＜relation－verb＞字符串s＜/relaion－verb＞，表示字符
　　　　串s为关系动词"

　　　　：注释"表示字符串s为关系动词"

　　类型：自由变量项

　　　　：类型　非空字符串，和　非空汉字字符串，和　非空数字字
　　　　　符串

　　　　：标识符"#"

　　　　：例子"＜#非空字符串＞"

　　　　：注释"表示非空字符串变量"

｝

根据模式项的可选性质，模式项可分为模式必选项和模式可选项。

（1）必选项。

对于必选项，标识符为"＜项＞"。例如，必选项"＜质料＞"，其含义为表示该项为必选项。

（2）可选项。

对于可选项，标识符为"［＜项＞］"。例如，可选项"［＜主要＞］"，其含义为表示该项为可选项。

在模式项的基础上，可以定义模式或语境。

定义（模式，Pattern）：设 Γ_1 为常量项集合，Γ_2 为变量项集合，

（1）$\forall \alpha, \beta \in \Gamma_1 \cup \Gamma_2$，则 $\alpha + \beta$ 和 $\beta + \alpha$ 均为模式，$\alpha + \beta$ 表示对项 α 和 β 进行链接运算，简写为 $\alpha\beta$。例如，对三个项"＜以＞""＜#非空字符串 z＞"和"＜而得名＞"通过链接运算，构建模式"＜以＞＜#非空字符串 z＞＜而得名＞"。

（2）$\forall \alpha, \beta \in \Gamma_1 \cup \Gamma_2$，则 $\alpha \vee \beta$ 是模式，$\alpha \vee \beta$ 表示对项 α 和项 β 进行析取运算。例如，对项"＜因而得名＞"和项"＜因以得名＞"进行析取运算，构建模式"＜因而得名 $\vee$ 因以得名＞"。

（3）$\forall \alpha \in \Gamma_1 \cup \Gamma_2$，$CP$ 是模式，则 $\alpha + CP$ 和 $CP + \alpha$ 均是模式，$\alpha + CP$ 表示对项 α 和模式 CP 进行链接运算。

定义（目标值）：给定模式 CP 和句子 s，$CP = <t_1> <t_2> \cdots <t_m>$，$s = c_1 c_2 \cdots c_n$（$t$ 是项，c 是字符串，m 和 n 是整数），若 s 匹配 CP，即对于 $j = 1$，2，$\cdots$，m，字符串 $c_{j_1}, c_{j_2}, \ldots, c_{j_i}$ 匹配项 t_j。若 t_j 是变量项，则 $c_{j_1}, c_{j_2}, \ldots, c_{j_i}$ 定义为目标值。

2.2.2.4　谓词和操作

本节首先定义关于模式的谓词，如下所示。

- 谓词：NotEqualTo（＜#非空字符串＞，＜常量字符串＞）
- 谓词：EqualTo（＜#非空字符串＞，＜常量汉字串＞）

- 谓词：BelongTo（<#非空字符串>，<！语义类>）
- 谓词：BelongToSameSemanticClass（<项 t_1>，<项 t_2>，…，<项 t_n>）
- 谓词：BelongToSameSemanticClass（<模式 CP_1，P_{m_1} 项>，…，<模式 CP_k，P_{m_k} 项>）
- 谓词：Contain（<模式 CP>，<项 t>）
- 谓词：BelongTo（<槽 S>，<类 C>）
- 谓词：BelongToSlotContext（<模式 CP_1>；<类 C>，<槽 S>）

其中，每个谓词的注释和例子如下：

谓词：NotEqualTo（<#非空字符串>，<常量字符串>）

    ：例子"NotEqualTo（<#非空字符串 z>，<多数学者认为>），表示非空字符串 z 不为常量字符串'多数学者认为'"

谓词：EqualTo（<#非空字符串>，<常量汉字串>）

    ：例子"EqualTo（<#非空字符串 z>，<多数学者认为>），表示非空字符串 z 为常量汉字串'多数学者认为'"

谓词：BelongTo（<#非空字符串>，<！语义类>）

    ：例子"Belong–To（<#非空字符串 z>，<！地质时代语义类>），表示非空字符串 z 为地质时代语义类的一个元素"

谓词：BelongToSameSemanticClass（<项 t_1>，<项 t_2>，…，<项 t_n>）

    ：注释"表示项 t_1，t_2，…，t_k 为同一语义类的元素"

谓词：BelongToSameSemanticClass（<模式 CP_1，P_{m_1} 项>，…，<模式 CP_k，P_{m_k} 项>）

    ：注释"表示模式 CP_1 中的第 P_{m_1} 项，模式 CP_2 中的第 P_{m_2} 项，…，模式 CP_k 中的第 P_{m_k} 项属于同一个语义类"

谓词：Contain（<模式 CP>，<项 t>）

    ：例子"Contain（<模式 CP>，<质料>），表示模式 CP 中包含项 <质料>"

谓词：BelongTo（<槽 S>，<类 C>）

    ：注释"表示槽 S 为类 C 的槽"

谓词：BelongToSlotContext（<模式 CP_1>；<类 C>，<槽 S>）

    ：注释"表示模式 CP_1 为类 C 的槽 S 的槽模式中的一个模式"

下面定义模式的操作，如下所示。

- 操作：Delete（<项>）
- 操作：Replace（<项 t_1>，<项 t_2>）
- 操作：ConstructContext（<类 C>，<槽 S>；<模式 CP>）

- 操作：DeleteContext（＜类 C＞，＜槽 S＞；＜模式 CP＞）
- 操作：Construct（＜泛化模式 C_2（模式 CP_1）＞；＜模式 CP_1. Replace （＜项 t_{i_i}＞，＜项 t_{j_i}＞），…，模式 CP_1. Replace （＜项 t_{i_k}＞，＜项 t_{j_k}＞）＞）

每个操作的注释和例子如下：

操作：Delete（＜项＞）

：注释"模式 CP. Delete（＜项 t＞），表示删除模式 CP 中的＜项 t＞"

：例子"模式 CP. Delete（［＜的＞］），表示删除模式 CP 中的项［＜的＞］"

操作：Replace（＜项 t_1＞，＜项 t_2＞）

：注释"模式 CP. Replace（＜项 t_1＞，＜项 t_2＞），表示将模式 CP 中＜项 t_1＞替换为＜项 t_2＞"

：例子"模式 CP. Replace（＜它＞，＜代词条件＞），表示将模式 CP 中的项＜它＞替换为＜代词条件＞"

操作：ConstructContext（＜类 C＞，＜槽 S＞；＜模式 CP_1＞）

：注释"指在类 C 的槽 S 的槽模式中构建模式 CP_1"

操作：DeleteContext（＜类 C＞，＜槽 S＞；＜模式 CP_1＞）

：注释"从类 C 的槽 S 的槽模式中删除模式 CP_1"

操作：Construct（＜泛化模式 CP_2（模式 CP_1）＞；＜模式 CP_1. Replace （＜项 t_{i_i}＞，＜项 t_{j_i}＞），…，模式 CP_1. Replace（＜项 t_{i_k}＞，＜项 t_{j_k}＞＞）

：注释"表示由模式 CP_1 来构建模式 CP_2，构建的方法是将 CP_1 中的 ＜项 t_{i_m}＞替换为＜t_{j_m}＞，$m = 1$，2，…，k"

：例子"Construct（＜泛化模式 CP_2（模式 CP_1）＞，＜模式 CP_1. Replace（＜少＞，＜!模糊数量语义类＞）＞）"

| 2.3　模式本体 |

2.3.1　模式本体分类

根据模式的不同分类依据，可分为五种类型，如图 2.3 所示。

（1）属性模式和关系模式。

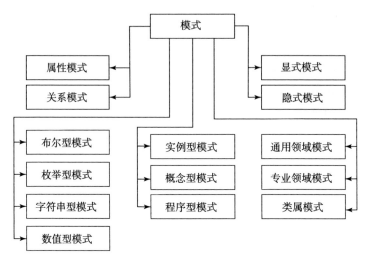

图 2.3　模式分类体系

根据模式提取的目标值所关联的知识类型，模式划分为属性模式和关系模式。公理 1 和公理 2 是属性模式和关系模式的类属公理。

公理 1.（$\forall p$）（Attribute – Pattern(p)$\leftrightarrow$Pattern(p)）

$\wedge$ $\exists c \exists e \exists a$(Goal – Knowledge($p$, AttributeValue($c,e,a$)))

公理 2.（$\forall p$）（Relation – Pattern(p)$\leftrightarrow$Pattern(p)）

$\wedge$ $\exists c \exists e \exists r$(Goal – Knowledge($p$, RelationEntity($c,e,r$)))

公理 1 表明，模式 p 是属性模式的充要条件是：p 的目标值是"隶属于概念 c 的实体 e"的属性 a 的属性值。公理 2 表明，模式 p 是关系模式的充要条件是：p 的目标值是"隶属于概念 c 的实体 e 的"关系 r 的关系值。其中，

- 谓词 Pattern(p) 表示 p 是模式；
- 谓词 Attribute – Pattern(p) 表示 p 是属性模式；
- 谓词 Relation – Pattern(p) 表示 p 是关系模式；
- Goal – Knowledge(p, AttributeValue(c, e, a)) 表示从匹配模式 p 的句子中提取隶属于概念 c 的实体 e 的属性 a 的属性值；
- Goal – Knowledge (p, RelationEntity (c, e, r)) 表示从匹配模式 p 的句子中提取隶属于概念 c 的实体 e 的关系 r 的关系值。

（2）布尔型模式、枚举型模式、字符串型模式，以及数值型模式。

根据模式提取的目标值的类型，可将模式划分为布尔型模式、枚举型模式、字符串型模式，以及数值型模式。公理 3 至公理 6 给出了这四种模式的类属公理。

公理 3. $\forall p($ Boolean – Pattern (p)

$\leftrightarrow$ Pattern $(p) \wedge$ Number – of – Goal – Values $(p,2))$

公理 4. $\forall p($ Enumerable – Pattern (p)

$\leftrightarrow$ Pattern $(p) \wedge$ Number – of – Goal – Values $(p,m) \wedge$ Morethan $(m,2))$

公理 5. $\forall p($ Numeric – Pattern (p)

$\leftrightarrow$ Pattern $(p) \wedge$ Type – of – Goal – Value $(p,$ Numeric $))$

公理 6. $\forall p($ String – Pattern (p)

$\leftrightarrow$ Pattern $(p) \wedge$ Type – of – Goal – Value $(p,$ String $))$

根据公理 3，模式 p 是布尔型模式的充要条件是：从匹配模式 p 的句子中提取的目标值个数为 2。根据公理 4，模式 p 是枚举型模式的充要条件是：从匹配模式 p 的句子中提取的目标值个数大于 2。根据公理 5，模式 p 是数值型模式的充要条件是：从匹配模式 p 的句子中提取的目标值类型为数值型。根据公理 6，模式 p 是字符串型模式的充要条件是：从匹配模式 p 的句子中提取的目标值类型为字符串型。其中，

- 谓词 Boolean – Pattern (p) 表示 p 是布尔模式；
- 谓词 Enumerable – Pattern (p) 表示 p 是枚举型模式；
- 谓词 Numeric – Pattern (p) 表示 p 是数值型模式；
- 谓词 String – Pattern (p) 表示 p 是字符串型模式；
- 谓词 Number – of – Goal – Values $(p,2)$ 表示从匹配模式 p 的句子中提取的目标值个数为 2；
- 谓词 Type – of – Goal – Value $(p,$ Numeric $)$ 表示从匹配模式 p 的句子中提取的目标值类型为数值型。

（3）显式模式和隐式模式。

根据模式的目标值所隶属概念 c 的属性 a 的词汇是否在句子中显式出现，可将模式划分为显式模式和隐式模式。公理 7 和公理 8 给出了这两种模式的类属公理。

公理 7. $\forall p($ Explicit – Pattern $(p) \leftrightarrow$ Pattern (p)

$\wedge \exists w($ ContainSet $(W_l,w) \wedge$ IncludePattern $(p,w)))$

公理 8. $\forall p($ Implicit – Pattern $(p) \leftrightarrow$ Pattern (p)

$\wedge \forall w($ ContainSet $(W,w) \rightarrow \neg$ IncludePattern $(p,w)))$

给定模式 p，设该模式的目标值是隶属于概念 c 的实体 e 属性 a 的属性值，W_l 是属性 a 的名称词汇集合。公理 7 的含义是指模式 p 是显式模式的充要条件是：存在名称词汇集合 W_l 中的元素 w，模式 p 包含元素 w。公理 8 的含义是指模式 p 是隐式模式的充要条件是：对于名称词汇集合 W 中的任一元素 w，模式

p 均不包含元素 w。

（4）事实型模式、概念型模式、程序型模式。

根据模式目标值的知识类型，将模式划分为事实型模式、概念型模式，以及程序型模式。

- 事实型模式是指通过模式所提取目标值的类型为事实型知识；
- 概念型模式是指通过模式所提取目标值的类型为概念型知识；
- 程序型模式是指通过模式所提取目标值的类型为程序型知识。

程序型模式包括事件主体变量项、事件客体变量项、事件发生时间变量项、事件发生地点变量项、事件发生起因变量项、事件发生经过变量项、事件发生结果变量项、事件发生条件变量项、事件发生方向变量项、事件发生程度变量项、事件发生频率变量项等。

（5）通用领域模式、专业领域模式、类属模式。

根据模式所属领域和类别，模式划分为通用领域模式、专业领域模式、类属模式。

定义（类属模式）：设模式所提取的目标值隶属于概念 c 的实体 e 的属性 a 的属性值，或关系 r 的关系值，若概念 c 隶属于领域类别，则将该模式称为类属模式。

定义（通用领域模式、专业领域模式）：设模式所提取的目标值隶属于概念 c 的实体 e 的属性 a 的属性值，或关系 r 的关系值，若概念 c 隶属于通用领域的类别，则将该模式称为通用领域模式；若概念 c 隶属于专业领域的类别，则将该模式称为专业领域模式。

属性模式和关系模式均能够被重用。

命题 1. $\forall p \forall c_1 \forall c_2 \forall e_1 \forall e_2 \forall a (\text{IS} - \text{A}(c_2, c_1)$

$\wedge \text{Goal} - \text{Knowledge}(p, \text{AttributeValue}(c_1, e_1, a))$

$\rightarrow \text{Goal} - \text{Knowledge}(p, \text{AttributeValue}(c_2, e_2, a)))$

命题 1 的含义是，若类 c_2 是类 c_1 的子类，模式 p 的目标值是隶属于概念 c 的实体 e_1 属性 a 的属性值，则模式 p 能够应用于抽取隶属于概念 c_2 的实体 e_2 属性 a 的属性值。

例如，若模式 p 的目标值是隶属于概念"遗址"的实体"金牛山遗址"的属性"发掘时间"的属性值，则模式 p 能够应用于抽取隶属于概念"房址"的实体"仰韶文化房址"的属性"发掘时间"的属性值。也就是，下式成立。

$\forall p \forall e_1 \forall e_2 \forall a$（IS - A（房址，遗址）

$\wedge \text{Goal} - \text{Knowledge}$（$p$，AttributeValue（遗址，金牛山遗址，发掘时间））

$\rightarrow \text{Goal} - \text{Knowledge}$（$p$，AttributeValue（房址，仰韶文化房址，发掘时

间)))

命题 2. $\forall p \forall c \forall e \forall a_1 \forall a_2 (IS - A(r_2, r_1)$

$\wedge Goal - Knowledge(p, AttributeValue(c, e, r_1))$

$\rightarrow Goal - Knowledge(p, AttributeValue(c, e, r_2)))$

命题 2 的含义是，若关系 r_2 是关系 r_1 的子类，模式 p 的目标值是隶属于概念 c 的实体 e 关系 r_1 的关系值，则模式 p 能够应用于抽取隶属于概念 c 的实体 e 的关系 r_2 的关系值。

命题 3. $\forall p \forall c_1 \forall c_2 \exists c \forall e_1 \forall e_2 \forall a (IS - A(c_2, c) \wedge IS - A(c_1, c)$

$\wedge Goal - Knowledge(p, AttributeValue(c_1, e_1, a))$

$\rightarrow Goal - Knowledge(p, AttributeValue(c_2, e_2, a)))$

命题 3 的含义是，若类 c_2 和类 c_1 均是类 c 的子类，模式 p 的目标值是隶属于概念 c_1 的实体 e_1 属性 a 的属性值，则模式 p 能够应用于抽取隶属于概念 c_2 的实体 e_2 的属性 a 的属性值。

2.3.2　模式关系

给定概念 c 及其属性 a 或关系 r，本节描述基于句袋的槽模式构建方法，具体步骤如下：

（1）构建属性 a 的属性触发词集合 Stw（a）；

（2）搜索数据集中包含 Stw（a）中元素的句子集合 Ss（a）；

（3）根据句子之间的相似度，对 Ss（a）的句子进行聚类；设 Ss（a）中的句子聚类结果为句袋 B_1，B_2，…，B_m，且 $|B_1| \geqslant |B_2| \geqslant \cdots \geqslant |B_m|$，其中，$|B_m|$ 表示该类中句子的个数；

（4）对于句袋 B_k，提取 B_k 中所有句子的最大公共子序列；

（5）基于最大公共子序列，构建用于提取属性 a 的属性值的槽模式集合。

进一步，基于迭代式学习的槽模式学习方法，主要步骤如下：

（1）给定属性 a 的属性值的槽模式集合；

（2）对于数据集，根据槽模式集合，提取隶属于概念 c 的实体 e_1，e_2，…，e_m 的属性 a 的属性值 v_1，v_2，…，v_m，即集合 $S_k = \{(e_k, a, v_k)\}$，$1 \leqslant k \leqslant m$；

（3）在数据集中搜索包含 $\{(e_k, a, v_k)\}$ 的句子，采用基于句袋的槽模式构建方法，构建面向属性 a 的槽模式，将构建的新槽模式添加到槽模式集合中，转入步骤（2）；

（4）提取隶属于概念 c 的实体的属性 a 的属性值，将提取的新元组添加到集合 S_k；转入步骤（3）。

（5）直至提取完新元组和新槽模式。

对于模式之间的关系，可分为以下七类：模式相等关系、模式包含关系、模式继承关系、模式蕴含关系、子模式关系、子继承模式关系和子蕴含模式关系，如图2.4所示。

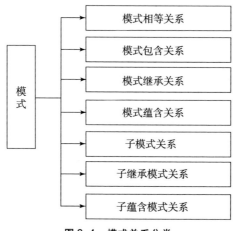

图2.4　模式关系分类

设 $p_1 = <t_{11}> <t_{12}> \cdots <t_{1m}>$，$p_2 = <t_{21}> <t_{22}> \cdots <t_{2n}>$，

（1）模式相等关系。

谓词表示：SamePattern（p_1，p_2）。该谓词的含义是，若 $m = n$，$\forall k$，$1 \leq k \leq m$，并且公式（$t_{1k} = t_{2k}$）成立，则模式 p_1 和模式 p_2 具有相等关系。对于句子 s，若句子 s 匹配模式 p_1，则句子 s 匹配模式 p_2。

（2）模式包含关系。

谓词表示：IncludePattern（p_1，p_2）。该谓词的含义是，若 $m = n$，$\forall k$，$1 \leq k \leq m$，并且（$t_{1k} = t_{2k}$）$\vee$（$t_{1k} \in t_{2k}$）成立，则模式 p_1 和模式 p_2 具有包含关系。其中，$t_{1k} \in t_{2k}$ 表示项 t_{1k} 属于项 t_{2k}。例如，项"<在>"属于项"<关系动词集合>"。对于句子 s，若句子 s 匹配模式 p_1，则句子 s 匹配模式 p_2。

（3）模式继承关系。

谓词表示：InheritPattern（p_1，p_2）。该谓词的含义是，若 $m = n$，$\forall k$，$1 \leq k \leq m$，并且（$t_{1k} = t_{2k}$）$\vee$（IS $-$ A（t_{1k}，t_{2k}））成立，则模式 p_1 和模式 p_2 具有继承关系。其中，IS $-$ A（t_{1k}，t_{2k}）表示项 t_{1k} 与项 t_{2k} 具有上下位关系。例如，项"<金刚山风景名胜区>"与项"<遗址>"具有继承关系。对于句子 s，若句子 s 匹配模式 p_1，则句子 s 匹配模式 p_2。

（4）模式蕴含关系。

谓词表示：ImplyPattern（p_1，p_2）。该谓词的含义是，若 $m = n$，$\forall k$，$1 \leqslant k \leqslant m$，并且（$t_{1k} = t_{2k}$）$\vee$（Imply（$t_{1k}$，$t_{2k}$））成立，则模式 p_1 和模式 p_2 具有蕴含关系。其中，Imply（t_{1k}，t_{2k}）表示项 t_{1k} 与项 t_{2k} 具有蕴含关系。例如，项"<关系动词>"与项"<仿佛>"具有蕴含关系。对于句子 s，若句子 s 匹配模式 p_1，则句子 s 匹配模式 p_2。

（5）子模式关系。

谓词表示：SubPattern（p_1，p_2）。该谓词的含义是，若 $m > n$，从集合 $\{< t_{21} >$，$< t_{22} >$，$\cdots$，$< t_{2n} >\}$ 到集合 $\{< t_{11} >$，$< t_{12} >$，$\cdots$，$< t_{1m} >\}$ 存在有序包含关系，则称模式 p_2 是模式 p_1 的子模式。

定义（有序包含关系）：给定集合 $T_1 = \{< t_{11} >$，$< t_{12} >$，$\cdots$，$< t_{1m} >\}$ 和 $T_2 = \{< t_{21} >$，$< t_{22} >$，$\cdots$，$< t_{2n} >\}$，若 $m > n$，且从集合 T_2 到集合 T_1 存在有序映射关系，即

$$f(t_{21}) = t_{1i_1}, \cdots, f(t_{2m}) = t_{1i_m},$$

则称集合 $\{< t_{21} >$，$< t_{22} >$，$\cdots$，$< t_{2n} >\}$ 到集合 $\{< t_{11} >$，$< t_{12} >$，$\cdots$，$< t_{1m} >\}$ 存在有序包含关系。

（6）子继承模式关系。

谓词表示：SubInheritPattern（p_1，p_2）。该谓词的含义是，若 $m > n$，且从集合 $\{< t_{11} >$，$< t_{12} >$，$\cdots$，$< t_{1m} >\}$ 到集合 $\{< t_{21} >$，$< t_{22} >$，$\cdots$，$< t_{2n} >\}$ 存在有序继承关系，则称模式 p_1 是模式 p_2 的子继承模式。

定义（有序继承关系）：给定集合 $T_1 = \{< t_{11} >$，$< t_{12} >$，$\cdots$，$< t_{1m} >\}$ 和 $T_2 = \{< t_{21} >$，$< t_{22} >$，$\cdots$，$< t_{2n} >\}$，若 $m > n$，且从集合 T_2 到集合 T_1 存在有序映射关系，即

$$\text{IS} - \text{A}(t_{1i_1}, t_{21}), \cdots, \text{IS} - \text{A}(t_{1i_m}, t_{2m}),$$

则称集合 $\{< t_{11} >$，$< t_{12} >$，$\cdots$，$< t_{1m} >\}$ 到集合 $\{< t_{21} >$，$< t_{22} >$，$\cdots$，$< t_{2n} >\}$ 存在有序继承关系。

（7）子蕴含模式关系。

谓词表示：SubImplyPattern（p_1，p_2）。该谓词的含义是，若 $m > n$，且从集合 $\{< t_{11} >$，$< t_{12} >$，$\cdots$，$< t_{1m} >\}$ 到集合 $\{< t_{21} >$，$< t_{22} >$，$\cdots$，$< t_{2n} >\}$ 存在有序蕴含关系，则称为模式 p_2 是模式 p_1 的子蕴含模式。

定义（有序蕴含关系）：给定集合 $T_1 = \{< t_{11} >$，$< t_{12} >$，$\cdots$，$< t_{1m} >\}$ 和 $T_2 = \{< t_{21} >$，$< t_{22} >$，$\cdots$，$< t_{2n} >\}$，若 $m > n$，且从集合 T_2 到集合 T_1 存在有序映射关系，即

$$\text{Imply}(t_{21}, t_{1i_1}), \cdots, \text{Imply}(t_{2m}, t_{1i_m}),$$

则称集合 $\{<t_{21}>,\ <t_{22}>,\ \cdots,\ <t_{2n}>\}$ 到集合 $\{<t_{11}>,\ <t_{12}>,\ \cdots,\ <t_{1m}>\}$ 存在有序蕴含关系。

给定概念属性的属性值的槽模式，对于槽模式包含的模式集合，引入下面模式相似性的度量函数。

- 函数：Same – To（<项 t_1>，<项 t_2>，…，<项 t_k>）。该函数的含义是："k 个项 t_1，t_2，…，t_k 完全相同"。

- 函数：Same – To（<类 C>，<槽 S>；<模式 CP_1>，<模式 CP_2>，…，<模式 CP_k>）。该函数的含义是："类 C 的槽 S 的槽模式中 k 个模式 CP_1，$CP_{2,\ldots}CP_k$ 完全相同"。

- 函数：Similar – To（<类 C>，<槽 S>；<模式 CP_1>，<模式 CP_2>，…，模式 CP_k；m；n_1，n_2，…，n_m）。该函数的含义是："类 C 的槽 S 的槽模式中 k 个模式 CP_1，CP_2，…，CP_k 共有 m 个项相同，分别为第 i 个模式的第 $n_{i_1},n_{i_2},\ldots,n_{i_m}$ 项，$i=1$，2，…，k"。

- 函数：Similar – To – Except – Content（<类 C>，<槽 S>；<模式 CP_1>，<模式 CP_2>；1；<模式 CP_1 项内容>，<模式 CP_2 项内容>）。该函数的含义是："类 C 的槽 S 的槽模式中模式 CP_1 和模式 CP_2 只有一项不同，其余项的内容和连接符均完全相同"。该不同项在 CP_1 和 CP_2 中的内容分别为：<模式 CP_1 项内容>，<模式 CP_2 项内容>。

- 函数：Similar – To – Except – Content（<类 C>，<槽 S>；<模式 CP_1>，…，<模式 CP_R>；k；<模式 CP_1 内容>，…，<模式 CP_k 内容>）。该函数的含义是："类 C 的槽 S 的槽模式中函数 Similar – To – Except – Content（模式 CP_1，模式 CP_2；1；<模式 CP_1 项内容>，<模式 CP_2 项内容>）的非形式定义的推广"。具体地，类 C 的槽 S 的槽模式中模式 CP_1 和模式 CP_2 有 k 项不同，其余项的内容和连接符均完全相同。该不同项在 CP_1 和 CP_2 中的内容分别为：<模式 CP_1 第 1 项内容>，…，<模式 CP_1 第 k 项内容>，<模式 CP_2 第 1 项内容>，…，<模式 CP_2 第 k 项内容>。

2.3.3 模式操作

为了对已有的模式进行扩充和学习，本节引入模式操作来构建新的模式。模式之间的操作可以分为泛化（Generalization）和合并（Merging）两种。模式操作包括前件和后件。前件是执行后件的条件。前件分为弱前件、次强前件和强前件。如果已有的模式满足模式操作的前件，那么可以根据后件来构建新的模式，用于获取关于实体或个体的知识。模式操作规则如下所示。

defcategory 模式操作规则

```
｝
```

　　属性：规则 k

　　　　：类型　　字符串

　　　　：侧面　　弱前件

　　　　：侧面　　次强前件

　　　　：侧面　　强前件

　　　　：侧面　　后件

　　　　：注释　　表示规则的前件和后件，其中前件分为三种类型，强前件、次强前件和弱前件，表示前件的强弱程度

```
｝
```

　　操作泛化范围包括同一类、同一槽的槽模式以及不同类、相同槽的槽模式。泛化方法包括：词性泛化、语义类泛化、动词类别泛化、可选项泛化以及继承类泛化。词性泛化包含代词泛化、副语泛化和关系动词泛化。模式的泛化规则示例如下。

defframe 泛化规则：模式操作规则

```
｛
```

　　规则：代词泛化规则

　　　　：元素代词泛化弱规则，和代词泛化次强规则，和代词泛化强规则

　　规则：代词泛化弱规则

　　　　：前件 Contain（＜模式 CP_1＞，＜代词 pr_1＞）$\vee$ Contain（＜模式 CP_2＞，＜代词 pr_2＞）

　　　　：后件 Construct（＜泛化模式 CP_2（模式 CP_1）＞；＜模式 CP_1. Replace（＜代词 pr_1＞，＜代词变量＞）＞）

　　　　：注释 "前件表示模式 CP_1 包含项＜代词 pr_1＞，或者模式 CP_2 包含项＜代词 pr_2＞，后件表示构建 CP_1 的泛化模式 CP_2，将 CP_1 中的项＜代词 pr_1＞替换为项＜代词变量＞"

　　规则：代词泛化次强规则

　　　　：前件 Contain（＜模式 CP_1＞，＜代词 pr_1＞）$\wedge$（Contain（＜模式 CP_2＞，＜代词 pr_2＞）

　　　　：后件 Construct（＜泛化模式（模式 CP_1）＞；＜模式 CP_1. Replace（＜代词 pr_1＞，＜代词变量＞）＞）

　　　　：注释 "前件表示模式 CP_1 包含项＜代词 pr_1＞，并且模式 CP_2 包含项＜代词 pr_2＞，后件表示构建 CP_1 的泛化模式 CP_2，将

CP_1 中的项 < 代词 pr_1 > 替换为项 < 代词变量 > "

规则：代词泛化强规则

: 前件 Contain（< 模式 CP_1 >，< 代词 pr_1 >）∧ Contain（< 模式 CP_2 >，< 代词 pr_2 >）∧ Similar – To – Except – Content（模式 CP_1，模式 CP_2；1；< 代词 pr_1 >，< 代词 pr_2 >）

: 后件 Construct（泛化模式 CP_2（模式 CP_1）；模式 CP_1. Replace（< 代词 pr_1 >，< 代词变量 >））

: 注释 "如果满足条件：（1）模式 CP_1 包含项 < 代词 pr_1 >；（2）模式 CP_2 包含项 < 代词 pr_2 >；（3）模式 CP_1 和模式 CP_2 只有一项不同，其余项和连接符均相同，不同项的内容分别为 < 代词 pr_1 > 和 < 代词 pr_2 >，那么构建 CP_1 的泛化模式 CP_2，将 C_1 中的项 < 代词 pr_1 > 替换为项 < 代词变量 >"

规则：副词泛化规则

: 元素　副词泛化弱规则，和副词泛化次强规则，和副词泛化强规则

规则：副词泛化弱规则

: 前件 Contain（< 模式 CP_1 >，< 副词 a_1 >）∨ Contain（< 模式 CP_2 >，< 副词 a_2 >）

: 后件 Construct（< 泛化模式 CP_2（模式 CP_1）>；< 模式 CP_1. Replace（< 副词 a_1 >，< 副词变量 >）>）

: 注释 "前件表示模式 CP_1 包含项 < 副词 a_1 >，或者模式 CP_2 包含项 < 副词 a_2 >，后件表示构建 CP_1 的泛化模式 CP_2，将 CP_1 中的项 < 副词 a_1 > 替换为项 < 副词变量 >"

规则：副词泛化次强规则

: 前件 Contain（< 模式 CP_1 >，< 副词 a_1 >）∧ Contain（< 模式 CP_2 >，< 副词 a_2 >）

: 后件 Construct（< 泛化模式（模式 CP_1）>；< 模式 CP_1. Replace（< 副词 a_1 >，< 副词变量 >）>）

: 注释 "前件表示模式 CP_1 包含项 < 副词 a_1 >，并且模式 CP_2 包含项 < 副词 a_2 >"

规则：副词泛化强规则

: 前件 Contain（< 模式 CP_1 >，< 副词 a_1 >）∧ Contain（< 模式 CP_2 >，< 副词 a_2 >）∨ Similar – To – Except – Content（< 模式 CP_1 >，< 模式 CP_2 >；1；< 副词 a_1 >，< 副词 a_2 >）

：后件 Construct（<泛化模式（模式 CP_1）>；<模式 CP_1. Replace（<副词 a_1>，<副词变量>）>）

：注释"如果满足条件：（1）模式 CP_1 包含项<副词 a_1>；（2）模式 CP_2 含项<副词 a_2>；（3）模式 CP_1 和模式 CP_2 只有一项不同，其余项和连接符均相同，不同项的内容分别为<副词 a_1>和<副词 a_2>，那么可以通过将这一项泛化为项<副词条件>，进而构建泛化模式"

规则：关系动词泛化规则

：元素　关系动词弱规则，和关系动词泛化次强规则，和关系动词泛化强规则

规则：关系动词泛化弱规则

：前件 Contain（<模式 CP_1>，<关系动词 rv_1>）∨ Contain（<模式 CP_2>，<关系动词 rv_2>）

：后件 Construct（<泛化模式（模式 CP_1）>；<模式 CP_1. Replace（<关系动词 rv_1>，<关系动词变量>）>）

规则：关系动词泛化次强规则

：前件 Contain（<模式 CP_1>，<关系动词 rv_1>）∧ Contain（<模式 CP_2>，<关系动词 rv_2）

：后件 Construct（<泛化模式（模式 CP_1）>；<模式 CP_1. Replace（<关系动词 rv_1>，<关系动词变量>）>）

规则：关系动词泛化强规则

：前件 Contain（<模式 CP_1>，<关系动词 rv_1>）∧ Contain（<模式 CP_2>，<关系动词 rv_2>）∧ Similar–to（模式 CP_1，模式 CP_2；1；<关系动词 rv_1>，<关系动词 rv_2>）

：后件 Construct（<泛化模式（模式 CP_1）>；<模式 CP_1. Replace（<关系动词 rv_1>，<关系动词变量>）>）

：注释"如果模式中含有某个关系动词，那么可以将它泛化为<关系动词条件>，从而构建泛化模式"

规则：语义类泛化规则

：前件 Contain（<模式 CP_1>，<项 t>）∧ BelongTo（<项 t>，<！语义类 c>）

：后件 Construct（<泛化模式（模式 CP_1）>；<模式 CP_1. Replace（<项 t>，<！语义类 sc>）>）

：注释"表示模式 CP_1 包含<项 t>，并且项 t 为语义类 sc 中的

元素"

: 例子"对于 < 模式 CP > : : = < 石核 > < 较 > < 少 > , 可以泛化为 < 泛化模式（模式 CP） > : : = < 石核 > < 较 > < ! 模糊数量语义类 > , 因为项 '少' 为项 '！模糊数量语义类' 的元素"

规则：继承类泛化规则

: 前件 BelongToSlotContext（< 模式 CP > ; < 类 C_1 > , < 槽 S > ）$\wedge$ IS – A（类 C_1, 类 C_2）$\wedge$ BelongTo（< 槽 S > , < 类 C_2 > ）

: 后件 Construct（< 泛化模式（模式 CP; 类 C_1, 槽 S） > ; < 类 C_2 > , < 槽 S > ）

: 注释"表示如果满足下述条件：模式 CP 为类 C_1 的槽 S 的槽模式中的模式, 类 C_1 继承类 C_2, 槽 S 为类 C_2 的槽, 那么通过将 CP_1 泛化为 CP_2, 从而构建 CP_2 的槽 S 的槽模式中的模式"

: 例子对于 < 模式 CP_1 > : : = < 石器 > < 用 > < 砸击法 > < 打制 > , 可以泛化为：< 泛化模式（模式 CP_1） > : : = < 石制品 > < 用 > < 砸击法 > < 打制 >

}

操作合并范围包括同一类、同一槽的槽模式以及不同类、相同槽的槽模式。合并方法包括相同模式合并、项相同的相似模式合并。模式合并规则如下所示。

defframe 合并规则：模式操作规则

{

#第一类：根据相同模式的特征。

规则：相同模式合并规则

: 前件 SameTo（< 类 C > , < 槽 S > ; < 模式 CP_1 > , < 模式 CP_2 > , . . . , < 模式 CP_k > ）

: 后件 Delete（< 类 C > , < 槽 S > ; < 模式 CP_2 > ）$\wedge$ Delete（< 类 C > , < 槽 S > ; < 模式 CP_3 > ）$\wedge \cdots$

$\wedge$ Delete（< 类 C > , < 槽 S > ; < 模式 CP_k > ）

: 注释"如果在同一个槽模式中存在 k 个模式相同, 则删除多余的 $k – 1$ 个模式"

#第二类：根据相似模式的相似特征, 只有一个项不同其余项和连接符均相同的合并。

规则：项相同的相似模式的合并规则

: 前件 Similar – To – Except – Content（ <模式 CP_1> ， <模式 CP_2> ，
$\cdots$， <模式 CP_k> ；1； <模式 CP_1 项内容> ， <模式 CP_2 项
内容> ，$\cdots$， <模式 CP_k 项内容> ）

: 后件 Construct（ <合并模式 CP（模式 CP_1，$\cdots$，模式 CP_k） > ，
<模式 CP_1. Replace（ <模式 CP_1 项内容> ， <项 b> ） > ） $\wedge$
SameTo（ <项 b> ， <模式 CP_1 内容> $\vee$ <模式 CP_2 内容> $\vee$
$\cdots$ $\vee$ <模式 CP_k 内容> ）

: 例子" <模式 a> ::= <质料> [<主要>] <是> <燧石> ，
<模式 b> ::= <质料> [<主要>] <为> <燧石> ，可以合
并为： <合并模式 CP（模式 a，模式 b） > ::= <质料> [<主
要>] <项 b> <燧石> ， <项 b> ::= <是> $\vee$ <为> "

: 注释"如果在同一个槽模式中，存在 k 个模式，若只有一个项
不同其余项和连接符均相同，则构建合并模式，将该不同项替
换为这 k 个项的复合项"

}

2.3.4　模式匹配

本节分析造成模式匹配冲突的原因和消解方法。首先解释相关概念。

定义（精确有序匹配）：精确匹配是指文本 T 与槽模式中某模式所有的
项均匹配。对于句子 s，模式 $CP = $ < t_1 > < t_2 > $\cdots$ < t_m > ，若句子 s 与该模式
的所有项 < t_1 > < t_2 > $\cdots$ < t_m > 有序匹配，则称句子 s 与模式 CP 精确有序
匹配。

定义（模糊匹配）：模糊匹配是指文本 T 与槽模式中某模式部分项匹
配。对于句子 s，模式 $CP = $ < t_1 > < t_2 > $\cdots$ < t_m > ，若句子 s 与该模式的部
分项 < t_{i_1} > < t_{i_2} > $\cdots$ < t_{i_k} > 匹配，其中 $k < m$，则称句子 s 与模式 CP 模糊
匹配。

文本与模式匹配冲突包括如下含义：第一，多模式精确匹配冲突：文本 T
与槽模式中的两个以上的模式精确有序匹配；第二，单模式精确匹配冲突：文
本 T 与槽模式中的一个模式精确有序匹配得到多个匹配结果；第三，多模式模
糊匹配冲突：文本 T 与槽模式中的两个以上的模式模糊匹配；第四，单模式模
糊匹配冲突：文本 T 与槽模式中的一个模式模糊匹配得到多个匹配结果。

文本中句子与目标槽的槽模式进行匹配时，可能存在下列五种情形：

情形1：文本 T 与一个模式精确有序匹配；

情形2：文本 T 与多个模式精确有序匹配；

情形3：文本 T 与一个模式模糊有序匹配；

情形4：文本 T 与多个模式模糊有序匹配；

情形5：没有模式与文本 T 精确匹配和模糊匹配。

造成多模式匹配冲突的主要原因是：不同模式中项之间具有等同关系和蕴含关系。造成单模式匹配冲突的主要原因是：文本具有多种情形满足单模式。为了揭示模式匹配冲突的原因，下面分析模式的项之间的关系。

定义（项的匹配蕴含关系）：对于模式中的项 t_1 和 t_2，如果文本 T 匹配 t_1，那么 T 也匹配 t_2，则称 t_1 匹配蕴含 t_2，记作 $t_1 \rightarrow t_2$。例如，项"＜为＞"匹配项"＜！关系动词＞"。

为了分析模式的项之间的关系，对项作如下分类。项的类型包括单常量项、常量类项、变量项和谓词项。变量项包括非空字符串和谓词。谓词项包括关系动词条件、词性条件以及字符串条件。对应地，项的类别包括必选项和可选项。复合项由项及其蕴含、链接与关系所构成。

项之间的蕴含关系包括无条件蕴含关系和条件蕴含关系。无条件的项蕴含关系包括：

- 单常量项（t_1）$\rightarrow$ 变量项（t_2）；
- 常量类项（t_1）$\rightarrow$ 变量项（t_2）；
- 谓词项（t_1）$\rightarrow$ 变量项（t_2）；
- 复合项（t_1）$\rightarrow$ 变量项（t_2）。

带条件的项蕴含关系包括：

- 若对于常量项 t_1，复合项 t_2，t_2 由 t_1 与变量项链接而成，则常量项（t_1）$\rightarrow$ 复合项（t_2）。
- 若对于常量类项 t_1，复合项 t_2，t_2 由 t_1 与变量项链接而成，则常量类项（t_1）$\rightarrow$ 复合项（t_2）。
- 若对于谓词项 t_1，复合项 t_2，t_2 由 t_1 与变量项链接而成，则变量项（t_1）$\rightarrow$ 复合项（t_2）。
- 若对于常量项 t_1，常量类项 t_2，t_2 中的元素包含 t_1，则常量项（t_1）$\rightarrow$ 常量类项（t_2）。

由于不同模式的项之间存在蕴含关系，可能出现模式匹配冲突问题。

为了分析文本与模式匹配冲突的消解方法，为清晰起见，首先引入两个概念。

定义（模式的相同项的映射关系）：构建置换 f：$T_1 \rightarrow T_2$，$f(t_1) = t_2$，其中 $t_1 \in T_1$，$t_2 \in T_2$，T_1 和 T_2 分别为模式 CP_1 和 CP_2 中项的全序集合。

定义（保序映射）：对于构建在两个全序集 T_1 和 T_2 上的映射：f：$T_1 \rightarrow T_2$，

其中 $T_1 = \{ t_{1,i_1}, t_{1,i_2}, \cdots, t_{1,i_m} \}$，$T_2 = \{ t_{1,j_1}, t_{1,j_2}, \cdots, t_{1,j_m} \}$，"$\leqslant$" 为 T_1 和 T_2 的序关系。对于任意 $t_{1,i_p}, t_{1,i_q} \in T_1$，如果 $t_{1,i_p} \leqslant t_{1,i_q}$，则 $f(t_{1,i_p}) \leqslant f(t_{1,i_q})$，则将 f 称为保序映射。

文本与模式匹配冲突消解方法的步骤如下：

（1）判断文本 T 与模式 CP_1 和 CP_2 匹配，判断模式 CP_1 和 CP_2 的关系。

（2）执行具有等同关系、包含关系、蕴含关系的模式匹配冲突的消解方法；

▪ 情形 1：CP_1 和 CP_2 为等同关系，即 $CP_2 = CP_1$，选择任何一个进行匹配即可。

▪ 情形 2：CP_1 和 CP_2 为包含关系，即 $CP_2 \supset CP_1$，选择在当前语料中匹配频率高的模式。

▪ 情形 3：CP_1 和 CP_2 为蕴含关系，即 $CP_1 \rightarrow CP_2$，选择 CP_1 对应的语义动作。

（3）执行具有部分相似关系的模式匹配冲突的消解方法。

首先，根据模式的相同项的映射关系，模式之间的部分相似关系可以分为：

▪ 情形 1：CP_1 和 CP_2 的相同项的映射关系为保序一一映射；

▪ 情形 2：CP_1 和 CP_2 的相同项的映射关系为保序一对多映射；

▪ 情形 3：CP_1 和 CP_2 的相同项的映射关系为保序多对一映射；

▪ 情形 4：CP_1 和 CP_2 的相同项的映射关系为保序多对多映射；

▪ 情形 5：CP_1 和 CP_2 的相同项的映射关系为非保序映射。

然后，对于 CP_1 和 CP_2 的相同项的映射关系为保序一一映射的情形，若文本 T 与 CP_1 和 CP_2 的相同项均匹配，则分析 CP_1 和 CP_2 的任意一对连续相同项之间的不同项 t 和 t' 的关系，识别 t 和 t' 的类型。

▪ 若为两个项的复合，则根据两个链接复合关系的项的类型，判断其类型。

▪ 若为三个以上项的复合，则根据多个链接复合关系的项的类型，判断其类型。

最后，对 CP_1 和 CP_2，根据项的选择表，计算各自的不同项的选择个数。若 CP_1 被选中的项的个数多于 CP_2，则选择 CP_2 相对应的语义动作。

另外，下面给出由链接复合关系构成的项的类型。

（1）两个链接复合关系的项的类型。

▪ 常量项与常量项进行链接复合，构成复合项类型为常量项。

▪ 常量项与常量类项进行链接复合，构成复合项类型为常量类项。

- 常量类项与常量类项进行链接复合，构成复合项类型为常量类项。
- 常量项与变量类项进行链接复合，构成复合项类型为变量项。
- 常量类项与变量类项进行链接复合，构成复合项类型为变量项。
- 变量项与变量项进行链接复合，构成复合项类型为变量项。

（2）多个链接复合关系的项的类型。

- $n(n \geqslant 2)$ 个常量项进行链接复合，构成复合项类型为常量项。
- $n(n \geqslant 0)$ 个常量项和 $m(m \geqslant 0)$ 个常量类项进行链接复合，并且项的个数大于等于 2，构成复合项类型为常量类项。
- $n(n \geqslant 0)$ 个常量项、$m(m \geqslant 0)$ 常量类项和 $r(r \geqslant 0)$ 变量项进行链接复合，并且项的个数大于等于 2，构成复合项类型为变量项。

2.4　考古学领域本体

2.4.1　考古学领域形式本体

领域本体是对专业学科领域知识构建的概念框架和概念化约束。考古学领域本体由考古学类别、类别属性、类别之间的各种语义关系以及约束这些领域术语的内涵和使用的形式公理所构成。

考古学隶属于历史学和人类学，也是一门交叉学科。它是根据古代人类的遗址、遗迹和遗物研究人类古代社会历史的学科。考古学领域本体旨在为考古学领域知识提供概念化的、显式形式化的共享规范。其中，"概念化"是指通过识别现实世界中的实体类型、类别或概念及其属性和关系来对现实现象构建抽象模型。"显式"是指明确定义了概念或类别的内涵、关系及其使用约束。"形式化"是指本体应该是机器可读的，例如，以结构化方式进行处理和存储。"共享"是指本体捕获共有知识，这些知识不是个人的观点或认知，而是可以被一个群体所接受[13,14]。

对于领域本体概念空间或类别空间，包括类别以及类别之间的各种语义关系。例如，古文化遗址主要包括城堡、宫殿、村落、居室、作坊、矿穴、采石坑、窖穴、仓库、水渠、水井、窑址、壕沟、栅栏、围墙、界壕等。下面，基于实体之间的部分关系，给出类别之间的部分－整体关系的定义。

定义（部分－整体关系，Part－Whole Relation）：给定两个类别 C_1 和 C_2，定义如下映射 f：

$$f : \mathrm{Ext}(C_1) \rightarrow \mathrm{Ext}(C_2),$$

$\forall \alpha \in \mathrm{Ext}(C_1)$，$f(\alpha) \in \mathrm{Ext}(C_2)$，$f(\alpha)$ 是 α 的一部分，f 是从类别 C_1 的实例空间到类别 C_2 实例空间的满射，则称 C_1 是 C_2 的整体类，C_2 是 C_1 的部分类，记作 $\mathrm{Part} - \mathrm{Whole}(C_2, C_1)$。

根据关系的性质，部分 – 整体关系满足非自反性、反对称性和传递性。非自反性是指部分 – 整体关系不满足自反性。具体地，若 $\mathrm{Part} - \mathrm{Whole}(C_2, C_1)$ 成立，则 $\exists x, y \in \mathrm{Ext}(C_1)$，$f(x)$ 是 x 的一部分，$f(y)$ 不是 y 的一部分。反对称性是指部分 – 整体关系满足不对称关系。具体地，若 $\mathrm{Part} - \mathrm{Whole}(C_2, C_1)$ 成立，则 $\mathrm{Part} - \mathrm{Whole}(C_1, C_2)$ 必不成立。传递性的含义是，若 $\mathrm{Part} - \mathrm{Whole}(C_2, C_1)$ 和 $\mathrm{Part} - \mathrm{Whole}(C_3, C_2)$ 成立，则 $\mathrm{Part} - \mathrm{Whole}(C_3, C_1)$ 成立。

基于相关工作所描述的部分 – 整体关系分类[15]，针对考古学领域的特殊性，本节阐述改进的部分 – 整体关系的分类。考古学的研究对象包括遗物和遗迹。遗物包括文化遗物和生态遗物。遗迹是能否反映人类活动的遗址和遗存等。本节将考古学领域中对象之间的部分 – 整体关系分类如下：

（1）收集物/成员（Collection/Member）。例如，"北京故宫属于世界文化遗产"，"器物是一组完整器物的一部分"；

（2）区域/地点（Area/Place）。例如，"北京故宫是北京的一部分"，"坟墓是墓地的一部分"；

（3）整体对象/组件（Integral – object/Component）。例如，"屋脊是北京故宫太和殿的一部分"，"墙是建筑残骸的一部分"；

（4）活动/特征（Activity/Feature）。例如，"金砖墁地是建设北京故宫太和殿的一部分"，"设计是制作陶器的一部分"；

（5）海量/部分（Mass/Portion）。例如，"地砖是北京太和殿广场地面"，"堆积物是堆积层的一部分"。

顶层本体侧重于刻画通用领域的概念及其关系，领域本体则着重于描述特定领域内概念及其关系。考古学的研究目的是阐明人类社会历史发展的规律，探索各个民族在每个历史阶段的社会历史发展的技术水平和文化传统。构建考古学形式领域本体（A Domain – Specific Formal Ontology of Archaeology），通常需要考虑如下基本问题：第一，什么是考古学领域本体；第二，如何表示考古学领域本体；第三，考古学领域本体的具体内容是什么；第四，如何验证考古学领域本体的正确性；第五，考古学领域本体具有哪些应用等。

（1）考古学领域本体设计准则。

形式领域本体构建的难点在于需要领域专家的参与，并需要系统化方法和构建准则来支撑不同知识工程师构建各自的领域本体，从而实现本体映射和集成。有关本体构建原则已在相关工作[16,17,18]中有详细的论述。为了共享和重用知识，设计领域考古学本体应该遵循如下准则。

- 清晰性、准确性和客观性。对于领域类别、领域实例、属性和关系等术语，给出其客观准确的自然语言定义。

- 完整性。对于领域类别，给出有关实例所属类别判别的必要和充分条件。通过本体表示语言形式化地给出实例隶属概念的充要条件。

- 命名标准性。采用考古学领域标准中的领域类别、属性和关系等术语的名称。对于领域标准中不存在的术语，通过咨询领域专家和阅读相关参考资料等进行命名。另外，给出这些领域术语的命名规范，增强不同知识工程师构建本体的可读性。

- 易转换性。从领域本体独立于本体表示语言的角度看，领域本体能够转换为采用其他本体表示语言表示的本体。例如，采用框架和一阶谓词逻辑相融合的领域本体语言表示的考古学领域本体能够转换为采用其他表示语言 XML、RDF、XOL、OWL、DAML + OIL 表示的本体。如果忽略领域本体的公理，领域本体也可以被认为是一个面向对象的语义模型。因此，它易于转换为其他面向对象的模型。

- 可共享性和可重用性。形式领域本体评估的一个重要因素是本体能否被其他用户和机构主体以及软件系统进行共享和重用。对于考古学领域知识应用，考古学领域本体为考古学对象提供了明确和形式化的概念描述，因此不同用户群体和组织机构（例如，图书馆和博物馆）之间以及不同软件代理之间的交流和通讯将变得更加容易和便捷。

- 可读性。基于领域本体的考古学知识表示，对于考古学领域专家来说，应该是清晰的和具有表达能力的。对于非考古学领域的用户来说，应该是易于理解和使用的。

（2）类别及其基本结构。

领域类别或领域概念之间存在多种关系。这里主要描述领域本体中两种最基本的关系：继承关系和部分－整体关系。本节识别考古学领域中的主要类别及其关系，并在知识层面为这些术语提供准确的内涵模型[19]。

下面给出了类别"遗物""文化遗物""生态遗物"和"装饰品"的子类以及这些类别之间的继承关系。

defcategory 遗物
{
    子类：文化遗物，和　生态遗物
     ：分类依据遗物的来源

```
}
defcategory 文化遗物
{
        子类：生产工具，和　生活用具，和　武器，和　随葬品，和　装
            饰品
            ：分类依据器物的用途
        子类：石制品，和　陶器，和　漆器，和　骨器，和　玻璃器，和
            角器，和　骨角器，和　牙器，和　蚌器，和　金属器，和
            玉器，和　木器，和　竹器
            ：分类依据器物的材质
}
defcategory 装饰品
{
        子类：骨环，和　骨管，和　蚌壳，和　钻孔石坠，和　穿孔小石
            珠，和　兽牙饰，和　鱼眼上骨
}
defcategory 生态遗物
{
        子类：化石，和　文化堆积层，和　动物遗骨，和　炭屑，和　农作
            物果实，和　动物遗骸，和　花粉，和　古壤
}
```

2.4.2　考古学知识表示

对于领域实例或对象 a，具有隶属于概念的且自身特有的性质和属性。本节使用符号 Frame_a 来表示实例或对象 a 的知识框架。Frame_a 包括：槽及其槽值，侧面及其侧面值，即

$$\text{Frame}_a = \{(\text{slot}, \text{slot} - \text{value}[\,, \text{facet} - 1, \text{facet} - 1 - \text{value}; \cdots;$$
$$\text{facet} - n, \text{facet} - n - \text{value}])\}。$$

其含义是指实例 a 的槽 slot 的槽值为 slot - value，具有若干侧面 facet - 1，facet - 2，$\cdots$，facet - n，这些侧面的侧面值分别为 facet - 1 - value，facet - 2 - value，$\cdots$，facet - n - value。

为了表示考古学领域知识，考古学本体应该遵循以下原则。第一，一条相同知识仅被描述一次。第二，以自动方式构建框架的槽值、以及与这些槽值的框架之间的链接关系。例如，对于领域实例"金牛山文化"的槽"代表遗址"

的槽值"金牛山遗址"，构建槽值"金牛山遗址"与框架"金牛山遗址"的链接关系。为了表示公理，本节使用如下谓词：

$$\text{Slot}(a, slot-value, facet-1, facet-1-value; \cdots; facet-n, facet-n-value)$$

来表示实例 a 知识框架 Frame_a 的元组。使用 $\neg\text{Slot}(a)$ 表示对象 a 不具有槽 Slot。例如，遗物不具有槽区域（Area），即 $\neg\text{Area}(\text{遗物})$。谓词 $\neg\text{Slot}(a, b)$ 表示对象 a 的槽 Slot 的槽值不是 b。

下面给出了古文化类别的实例金牛山文化的部分内容，如下所示。

defframe 金牛山文化：古文化本体

{

  名称由来：金牛山文化发现于金牛山

  定义：金牛山 A 点的下部堆积的遗存

  分布区域：中国的东北地区

  时期：旧石器时代早期

  地质时代：中更新世

  首次发掘时间：1974 年

  发掘者：金牛山发掘队，和　北京大学考古系旧石器时代考古实习队

  代表遗址：金牛山遗址

}

2.4.3　领域本体语义公理

语义公理（Semantic Axioms）是实现本体重用和推理的基础。公理的表示语言是一阶谓词逻辑。通过形式公理表示的领域实例或概念的性质知识，与通过自然语言表示的领域知识是一致的，不能存在矛盾。公理对本体类别及其关系等领域术语的内涵和性质进行了语义解释和约束。在本节所述的考古学领域本体中，根据所描述的对象将公理分为三种类型：类别隶属公理、类槽公理和类间公理。

2.4.3.1　类别隶属公理

实例隶属概念的判别是构建本体的核心问题，即判断任意实例所隶属的概念。其难点在于同一实例可能隶属于同一学科的多个领域概念，也可能隶属于不同学科的领域概念。对于每个类别，考古学领域本体采用公理来判别实例或个体是否属于该类别。定义类别隶属公理（Membership Axioms of Categories）是一项困难的任务，因为它需要深刻理解考古学领域知识。

考古学物理对象实物分为考古遗址和遗物两大类。二者的区别在于，考古

遗址以地理位置为必要条件，而遗物的判别不一定与地理位置有关。本节构建了多种类别隶属公理。例如，如下公理给出了类别"木器（Woodware）"的隶属公理。该公理的含义是指，给定一个对象 a，对象 a 是木器当且仅当 a 是器物，并且 a 的生产材料为木头。

（a）公理 . $\text{Woodware}(a) \leftrightarrow \text{Artifact}(a) \wedge (\text{Producing} - \text{Material}(a, wood) \in \text{Frame}_a)$

（b）公理 . $\text{ClaimDevice}(a) \leftrightarrow \text{Artifact}(a) \wedge (\text{Producing} - \text{Material}(a, claim) \in \text{Frame}_a)$

从类别的隶属公理，本节可以推导出很多命题。例如，给定一个物理对象 a，具有以下命题或性质。

（a）命题 . $\text{Woodware}(a) \rightarrow \text{Artifact}(a)$

（b）命题 . $\text{Artifact}(a) \rightarrow \exists x(\text{Weight}(a, x) \in \text{Frame}_a)$

（c）命题 . $\text{Artifact}(a) \rightarrow \exists x(\text{Color}(a, x) \in \text{Frame}_a)$

（d）命题 . $\text{Artifact}(a) \rightarrow \exists x(\text{Volume}(a, x) \in \text{Frame}_a)$

（e）命题 . $\text{Artifact}(a) \rightarrow \exists x(\text{FullSection}(a, x) \in \text{Frame}_a)$

（f）命题 . $\text{Artifact}(a) \rightarrow \exists x(\text{HalfSection}(a, x) \in \text{Frame}_a)$

（g）命题 . $\text{Artifact}(a) \rightarrow \exists x(\text{RotatedSection}(a, x) \in \text{Frame}_a)$

（h）命题 . $\text{Artifact}(a) \rightarrow \exists x(\text{PartialSection}(a, x) \in \text{Frame}_a)$

（i）命题 . $\text{Artifact}(a) \rightarrow \exists x(\text{HiddenSection}(a, x) \in \text{Frame}_a)$

（j）命题 . $\text{Artifact}(a) \rightarrow \exists x(\text{AdditionalSection}(a, x) \in \text{Frame}_a)$

（k）命题 . $\text{Artifact}(a) \rightarrow \exists x(\text{DetailedSection}(a, x) \in \text{Frame}_a)$

2.4.3.2 类槽公理

在本节所述考古学领域本体中，类别的槽分为两类：属性和关系。下面公理（a）至公理（c）给出了有关考古学领域墓地遗址类别中的一些公理。公理（a）、公理（b）和公理（c）分别是对属性"时期（Period）""发现者（Founder）"以及关系"地理位置（Located - In）"的约束。公理（a）是指，如果对象 a 是类别墓地遗址的一个实例，那么 a 的属性"时期"的属性值属于时期集合，例如，秦、汉、隋、唐等。公理（d）至公理（g）则是关于三星堆遗址与时间有关的公理。

（a）公理 . $\text{Tomb} - \text{Archaeological} - \text{Site}(a) \rightarrow (\exists b)((\text{Period}(a, b) \in \text{Frame}_a) \wedge b \in \{\text{Sequence of Periods}\})$

（b）公理 . $\text{Tomb} - \text{Archaeological} - \text{Site}(a) \rightarrow (\exists b)((\text{Founder}(a, b) \in \text{Frame}_a) \wedge \text{Human} - \text{being}(b))$

（c）公理．Tomb – Archaeological – Site$(a) \rightarrow (\exists b)((\text{Located} – \text{In}(a,b) \in$ Frame$_a) \wedge \text{Region}(b))$

（d）公理．Sanxingdui – Archaeological – Culture$(a) \wedge (\text{Upper} – \text{Limit} – \text{Year}(a,x_1) \in \text{Frame}_a) \wedge (\text{Lower} – \text{Limit} – \text{Year}(a,x_2) \in \text{Frame}_a) \rightarrow \text{Earlier} – \text{Than}(x_1, x_2)$

（e）公理．Sanxingdui – Archaeological – Culture$(a) \wedge (\text{Period}(a,b) \in$ Frame$_a) \wedge (\text{Upper} – \text{Limit} – \text{Year}(a,x_1) \in \text{Frame}_a) \wedge (\text{Lower} – \text{Limit} – \text{Year}(a,x_2) \in \text{Frame}_a) \rightarrow \text{In}(x_1, b) \wedge \text{In}(x_2, b)$

（f）公理．Sanxingdui – Archaeological – Culture$(a) \wedge (\text{Found} – \text{Time}(a,b) \in$ Frame$_a) \wedge (\text{Lower} – \text{Limit} – \text{Year}(a,x_2) \in \text{Frame}_a) \rightarrow \text{Earlier} – \text{Than}(x_2, b)$

（g）公理．Sanxingdui – Archaeological – Culture$(a) \wedge (\text{Found} – \text{Time}(a,b) \in$ Frame$_a) \wedge (\text{Excavation} – \text{Time}(a,x) \in \text{Frame}_a) \rightarrow \text{Earlier} – \text{Than}(b,x) \vee \text{Same} – \text{As}(b,x)$

根据公理（d）至公理（g），能够推导出下面命题或性质。

命题．给定古文化实例三星堆文化a，

Sanxingdui – Archaeological – Culture$(a) \wedge \text{Found} – \text{Time}(a,b) \wedge \text{Upper} – \text{Limit} – \text{year}(a,x_1) \wedge \text{Lower} – \text{Limit} – \text{Year}(a,x_2) \rightarrow \text{Earlier} – \text{Than}(x_1, b)$

命题．给定古文化实例三星堆文化a，

Sanxingdui – Archaeological – Culture$(a) \wedge \text{Upper} – \text{Limit} – \text{Year}(a,x_1) \wedge \text{Found} – \text{Time}(a,b) \wedge \text{Excavation} – \text{Time}(a,d) \rightarrow \text{Earlier} – \text{Than}(x_1, d)$.

命题．给定古文化实例三星堆文化a，

Sanxingdui – Archaeological – Culture$(a) \wedge \text{Lower} – \text{Limit} – \text{Year}(a,x_2) \wedge \text{Found} – \text{Time}(a,b) \wedge \text{Excavation} – \text{Time}(a,d) \rightarrow \text{Earlier} – \text{Than}(x_2, d)$.

2.4.3.3　类间公理

为了区分不同粒度的公理，将类间公理分为两类：类别级类间关系和槽级类间关系。类别级类间关系是指该关系不涉及相关类别的槽，主要刻画类之间的语义关系。槽级类间关系是指类别之间的关系由相关类别中槽的关系来刻画。以下描述的公理（a）和公理（b）是类别级类间关系公理。其中，公理（a）是指：当且仅当对象是生产工具（Productive – Tool）、生活用品工具（Living – Appliance）、葬品（Burial – Articles）、武器（Weapon）或装饰品（Decoration）时，一个对象识别为一件器物。

（a）公理．Artifact$(a) \leftrightarrow (\text{Productive} – \text{Tool}(a) \vee \text{Living} – \text{Appliance}(a) \vee \text{Burial} – \text{Articles}(a) \vee \text{Weapon}(a) \vee \text{Decoration}(a))$

（b）公理 . Stoneware(a)→(Polished － Stoneware(a) $\lor$ Chipped － Stoneware (a))

以下公理（a）和公理（b）是对槽级类间关系的约束。其中，公理（a）是对如下事实的形式化规范，对于石制品 a ，若 b 为其代表石制品， c 为其主要石制品，则 b 为 a 的主要石制品。另外，公理（b）的含义是，对于石制品 a ，其制作材料是石头。

（a）公理 . Stoneware(a) $\land$ $\exists b$ (Representative － Stoneware(a,b) $\in$ Frame$_a$) $\land$ $\exists c$ (Main － Stoneware(a,b) $\in$ Frame$_a$)→($b \in c$)

（b）公理 . Stoneware(a)→ $\exists b$ (Manufacturing － Material(a,b) $\in$ Frame$_a$) $\land$ Stone(b)

2.5 数学课程本体

数学课程本体是一种领域数学本体。数学课程本体为智能学习、课堂教学和问答系统等提供知识基础。本节论述数学课程本体构建和数学课程知识图谱构建方法[20]。数学学科具有高度的抽象性，逻辑的严密性、以及应用的广泛性。不失一般性，本节均以离散数学课程为例来解释相关概念和方法。

数学课程本体由三部分构成，包括数学课程上层本体、数学课程内容本体以及数学课程习题本体。数学课程上层本体描述不同数学课程共享重用的概念化知识，独立于具体的课程知识。数学课程内容本体描述特定具体课程的概念化知识。数学课程习题本体描述数学课程习题的内涵和性质等概念化知识，旨在从概念层面刻画习题所考察的知识点、对学生的考察要求，进而提高学生的学习效果和学生有目的进行查漏补缺相关知识。

2.5.1 数学课程本体构建

数学学科分支较多。比如，数学二级学科包括基础数学、计算数学、应用数学、概率论与数理统计以及运筹学与控制论。数学课程通常具有概念多、符号多以及关联性强等特点。Gruber 提出的本体构建原则包括清晰性和客观性、一致性、最大单调可扩展性、最小编码偏见以及最小本体承诺[21]。基于数学类课程特点和数学课程本体的相关工作，采用如下数学课程本体构建准则[22,23]：

（1）层次性。构建数学本体需要区分不同数学课程的共同概念化知识和特定具体课程的独有知识。为此，引入数学课程上层本体和数学课程内容本体。构建数学本体需要区分数学课程的概念知识与数学习题的概念知识。为此，引入数学课程习题本体。

（2）完整性。数学课程上层本体应尽可能囊括所有数学课程对象及其性质和关系。数学课程内容本体应尽可能包括特定课程的知识点、课程目标、学习对象的特性及其关系。数学课程习题本体应尽可能包括面向不同课程、不同知识点的概念层面的习题特点和性质。

（3）开放性。对于新增课程和知识，数学本体易于更新和扩充到现有本体中，独立于数学本体表示语言。

定义（数学课程上层本体）：数学课程上层本体包括概念类、运算类、属性类、关系类、断言类、实例类。其中，关系类 = {上下位关系，部分 - 整体关系，实例关系，依赖关系，因果关系，约束关系，先修关系，对义关系，概念与属性关系，概念与性质关系，属性与属性值关系}。

例如，离散数学课程中的"有向图"隶属于概念类，"有向图和基图之间的关系"和"零图和平凡图之间的关系"则隶属于关系类[24]。

由于数学课程中的数学对象种类繁杂，并且具有符号化、抽象化和形式化等特点。因此，构建数学课程上层本体的难点在于应尽可能囊括不同课程的概念类别以及概念层的数学对象关系。本节所述数学课程上层本体的特点是：

（1）将概念类、运算类、属性类、关系类、断言类、实例类构建为同一概念层次。数学课程上层本体明确了各数学课程对象隶属于概念类、运算类、属性类、关系类、断言类或实例类。根据课程的特点可以动态增加新的概念类别，使得不同概念类别不包括相同的数学对象实例。

（2）定义关系类的内涵，包括上下位关系、部分 - 整体关系、实例关系、依赖关系、因果关系、约束关系、先修关系、对义关系、概念与属性关系、概念与性质关系、属性与属性值关系。数学课程主要研究数学对象包括数量关系和空间形式两大类。数学概念是数学知识的基础要素，分析数学概念的关系是数学知识的核心要素。

定义（数学课程内容本体）：数学课程内容本体是一个六元组（C，Op，A，V，R，As），其中，C 为概念集合，Op 为运算集合，A 为属性集合，V 为属性值集合，R 为关系集合，As 为断言集合。由这六个本体构成要素构成数学课程知识。

例如，图 2.5 给出了离散数学课程内容本体中图论的概念体系。该概念体系包括数学课程上层本体的上下位关系。在图 2.5 中，三元组"（无向简单图，上下位关系，正则图）"成立，表示无向简单图是正则图的上位概念。三元组"（森林，上下位关系，无向树）"成立，表示森林是无向树的上位概念。需要指出的是，图2.5中若上位概念按照同一分类依据划分下位概念的话，则划分的所有下位概念的外延集合交集是空集。例如，按照是否存在方向可将图划分为无向图和有向图，按照对点和边是否指定符号可将图划分为标定图和非标定图。

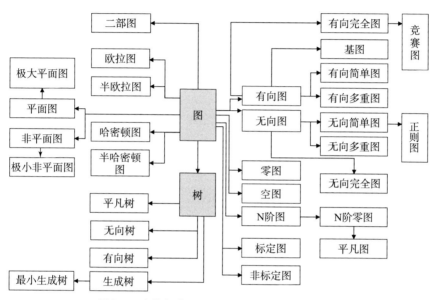

图 2.5　离散数学课程内容本体中图论的概念体系

仍以离散数学为例进行分析。离散数学课程的图论本体中，例如，对于欧拉图，三元组（欧拉图，充要条件，无向连通图没有奇数度顶点）成立，其含义是欧拉图的充要条件是无向连通图没有奇数度顶点。对于树，三元组（树，边数，顶点数减1），其含义是树的边数等于其顶点数减1。

定义（数学课程习题本体）：数学课程习题本体是一个六元组（Ce，Tp，Ys，Ge，Me，Ps），其中，Ce 为习题内容集合，Tp 为习题题型集合，Ys 为习题类型集合，Ge 为习题所考察的本体构成要素及其关系，Me 为习题求解方法集合，Ps 为习题求解过程集合。

其中，习题题型集合 Tp 为 {填空题，判断题，选择题，证明题，计算题，问答题，应用题，作图题，阅读题}。习题求解方法集合 Me 为习题解答的各种方法。习题求解过程集合 Ps 包括习题解答的各种过程。习题类型集合包括六大类，即概念关系习题类型、概念实例关系习题类型、实例关系习题类型、概念属性习题类型、实例运算习题类型、概念和实例断言习题类型。例如：

（a）"（概念 c_1，？关系，概念 c_2）"属于概念关系习题类型，表示求解概念 c_1 和 c_2 存在哪些关系。

（b）"（？概念，关系 r，实例 i）"属于概念实例关系习题类型，表示求解哪些概念与实例 i 存在关系 r。

（c）"（实例 i_1，！关系 r，实例 i_2）"属于实例关系习题类型，表示判断实例 i_1 和实例 i_2 是否存在关系 r。

（d）"（概念 c_1，属性 a，？属性值）"属于实例关系习题类型，表示求解概念 c_1 的属性 a 的属性值。

（e）"（实例 i，运算 o，？运算结果）"属于实例关系习题类型，表示求解实例 i 的运算 o 的运算结果。

（f）"（概念 c_1，！断言 s）"属于实例关系习题类型，表示判断概念 c_1 的断言 s 是否成立。

下面给出一个有关离散数学课程习题本体的示例。例如，对于习题"请问完全图 K_5 是平面图吗？"，该习题题型为判断题，该习题类型为（概念 c_1，上下位关系，实例 i_1），即（平面图，上下位关系，完全图 K_5）。该习题所考察的本体构成要素及其关系为（平面图，上下位关系，完全图）。该习题的求解习题方法为反证法，利用欧拉公式进行证明完全图 K_5 不是平面图。其求解习题过程为，若完全图 K_5 是平面图，则由于完全图 K_5 中无环和平行边，所以每个面的次数均大于等于 3，由欧拉公式的推广定理可知，完全图 K_5 的边数应该满足式子 $10 \leqslant 3(5-2)/(3-1) = 9$，产生矛盾。因此完全图 K_5 是非平面图。

2.5.2　数学课程知识图谱构建

课程知识图谱作为个性化知识服务、智能教育和智慧数字图书馆的重要组成部分。以数学类课程为研究对象，本节描述基于数学课程本体的数学课程知识图谱构建方法。

数学课程知识图谱具有三个特点。第一，根据知识是否包括断言成立的约束条件，将数学课程知识图谱分为基本模型和扩展模型。第二，引入概念的正实例和负实例。其中，正实例是指该概念与实例具有上下位关系，负实例是指该概念与实例不具有上下位关系。第三，构建与数学课程内容本体的有机衔接机制，即构建数学课程内容本体，与数学课程知识图谱的映射关系。构建数学课程知识图谱的目的在于为课程知识提供形式化和结构化的知识表示和知识组织模型，从而提高数学课程知识服务效果。

为清晰起见，首先介绍课程知识图谱的定义，然后论述数学课程知识图谱构建的准则和方法。

定义（课程知识图谱）：课程知识图谱包括基本模型和扩展模型。基本模型是三元组 (K_E, K_R, K_E) 和 (K_E, K_A, K_V)，扩展模型是元组 $(K_E, K_R, K_E; K_{11}, K_{12}, \cdots, K_{1m})$ 和 $(K_E, K_A, K_V; K_{21}, K_{22}, \cdots, K_{2n})$。其中，$K_E$ 是概念、正实例和负实例集合，K_R 是关系或运算集合，关系集合包括概念与实例的关系、实例与实例的关系，K_A 是属性集合，K_V 是属性值或断言集合，K_{11}，K_{12}，$\cdots$，K_{1m} 是 (K_E, K_R, K_E) 成立的约束条件，K_{21}，K_{22}，$\cdots$，K_{2n} 是 (K_E, K_A, K_V) 成立的约束条件，$m \geqslant 1$，$n \geqslant 1$。

数学课程的特点是断言成立往往具有约束条件。另外，数学课程教学旨在培养学生的概念理解能力、思维能力和灵活运用能力。这是培养学生逻辑思维、形象思维、抽象思维和空间思维的前提和基础。由此可设计基于数学课程本体的数学课程知识图谱的构建准则：

（1）分层融合性。数学课程知识图谱是基本模型和扩展模型的融合。一方面，通过基本模型描述数学课程的核心知识。例如，设 G_r 为群，H 是 G_r 的非空子集，"（H 是 Gr 的子群，充要条件，$(\forall a, b \in H$ 有 $ab \in H) \wedge (\forall a \in H$ 有 $a^{-1} \in H)$）"。另一方面，通过扩展模型描述核心知识的约束条件。例如，设 Gr 为群，H 是 G_r 的非空子集，"（H 是 G_r 的子群，充要条件，$\forall a, b \in H$ 有 $ab \in H$；H 是有穷集）"。

（2）引入概念的正实例和负实例。例如，完全图 K_3 是平面图的正实例，二部图 $K_{4,4}$ 是平面图的负实例。

（3）与数学课程内容本体的有机衔接。数学课程内容本体重点刻画特定数学课程概念层次的知识，数学课程知识图谱重点刻画数学课程实例层次的知识。数学课程学习难点之一是如何利用概念化知识来解决实例层面的应用问题。

目前，知识图谱构建包括自顶向下和自底向上的构建方式[25,26]。根据数学课程的特点和数学课程对象的先修关系，采用自顶向下的知识图谱构建方式。以离散数学课程中图论，解释如下。

（1）根据数学课程上层本体构建数学课程内容本体。例如，抽取的概念包括平凡图、完全图、简单图、多重图、欧拉图、哈密顿图。抽取的概念属性包括树的顶点数、边数、权重。抽取的概念运算包括命题公式的否定、合取、析取、蕴含等运算。抽取的概念关系包括（欧拉图，上下位关系，平凡图）和（哈密顿图，上下位关系，平凡图）。抽取的概念断言包括"平面图的子图均是平面图"。

（2）根据数学课程上层本体构建数学课程习题本体。根据数学课程上层本体，构建数学课程习题的概念类、运算类、属性类、关系类、断言类、实例类的实例。

（3）对于数据源，根据数学课程内容本体和数据课程习题本体来构建数学课程知识图谱。即，从数据源中进行实例抽取、概念实例关系抽取、实例关系抽取、实例运算抽取、实例属性抽取以及实例属性值或断言抽取。基于离散数学，可以获得以下知识，比如：

（a）抽取的概念实例包括：非平面图的彼得森图。

（b）抽取的概念实例关系包括：（非平面图，上下位关系，二部图 $K_{5,5}$）。

（c）抽取的实例关系包括：（二部图 $K_{5,5}$，子图，二部图 $K_{3,3}$）。

（d）抽取的实例运算包括：对于实例彼得森图，运算为插入 2 度顶点。

（e）抽取的实例属性的属性值包括：（奇数顶点的完全图 K_n，边着色数，n）。

|2.6　本章小结|

本章主要论述领域本体，包括形式领域本体、领域知识获取本体、模式本体、考古学领域本体以及数学课程本体。领域知识获取本体包括领域知识获取本体及其表示语言。模式本体包括模式本体分类、模式关系、模式操作和模式匹配。考古学领域本体包括考古学领域形式本体、考古学知识表示以及语义公理。数学课程本体包括数学课程本体和数学课程知识图谱构建。通过介绍考古学领域本体和数学课程课程本体，提供构建形式领域本体的应用实例。阐明设计领域本体的准则、领域本体中概念及其结构以及语义公理的构建方法。

第 3 章

时间本体和时间信息抽取

时间知识或时序知识是一类重要的知识类型，也是时序知识图谱的必要构成部分。时间信息处理是智能信息处理的重要构成部分。时间信息处理广泛应用于自动文摘、问答系统、信息检索和机器翻译等众多领域。时间信息处理包括时间信息表示、时间信息抽取以及时间本体应用等。本章首先论述中国时间本体及其应用，然后阐述时间表达式识别方法。

|3.1　中国时间本体框架|

中国时间本体由两部分构成，第一部分是基础时间本体，第二部分是中国时间扩展本体[27]，如图 3.1 所示。本节使用一阶谓词演算作为时间本体的表示语言。时间本体与本体表示语言是无关的，即独立于本体表示语言。

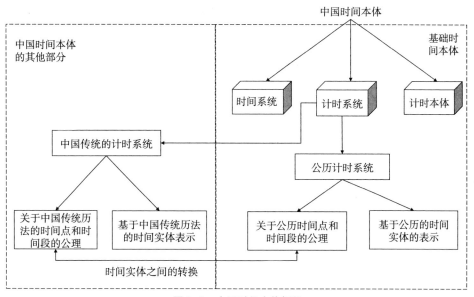

图 3.1　中国时间本体框架

基础时间本体（Base Time Ontology）由如下部分所构成，包括时间系统（Time System）、计时系统（Timing System）、公历计时系统以及计时本体（Timing Ontology）。（1）时间系统：在时间的拓扑层次构建时间拓扑元素、时间拓扑元素之间的关系、以及时间拓扑元素和事件之间的关系。时间拓扑元素包括时间点、时间段。（2）计时系统：在时间的度量和表示层次构建概念模型。该概念模型可为各种计算时间方法和表示时间方法提供通用的形式化模型。计时系统包括公历计时系统。（3）计时本体：在时间的语义层次构建时间实体的概念类别和属性、时间实体概念类别的关系以及关于这些类别术语、属性术语和关系术语的解释和应用所满足的形式化公理。

计时系统的实例是指基于不同历法的时间单位（例如年、月、日）所构建的时间计算方法。例如，公历计时系统、伊斯兰历计时系统、佛历计时系统、农历计时系统（也称中国传统计时系统）、日本历计时系统、伊朗历计时系统、印度历计时系统和希伯来历计时系统等。公历计时系统包括公历日历中的时间点、时间段的公理以及基于公历的时间实体表示。

中国扩展时间本体包括以下四个部分。（1）中国传统计时系统，包括在中国传统日历中时间点、时间段的公理以及基于中国传统历法的时间实体的表示。（2）中国特色的时间实体表示和转换，即中国农历时间实体（包括农历年、农历月、农历日、时辰）表示和转换。（3）公历计时系统中的时间实体与中国传统计时系统中的时间实体之间的转换，（4）基于不同历法的计时系统中时间实体的表示和转换。

3.2　基础时间本体

在基础时间本体中，假设时间的拓扑结构是线性和连续的。即是说，时间线与实数集是同构的，且过去和未来均无界。

3.2.1　时间系统

在中国时间本体中，时间系统有两个时间原语：时间点（Time Instant）和时间段（Time Interval）。需要指出的是，时间点和时间段是相对的。例如，2022 年 1 月 1 日可以看作以"日"为时间单位的时间点，也可以看作以"小时"为时间单位的时间段，即从 2022 年 1 月 1 日零点至 24 点。时间系统旨在刻画以下四种拓扑关系：（a）时间点之间的拓扑关系；（b）时间段之间的拓扑关系，例如，两个时间段具有时间先后顺序关系；（c）时间点和时间段之间的拓扑关系，例如，时间点 t 在时间段 T 的内部，或时间段 T 包括时间点 t；（d）时间和事件之间的拓扑关系，如图 3.2 所示。

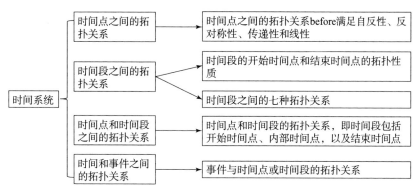

图 3.2　时间系统的构成框架

设时间点的类型为 σ，时间段的时间类型为 τ。时间系统包含：

（a）谓词 instant（t）表示 t 是时间点，谓词 interval（T）表示 T 是时间段，谓词 temporal – entity（x）表示 x 是时间实体。

（b）谓词 before（t_1，t_2）：$\sigma \times \sigma \rightarrow \Omega$，谓词 inside（$t$，$T$）：$\sigma \times \tau \rightarrow \Omega$，其中 Ω 是布尔类型，$\Omega = \{\text{true}，\text{false}\}$。谓词 before（$t_1$，$t_2$）表示时间点 t_1 在时间点 t_2 之前。谓词 inside（t，T）表示时间点 t 在时间段 T 的内部。

（c）函数 startFn（x）和函数 endFn（x）：$\tau \rightarrow \sigma$。startFn（x）表示时间实体 x 的开始时间点，endFn（x）表示时间实体 x 的结束时间点。

基于上述函数和谓词，有如下形式公理：

（1）概念类别"时间点"的实例集合和"时间段"实例集合的交集是空集。

例如，如下公理 a）和 b）所表示的时间点和时间段是时间实体概念的实例。另外，时间点和时间段是不相交的。换句话说，一个时间实体或者是时间点，或者是时间段，如以下公理 c）所示。

a）$\forall t(\text{instant}(t) \rightarrow \text{temporal} - \text{entity}(t))$

b）$\forall T(\text{interval}(T) \rightarrow \text{temporal} - \text{entity}(T))$

c）$\forall x(\text{temporal} - \text{entity}(x) \rightarrow (\text{instant}(x) \wedge \neg \text{interval}(x)) \vee (\neg \text{instant}(x) \wedge \text{interval}(x)))$

（2）时间点之间的拓扑关系 before 满足自反性、反对称性、传递性和线性。

谓词 before（t_1，t_2）是指时间点或时刻 t_1 在时间点 t_2 之前，表明时间的方向。"before" 关系是自反的、反对称的、传递的和线性的，如下述公理 a)，b)，c) 和 d) 所示。

a) $\forall t_1(\neg \text{before}(t_1, t_1))$

b) $\forall t_1 \forall t_2(\text{before}(t_1, t_2) \rightarrow \neg \text{before}(t_2, t_1))$

c) $\forall t_1 \forall t_2 \forall t_3(\text{before}(t_1, t_2) \wedge \text{before}(t_2, t_3) \rightarrow \text{before}(t_1, t_3))$

d) $\forall t_1 \forall t_2(\text{before}(t_1, t_2) \vee \text{before}(t_2, t_1) \vee (t_1 = t_2))$

（3）时间段的开始时间点和结束时间点的拓扑性质。

函数 startFn(T) 和 endFn(T) 分别表示 T 的开始时间点和结束时间点。公理 a) 和 b) 分别表示时间 T 的开始时间点和结束时间点是概念类别时间点的实例。以下公理 c) 和 d) 表示每个时间段存在唯一的开始时间点和结束时间点。时间段 T 的开始时间点早于其结束时间点，如公理 e) 所示。

a) $\forall T \forall t((\text{startFn}(T) = t) \rightarrow \text{interval}(T) \wedge \text{instant}(t))$

b) $\forall T \forall t((\text{endFn}(T) = t) \rightarrow \text{interval}(T) \wedge \text{instant}(t))$

c) $\forall T \forall t_1 \forall t_2((\text{startFn}(T) = t_1) \wedge (\text{startFn}(T) = t_2) \rightarrow t_1 = t_2)$

d) $\forall T \forall t_1 \forall t_2((\text{endFn}(T) = t_1) \wedge (\text{endFn}(T) = t_2) \rightarrow t_1 = t_2)$

e) $\forall T \forall t_1 \forall t_2((\text{startFn}(T) = t_1) \wedge (\text{endFn}(T) = t_2) \rightarrow \text{before}(t_1, t_2))$

（4）时间点和时间段的拓扑关系，即时间段包括开始时间点、内部时间点以及结束时间点。

谓词 inside(t，T) 表示时间点和时间段的关系，其含义是指：时间点 t 位于时间段 T 的内部。进一步，以下公理表明，该时间段包含开始时间点和结束时间点，且每个时间段 T 是封闭的：

$\forall t \forall T(\text{inside}(t, T) \leftrightarrow (t = \text{startFn}(T)) \vee (t = \text{endFn}(T)) \vee (\text{before}(\text{startFn}(T), t) \wedge \text{before}(t, \text{endFn}(T))))$

（5）时间段之间的拓扑关系。

根据时间段开始时间点和结束时间点的关系，下面公理给出时间段之间的七种拓扑关系。

a) precedes（T_1，T_2）是指时间段 T_1 的结束时间点在时间段 T_2 的开始时间点之前：

precedes(T_1, T_2) $\leftrightarrow$ before(endFn(T_1), startFn(T_2))

b) meets（T_1，T_2）是指时间段 T_1 的结束时间点与时间段 T_2 的开始时间点相同：

meets(T_1, T_2) $\leftrightarrow$ endFn(T_1) = startFn(T_2)

c) overlaps（T_1，T_2）是指时间段 T_2 的开始时间点早于时间段 T_1 的结束时间点，时间段 T_1 的开始时间点早于时间段 T_2 的开始时间点，并且时间段 T_1 的结束时间点早于时间段 T_2 的结束时间点：

$$\text{overlaps}(T_1, T_2) \leftrightarrow \text{before}(\text{startFn}(T_2), \text{endFn}(T_1)) \wedge \text{before}(\text{startFn}(T_1), \text{startFn}(T_2)) \wedge \text{before}(\text{endFn}(T_1), \text{endFn}(T_2))$$

d）starts（T_1，T_2）是指时间段 T_1 的开始时间点与时间段 T_2 的开始时间点相同，但时间段 T_1 的结束时间点早于时间段 T_2 的结束时间点：

$$\text{starts}(T_1, T_2) \leftrightarrow (\text{startFn}(T_1) = \text{startFn}(T_2)) \wedge \text{before}(\text{endFn}(T_1), \text{endFn}(T_2))$$

e）during（T_1，T_2）是指时间段 T_2 的开始时间点早于时间段 T_1 的开始时间点，时间段 T_1 的结束时间点早于时间段 T_2 的结束时间点：

$$\text{during}(T_1, T_2) \leftrightarrow \text{before}(\text{startFn}(T_2), \text{startFn}(T_1)) \wedge \text{before}(\text{endFn}(T_1), \text{endFn}(T_2))$$

f）finishes（T_1，T_2）是指时间段 T_1 的结束时间点与时间段 T_2 的结束时间点相同，但时间段 T_1 的开始时间点早于时间段 T_2 的开始时间点：

$$\text{finishes}(T_1, T_2) \leftrightarrow (\text{endFn}(T_1) = \text{endFn}(T_2)) \wedge \text{before}(\text{startFn}(T_1), \text{startFn}(T_2))$$

g）equals（T_1，T_2）是指时间段 T_1 的开始时间点与时间段 T_2 的开始时间点相同，并且时间段 T_1 的结束时间点与时间段 T_2 的结束时间点相同：

$$\text{equals}(T_1, T_2) \leftrightarrow (\text{startFn}(T_1) = \text{startFn}(T_2)) \wedge (\text{endFn}(T_1) = \text{endFn}(T_2))$$

（6）事件与时间点或时间段的拓扑关系。

下面给出事件与时间点或时间段的公理。首先，假定 at-instant（e，t）表示事件 e 在时间点 t 发生。

本节为发生在时间段的事件定义四个谓词。谓词 cc-during（e，T）表示：事件 e 持续发生在时间段 T 内，包括时间段 T 的开始时间点和结束时间点，如公理 a）所示。谓词 oc-during（e，T）表示事件 e 发生在时间段 T 的每个时间点，不包括其开始时间点，但包括其结束时间点，如公理 b）所示。谓词 co-during（e，T）表示事件 e 发生在时间段 T 的每个时间点，包括其开始时间点，但不包括其结束时间点，如公理 c）所示。谓词 oo-during（e，T）表示事件 e 发生在时间段 T 的每个时间点，不包括其开始时间点，也不包括其结束时间点，如公理 d）所示。

a）$\forall e \forall T (\text{cc-during}(e, T) \leftrightarrow \forall t (\text{inside}(t, T) \rightarrow \text{at-instant}(e, t)))$

b）$\forall e \forall T (\text{oc-during}(e, T) \leftrightarrow \forall t (\text{inside}(t, T) \wedge t \neq \text{startFn}(T) \rightarrow \text{at-instant}(e, t)))$

c）$\forall e \forall T (\text{co-during}(e, T) \leftrightarrow \forall t (\text{inside}(t, T) \wedge t \neq \text{endFn}(T) \rightarrow \text{at-instant}$

$(e,t)))$

d）$\forall e \forall T(\text{oo}-\text{during}(e,T) \leftrightarrow \forall t(\text{inside}(t,T) \wedge t \neq \text{startFn}(T) \wedge t \neq \text{endFn}$
$(T) \rightarrow \text{at}-\text{instant}(e,t)))$

3.2.2 计时系统

计时系统 S 由三部分构成：（1）一种语言 L；语言 L 包括时间单位集合、操作集合以及函数集合；（2）关于历法时间段和时间点的公理；（3）时间实体以及表示这些实体的术语。

计时系统 S 的语言 L 是三元组（U，O，F），其中，

（1）U 表示时间点和时间段的时间单位集合。

（2）O 表示操作集合。first（r）表示字符串 r 的第一个符号，last（r）表示字符串 r 的最后一个符号。

（3）F 表示函数集合。durationFn（T，u）表示时间段 T 内采用时间单位 u 度量的时间数量。

例如，公历计时系统中的单位集合 U 如下所示：

$U=\{$（世纪）、（十年）、（年）、（月）、（周）、（日）、（小时）、（分钟）、（秒）$\}$。

在下文中，本节将给出关于公历计时系统中日历时间段和时间点的公理。

（1）谓词 solar – year（x）表示，x 是类别公历年（Solar Year）的实例。例如，solar – year（公元 2022 年）表示公元 2022 年是公历年。

（2）谓词 month（x，m）表示 x 是类别月份（the mth Month）的实例。例如，month（x，8）表示 x 是 8 月份的实例，即 x 表示是某年的 8 月份。

（3）函数 successorFn（x，u）表示以时间单位 u 表示，x 的后继。例如，$y=$ successorFn（公元 2022 年，year），则 y 为公元 2022 年。

（a）solar – year$(x) \rightarrow (\text{startFn}(x)=t_4) \wedge (\text{endFn}(x)=t_5) \wedge ((\text{durationFn}$
$(x,\text{day})=365) \oplus (\text{durationFn}(x,\text{day})=366))$。公理 a）表示对于公历年实例 x，其开始时间点为 $=t_4$，结束时间点为 $=t_5$，公历年实例 x 的天数为 365 或 366。t_4 是太阳返回春分的公历日 0：00 的时间点，t_5 是太阳下一次返回春分的公历日之前的公历日 24：00 的时间点，"$\oplus$" 是逻辑运算符异或（Exclusive or）。

（b）month$(x,1) \rightarrow \forall y(\text{solar} – \text{year}(y) \wedge \text{inside}(x,y) \rightarrow \text{startFn}(x)=\text{startFn}$
$(y))$。公理 b）表示对于 1 月份实例 x，公历年实例 y，若 x 在 y 内部，则 x 和 y 的开始时间点是相同的。

（c）month$(x,12) \rightarrow \forall y(\text{solar} – \text{year}(y) \wedge \text{inside}(y,x) \rightarrow \text{endFn}(x)=\text{endFn}$

$(y))$。公理 c) 表示对于 12 月份实例 x，公历年实例 y，若 x 在 y 内部，则 x 和 y 的结束时间点是相同的。

（d）$\mathrm{month}(x,\mathrm{m}) \wedge (\mathrm{y} = \mathrm{successorFn}(x,\mathrm{month})) \to \forall z(\mathrm{solar-year}(z) \wedge \mathrm{inside}(x,z) \wedge \mathrm{inside}(y,z) \to \mathrm{endFn}(x) = \mathrm{startFn}(y))$。该公理表示对于 m 月份实例 x，y 是 x 的后继，公历年实例 z，若 x 在 z 内部，y 在 z 内部，则 x 的结束时间点等于 y 的开始时间点。

（e）$\mathrm{month}(x,1) \vee \mathrm{month}(x,3) \vee \mathrm{month}(x,5) \vee \mathrm{month}(x,7) \vee \mathrm{month}(x,8) \vee \mathrm{month}(x,10) \vee \mathrm{month}(x,12) \to \mathrm{durationFn}(x,\mathrm{day}) = 31$。

（f）$\mathrm{month}(x,2) \to (\mathrm{durationFn}(x,\mathrm{day}) = 28) \oplus (\mathrm{durationFn}(x,\mathrm{day}) = 29)$

（g）$\mathrm{month}(x,4) \vee \mathrm{month}(x,6) \vee \mathrm{month}(x,9) \vee \mathrm{month}(x,11) \to \mathrm{durationFn}(x,\mathrm{day}) = 30$

公理 e)，f)，g) 表示 1 月份到 12 月份的以天为单位的时间长度。

下面给出关于十年和世纪的公理。

a）$\mathrm{century}(x) \to (\mathrm{startFn}(x) = t_8) \wedge (\mathrm{endFn}(x) = t_9) \wedge (\mathrm{durationFn}(x,\mathrm{year}) = 100)$

b）$\mathrm{decade}(x) \to (\mathrm{startFn}(x) = t_6) \wedge (\mathrm{endFn}(x) = t_7) \wedge (\mathrm{durationFn}(x,\mathrm{year}) = 10)$

其中，谓词 $\mathrm{decade}(x)$ 和 $\mathrm{century}(x)$ 分别表示 x 是十年（Decade）和世纪（Century）的实例。t_6 表示能被 10 整除的公历年第一个公历日 0：00 的时间点。t_7 表示公历年 x 最后一个公历日 24：00 的时间点，其中，公历年 x 是所处年代第一个公历年和 9 之和。t_8 表示被 100 整除的公历年第一个公历日 0：00 的时间点。t_9 表示是公历年 x 最后一个公历日 24：00 的时间点，其中，公历年 x 是所处年代第一个公历年和 99 之和。

例如，以下公理描述时间单位之间的关系：

a）$60 \times \mathrm{durationFn}(T,\mathrm{hour}) = \mathrm{durationFn}(T,\mathrm{minute})$

b）$24 \times \mathrm{durationFn}(T,\mathrm{day}) = \mathrm{durationFn}(T,\mathrm{hour})$

c）$12 \times \mathrm{durationFn}(T,\mathrm{year}) = \mathrm{durationFn}(T,\mathrm{month})$

另外，在时间表示中需要引入时区。表示时间点的具体时间与所处的时区相关。例如，如果位于东部第八时区的北京当地时间是 2022 年 1 月 2 日 9：00，则位于西部第五时区的华盛顿当地时间是 2022 年 1 月 1 日 21：00。由此，定义了谓词 $\mathrm{time-of}(t; y, m, d, h, n, s; z)$，其中 y，m，d，h，n 和 s 是整数，$1 \leqslant m \leqslant 12$，$1 \leqslant d \leqslant 31$，$0 \leqslant h \leqslant 24$，$0 \leqslant n \leqslant 60$，$0 \leqslant s \leqslant 60$，并且 z 是世界时区。

a）$\mathrm{time-of}(t; y, m, d, h, n, s; \mathrm{GMT}) \leftrightarrow \mathrm{time-of}(t; y, m, d, h-x, n, s; \mathrm{the}\ x^{\mathrm{th}}$

western time zone $) \bigwedge \text{time} - \text{of}(t; y, m, d, h + \text{x}, n, s; \text{the } x^{\text{th}} \text{ eastern time zone}) \bigwedge (1 \leqslant x \leqslant 12)$

b) $\forall T \forall t_1 \forall t_2 ((\text{startFn}(T) = t_1) \bigwedge (\text{endFn}(T) = t_2) \bigwedge \text{time} - \text{of}(t_1; y_1, m_1, d_1, h_1, n_1, s_1; z) \bigwedge \text{time} - \text{of}(t_2; y_2, m_2, d_2, h_2, n_2, s_2; z)$

$\rightarrow \text{durationof}(T; y_1 - y_2, m_1 - m_2, d_1 - d_2, h_1 - h_2, n_1 - n_2, s_1 - s_2))$

公理 a) 表明了不同时区的时间之间的关系。对于开始时间点和结束时间点位于不同时区的时间段，公理 b) 给出了这种时间段的时长计算方法。其中，durationof $(T, \Delta y, \Delta m, \Delta d, \Delta h, \Delta n, \Delta s)$ 表示时间段 T 的时长是 Δy 年，Δm 月，Δd 日，Δh 小时，Δn 分钟和 Δs 秒。这六个变量的值均是实数。

3.2.3　计时本体

本节将介绍计时本体的组成部分：时间实体的类别、时间实体类别的属性、类别之间的关系，以及形式语义公理。首先给出基本定义。

定义（性质空间）：给定类别 C_1 及其实例 I_1，I_1 的性质空间是 I_1 所满足的所有性质的集合，记作 proins (I_1)；C_1 的性质空间是 C_1 所有实例的共同性质的集合，记作 procla (C_1)。

例如，procla（Property Class）是类别精确时间实体（Precise Temporal Entity）的所有实例的共同性质的集合。也就是，这些实例具有唯一的开始时间点和结束时间点。

定义（子类、父类）：给定类别 C_1 和 C_2，如果 procla $(C_1) \subset$ procla (C_2) 成立，则称 C_2 是 C_1 的子类，C_1 是 C_2 的父类。

在这里，子类和超类定义可以视为是根据类别实例的内涵而给出的有关类别之间关系的定义。

定义（划分）：给定类别 C 及其子类 SC_1，SC_2，$\cdots$，SC_n，类别 C 的实例 I，如果公式（3.1）成立，那么称 C 的分类 $\{SC_1, SC_2, \cdots, SC_n\}$ 是 C 的划分（Partition）：

$$\forall i \forall j ((i \neq j) \rightarrow \neg \exists I (\text{proins}(I) \supseteq \text{procla}(SC_i) \cup \text{procla}(SC_j)))$$

$$\bigwedge (\bigcap_{i=1}^{n} \text{procla}(SC_i) = \text{procla}(C)). \tag{3.1}$$

定义（类别相交）：给定类别 C 及其子类 SC_1，SC_2，$\cdots$，SC_n，类别 C_2，如果公式（3.2）成立，那么称 C_2 是类别 SC_1 和 SC_2 的相交：

$$\text{procla}(SC_1) \cup \text{procla}(SC_2) = \text{procla}(C_2). \tag{3.2}$$

根据子类和类交的定义，可以推导出下面的定理 1。根据划分和相交的定义，可以推导出定理 2。

定理 1. 给定类别 C_1 及其子类 SC_1 和 SC_2，如果 C_2 是类别 SC_1 和 SC_2 的相交，则 C_2 是 C_1 的子类。

证明：如果 C_2 是类别 SC_1 和 SC_2 的相交，那么，根据类别相交的定义，有 $\text{procla}(SC_1) \cup \text{procla}(SC_2) \subseteq \text{procla}(C_2)$。由于类别 SC_1 和 SC_2 是类别 C_1 的子类，那么，根据子类的定义，有 $\text{procla}(C_1) \subset \text{procla}(SC_1)$，$\text{procla}(C_1) \subset \text{procla}(SC_2)$。进一步，$\text{procla}(C_1) \subset \text{procla}(C_2)$，也就是，$C_2$ 是 C_1 的子类。

定理 2. 给定类别 C_1 的两个划分 $\{SC_{11}, SC_{12}, \cdots, SC_{1n}\}$ 和 $\{SC_{21}, SC_{22}, \cdots, SC_{2m}\}$，如果

$$\forall i \forall j (\text{procla}(CC_{ij}) = \text{procla}(SC_{1i}) \cup \text{procla}(SC_{2j})), \qquad (3.3)$$

那么，$\{CC_{11}, CC_{12}, \cdots, CC_{1m}, CC_{21}, \cdots, CC_{2m}, \cdots, CC_{n1}, \cdots, CC_{nm}\}$ 是 C_1 的划分，即，两个划分所有类的相交构成的集合也是类别 C_1 的划分。

证明：

(1) 根据定理 1，获得：$CC_{11}, \cdots, CC_{1m}, CC_{21}, \cdots, CC_{2m}, \cdots, CC_{n1}, \cdots, CC_{nm}$ 是 C_1 的子类。

(2) 对于任何两个类别的相交 CC_{ip} 和 CC_{jq}（$1 \leqslant i, j \leqslant n$，$1 \leqslant p, q \leqslant m$），

$\neg \exists I(\text{proins}(I) \supseteq \text{procla}(CC_{ip}) \cup \text{procla}(CC_{jq}))$

$\Leftrightarrow \neg \exists I(\text{proins}(I) \supseteq (\text{procla}(SC_{1i}) \cup \text{procla}(SC_{2p})) \cup (\text{procla}(SC_{1j}) \cup \text{procla}(SC_{2q})))$

$\Leftrightarrow \neg \exists I(\text{proins}(I) \supseteq ((\text{procla}(SC_{1i}) \cup \text{procla}(SC_{1j})) \cup (\text{procla}(SC_{2p}) \cup \text{procla}(SC_{2q}))))$

由于 $\{SC_{11}, SC_{12}, \cdots, SC_{1n}\}$ 和 $\{SC_{21}, SC_{22}, \cdots, SC_{2m}\}$ 是 C_1 的两个划分，那么，根据划分的定义，下面两个公式成立。

$\forall i \forall j ((i \neq j) \to \neg \exists I(\text{proins}(I) \supseteq \text{procla}(SC_{1i}) \cup \text{procla}(SC_{1j})))$.

$\forall p \forall q ((p \neq q) \to \neg \exists I(\text{proins}(I) \supseteq \text{procla}(SC_{2p}) \cup \text{procla}(SC_{2q})))$.

因此，得到下面公式：

$$\forall i \forall j \forall p \forall q ((i \neq j) \wedge (p \neq q)$$
$$\to \neg \exists I(\text{proins}(I) \supseteq (\text{procla}(SC_{1i}) \cup \text{procla}(SC_{1j}))$$
$$\cup (\text{procla}(SC_{2p}) \cup \text{procla}(SC_{2q})))),$$

也就是，

$\forall i \forall j \forall p \forall q ((ip \neq jq) \to \neg \exists I(\text{proins}(I) \supseteq \text{procla}(CC_{ip}) \cup \text{procla}(CC_{jq})))$.

(3) 因为 $\{SC_{11}, SC_{12}, \cdots, SC_{1n}\}$ 和 $\{SC_{21}, SC_{22}, \cdots, SC_{2m}\}$ 是 C_1 的两个划分，那么得到：

$$\bigcap_{i=1}^{n} \text{procla}(SC_{1i}) = \text{procla}(C_1) \text{ 和 } \bigcap_{j=1}^{m} \text{procla}(SC_{2j}) = \text{procla}(C_1)。$$

进一步，

$\text{procla}(CC_{11}) \cap \ldots \cap \text{procla}(CC_{1m}) \cap \ldots \cap \text{procla}(CC_{n1}) \cap \ldots \cap \text{procla}(CC_{nm})$

$\Leftrightarrow (\text{procla}(SC_{11}) \cup \text{procla}(SC_{21})) \cap \ldots \cap (\text{procla}(SC_{11}) \cup \text{procla}(SC_{2m}))$
$\cap \ldots \cap (\text{procla}(SC_{1n}) \cup \text{procla}(SC_{21})) \cap \ldots \cap (\text{procla}(SC_{1n}) \cup \text{procla}(SC_{2m}))$

$\Leftrightarrow (\text{procla}(SC_{11}) \cup (\text{procla}(SC_{21}) \cap \ldots \cap \text{procla}(SC_{2m}))) \cap$
$(\text{procla}(SC_{12}) \cup (\text{procla}(SC_{21}) \cap \ldots \cap \text{procla}(SC_{2m}))) \cap \ldots \cap$
$(\text{procla}(SC_{1n}) \cup (\text{procla}(SC_{21}) \cap \ldots \cap \text{procla}(SC_{2m})))$

$\Leftrightarrow (\text{procla}(SC_{11}) \cap \text{procla}(SC_{12}) \cap \ldots \cap \text{procla}(SC_{1n})) \cup$
$(\text{procla}(SC_{21}) \cap \text{procla}(SC_{22}) \cap \ldots \cap \text{procla}(SC_{2m}))$

$\Leftrightarrow \text{procla}(C_1) \cup \text{procla}(C_1)$

$\Leftrightarrow \text{procla}(C_1)$

根据划分的定义，推理出 $\{CC_{11}, CC_{12}, \cdots, CC_{1m}, CC_{21}, \cdots, CC_{2m}, \cdots, CC_{n1}, \cdots, CC_{nm}\}$ 是 C_1 的划分。

时间实体（Temporal Entity，TE）可按如下方法进行分类[27]。

（1）根据时间点和时间段的内涵，可分为时间点时间实体（Time TE）和时间段时间实体（Duration）。例如，对于句子"嫦娥一号在二○○七年十月二十四日 18 点 05 分，顺利地奔向月球"，二○○七年十月二十四日 18 点 05 分是时间点时间实体。又如，2022 年 1 月 1 日至 2022 年 12 月 1 日是时间段时间实体。

（2）根据时间实体的开始时间点和结束时间点是否唯一，时间实体可分为精确时间实体（Precise TE）和模糊时间实体（Fuzzy TE）。例如，2022 年 1 月 1 日是精确时间实体，2022 年 1 月 1 日清晨是模糊时间实体。

（3）根据是否存在参照时间，时间实体可分为绝对时间实体（Absolute TE）和相对时间实体（Relative TE）。例如，对于句子"2018 年 1 月，天文学家探测到太阳系的遥远星。几年后，天文学家再次对其进行探测"，2018 年 1 月是绝对时间实体，几年后是相对时间实体。

（4）根据是否存在时间实体的触发词，时间实体分可为直接时间实体（Direct TE）和间接时间实体（Indirect TE）。

下面给出时间点时间实体的分类，如图 3.3 所示。需要指出的是，本分类法中每个类别的分类均是该类别的划分。

对于时间点时间实体，进一步可分为时间点时间实体类别（Category of

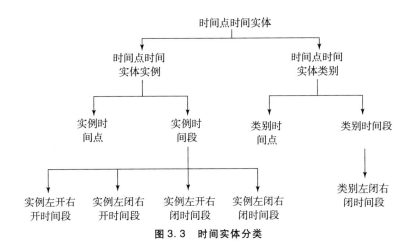

图 3.3　时间实体分类

Time Instant TE）和时间点时间实体实例（Individual of Time Instant TE）。前者是指由具有共同性质的时间点时间实体所构成的集合。后者是指时间点时间实体类别的外延集合的元素。例如，"2022 年 4 月 24 日"是实例时间实体，"每年航天日"是类别时间实体。

根据其拓扑结构，时间点时间实体可分为实例时间点（Individual of Time Instant）和实例时间段（Individual of Time Interval）。进一步，根据时间段持续性，实例时间段可分为四个子类：实例左开右开时间段、实例左闭右开时间段、实例左开右闭时间段、实例左闭右闭时间段。例如，对于句子"2021 年 10 月 16 日 0 时 23 分至 2022 年 4 月 14 日 9 时 56 分，翟志刚、王亚平、叶光富 3 名航天员执行神舟十三号载人飞行任务"，时间实体"2021 年 10 月 16 日 0 时 23 分至 2022 年 4 月 14 日 9 时 56 分"是类别"实例左闭右闭时间段"的实例。

类别时间实体，根据其拓扑结构，可划分为两个子类：类别时间点（Category of Time Instant）和类别时间段（Category of Time Interval）。根据时间段的持续性，类别时间段包括类别左闭右闭时间段。例如，对于句子"立春节气在每年公历 2 月 3 日至 2 月 5 日中"，每年公历 2 月 3 日至 2 月 5 日是类别左闭右闭时间段。例如，给出类别"类别左闭右闭时间段"的模型。该类别具有四个属性：值（Value）、修饰词（Modifier）、不连续时间段集合的数量（Number of the set of discontinuous intervals）以及时间长度（Duration length）。不连续时间段集合是指该集合中的任意两个时间段 T_1 和 T_2 满足 precedes（T_1，T_2）或 precedes（T_2，T_1）。例如，对于时间实体"二十一世纪每年公历 2 月 3 日至 2 月 4 日"，不连续时间段集合的数量为 100，时间长度为

200 天。

根据其描述的对象，公理可分为四种类型：类的成员隶属关系公理（Axioms of Memberships of Classes）、属性的性质公理（Properties of Attributes）、属性之间的关系公理，以及类别之间的关系公理[27]。下面给出每种公理的例子。

a) $\text{category} - \text{of} - \text{lcrc} - \text{interval}(T) \leftrightarrow \exists k((T = T_1 \cup T_2 \cup \cdots \cup T_k) \wedge (k > 1) \wedge \forall i((1 \leq i \leq k) \wedge \text{individual} - \text{of} - \text{lcrc} - \text{interval}(T_i)) \wedge \forall i((1 \leq i < k) \wedge \text{before}(\text{endFn}(T_i), \text{startFn}(T_i + 1))))$

b) $\text{category} - \text{of} - \text{lcrc} - \text{interval}(T) \rightarrow (\text{number} - \text{of} - \text{disc} - \text{intervalFn}(T) > 1)$

c) $\text{category} - \text{of} - \text{lcrc} - \text{interval}(T) \wedge \exists k((k = \text{number} - \text{of} - \text{disc} - \text{intervalFn}(T)) \wedge (T = T_1 \cup \cdots \cup T_k) \wedge \forall i((1 \leq i \leq k) \wedge \text{individual} - \text{of} - \text{lcrc} - \text{interval}(T_i))) \rightarrow \forall u(\text{durationFn}(T, u) = \text{durationFn}(T_1, u) + \cdots + \text{durationFn}(T_k, u))$

d) $\text{time} - \text{temporal} - \text{entity}(x) \leftrightarrow (\text{individual} - \text{of} - \text{temporal} - \text{entity}(x) \wedge \neg \text{category} - \text{of} - \text{temporal} - \text{entity}(x)) \vee (\neg \text{individual} - \text{of} - \text{temporal} - \text{entity}(x) \wedge \text{category} - \text{of} - \text{temporal} - \text{entity}(x))$

公理 a）含义是，T 是"类别左闭右闭时间段"的实例，当且仅当 T 由至少两个不连续的时间段构成，它们均是类别"实例左闭右闭时间段"的实例。

公理 b）含义是，若 T 是"类别左闭右闭时间段"的实例，则 T 的不连续时间段的数量大于 1。

公理 c）含义是，若 T 是"类别左闭右闭时间段"的实例，则 T 的持续时间长度等于 T 中包含的不连续区间的持续时间长度之和。

公理 d）表示时间实体，与其两个子类实例时间实体和类别时间实体的关系。其中，时间 TE 与其两个子类：TE 的个体和 TE 的类别之间的关系。

这里，函数 $\text{number} - \text{of} - \text{disc} - \text{intervalFn}(T)$ 表示包含在 T 中的不连续时间段的数量。谓词 $\text{time} - \text{temporal} - \text{entity}(x)$ 表示 x 是时间点时间实体的实例，谓词 $\text{individual} - \text{of} - \text{temporal} - \text{entity}(x)$ 表示 x 是"实例时间实体"的实例。谓词 $\text{individual} - \text{of} - \text{lcrc} - \text{interval}(x)$ 表示 x 是"实例左闭右闭时间段"的实例。谓词 $\text{category} - \text{of} - \text{temporal} - \text{entity}(x)$ 表示 x 是"类别时间实体"的实例。谓词 $\text{category} - \text{of} - \text{lcrc} - \text{interval}(x)$ 表示 x 是"类别左闭右闭时间段"的实例。

|3.3　扩展中国时间本体|

在构建了基础时间本体之后，研发中文时间本体的下一个任务是，采用中国方式或中国传统历法进行时间度量，并构建时间表示形式模型、公历计时系统表示的时间实体与中国传统计时系统表示的时间实体之间的转换方法、以及基于不同计时系统的时间实体的表示和转换。

需要指出的是，时间实体可以看作是时间点或时间段，与具体应用相关。下面阐述中国传统计时本体。首先介绍二十四节气。二十四节气（24 Solar Terms）是世界上独有的计时方法，也是设定农历年和农历月的基础。24 节气是中国农耕文明的产物，为农业生产、生活和文化等提供重要的指导价值。二十四节气将黄道 24 等分，两个节气之间有 15° 的太阳经度。偶数节气称为大节气。二十四节气反映季节更替、天气变化、农业活动等，在生产和生活活动中发挥着重要作用。

在中国传统的计时系统中，时间单位的集合是 ｛更，时辰，农历日，农历月，农历年，纪，花甲｝。作为日历时间段，时间单位 u 有其特定的开始时间点、结束开始时间点和持续时间长度 L。当时间单位 u 作为时间段时，即是时间长度为 L 的任何时间段。

（a）时辰或庚是包含两个小时的时间段。

（b）农历日是一个包含 24 小时的时间段。中国传统历法中的"日"与公历中的"日"在开始时间点和结束时间点不同，如以下公理 a）和 b）所述。为了区分两种历法中的"日"，用农历日指代中国传统历法中的"日"。

（c）农历月是一个包含 29 天或 30 天的时间段。

（d）农历年是一个包含 12 个农历月的时间段。

（e）"纪"只是时间段（Duration）的实例，它是持续时间长度为 12 个阴历年的任意时间段，而不是时间点时间实体的实例。

（f）"花甲"是一个连续六十个阴历年的周期。从甲子年开始，到癸亥年结束。

引入谓词 common‒lunar‒year（x）和 leap‒lunar‒year（x）分别表示 x 是农历平年（Common Lunar Year）的实例，其中，x 是农历闰年（Leap Lunar Year）的实例。谓词 lunar‒month（x）表示 x 是农历月，lunar‒day（x）表示 x 是农历日，hua‒jia（x）表示 x 是花甲，ji（x）表示 x 是纪，shi‒chen（x）

表示 x 是时辰，geng（x）表示 x 是更。

关于中国传统计时单位，有如下公理：

a）solar – day（x）→（startFn（x）= 0：00 on the day x）∧（endFn（x）= 24：00 on the day x）∧（durationFn（x，hour）= 24）

b）$\forall x \forall y \forall T$（lunar – day（$x$）∧ solar – day（$y$）∧（startFn（$x$）= startFn（$T$））∧（startFn（$y$）= endFn（$T$））∧（durationFn（$T$，hour）= 1）→（startFn（$x$）= 23：00 on the solar day before the solar day y）

∧（endFn（x）= 23：00 on the solar day y）∧（durationFn（x，hour）= 24））

c）lunar – month（x）→（（startFn（x）= t_{10}）∧（endFn（x）= t_{11}））∧（（durationFn（x，lunar day）= 29）$\oplus$（durationFn（x，lunar day）= 30））

d）common – lunar – year（x）→（（startFn（x）= t_{12}）∧（endFn（x）= t_{13}））∧（durationFn（x，lunar month）= 12）

e）leap – lunar – year（x）→durationFn（x，lunar month）= 13

f）hua – jia（x）→（startFn（x）= t_{14}）∧（endFn（x）= t_{15}）∧（durationFn（x，lunar year）= 60）

g）ji（x）→durationFn（x，lunar year）= 12

h）shi – chen（x）∨ geng（x）→durationFn（x，hour）= 2

其中，

（a）t_{10} 表示新农历日的开始时间点。

（b）t_{11} 表示下一个新农历日之前农历日的结束时间点。

（c）t_{12} 表示包含节气雨水（Spring Showers）的农历月的第一个农历日的开始时间点。

（d）t_{13} 表示包含下一个节气雨水（Spring Showers）的农历月的第一个农历日的前一农历日的结束时间点。

（e）t_{14} 表示甲子农历年的第一个农历日的开始时间点。

（f）t_{15} 表示癸亥农历年的最后一个农历日的结束时间点。

3.3.1　农历年表示和转换

本节将介绍农历年的三个主要表示系统、以及农历年与公历年之间的转换。这些表示系统包括：天干地支计时系统（The Stem – Branch System），生肖计时系统（The Animal Sign System），以及皇帝封号年号计时系统（The Emperor's Title and Reign Title System）。

（1）基于干支系统的农历年表示。

干支系统自古以来就被用作主要的计时方法。干支系统包括十个有序天干

（甲、乙、丙、丁、戊、已、庚、辛、壬、癸）和十二个有序地支（子、丑、寅、卯、辰、巳、午、未、申、酉、戌、亥）。这六十个干支组合表示了一个 60 个农历年的周期。例如，A. D. 1902、A. D. 1962、A. D. 2022 等被称为壬寅农历年（Ren – Yin Lunar Year），是壬寅农历年类（Class of Ren – Yin Lunar Year）的实例。从公元 1903 年到公元 1961 年是一个完整的周期，从公元 1963 到公元 2022 年也是一个完整的周期。需要注意的是，由于六十个干支组合的循环性，每个组合实际上表示一类农历年。

（2）基于生肖系统的农历年表示。

十二生肖系统是十二生肖的有序集，用来表示十二个农历年的周期。例如，公元 1998 年、公元 2010 年和公元 2022 年均被称为虎年（Tiger Lunar Year），是虎年类的实例，它们均对应第三个地支寅。

（3）基于皇帝封号和年号的农历年表示。

在中国历史上，皇帝基本上均采用封号或年号来表示农历年。一个朝代中的每个皇帝均以其在位的第一年开始计算农历年，作为使用皇帝封号或年号的第一年。例如，清朝皇帝爱新觉罗·玄烨的年号是康熙，其在位时间从公元 1661 年至公元 1722 年，所以公元 1662 年被称为清朝康熙元年。

设 S_d 是所有朝代的集合，S_{ep} 是所有皇帝的集合，S_{ty} 是集合 ｛封号（Title），年号（Reign Title)｝，S_{et} 是所有皇帝的封号或年号集合，S_y 是公历年集合。下面介绍三个函数。这些函数用于获取朝代 d 皇帝 ep 的封号或年号 et 的起始公历年，结束公历年以及第 n 个公历年，ty 表示 et 的类型，值为封号或年号。构建转换公理 TCT1。

a）starting – solar – yearFn（ty, ep, et, d）：$S_{ty} \times S_{ep} \times S_{et} \times S_d \rightarrow S_y$.

b）ending – solar – yearFn（ty, ep, et, d）：$S_{ty} \times S_{ep} \times S_{et} \times S_d \rightarrow S_y$.

c）nth – title – solar – yearFn（ty, n, ep, et, d）：$S_{ty} \times N \times S_{ep} \times S_{et} \times S_d \rightarrow S_y$.

TCT1.（starting – solar – yearFn(ty, et, d) = sy_1) $\bigwedge$ (ending – solar – yearFn(ty, ep, et, d) = sy_2) $\rightarrow$ (nth – title – solar – yearFn(ty, n, ep, et, d) = $sy_1 + n - 1$)

$\bigwedge$（$1 \leqslant n \leqslant sy_2 - sy_1 + 1$）

对于清朝皇帝爱新觉罗·玄烨，有下面的事实：

a）starting – solar – yearFn（Title, Ai – xin – jue – luo Xuan – ye, Kang – xi, Qing）= A. D. 1662.

b）ending – solar – yearFn（Title, Ai – xin – jue – luo Xuan – ye, Kang – xi, Qing）= A. D. 1722.

c）nth – title – solar – yearFn（Title, n, Ai – xin – jue – luo Xuan – ye, Kang –

xi, Qing) = A. D. (1722 + n − 1), where $1 \leq n \leq 61$.

（4）农历年表示和公历年表示的转换。

对于时间点 t，将讨论时间点 t 所属的公历年表示和农历年表示之间的转换方法。首先，引入相关函数和谓词。

为了在软件系统、知识图谱和实践应用中使用本章的中文时间本体，假定时间点 t 是可识别的。例如，如果时间点 t 表示一个公历月或农历月，则其所属的公历年或农历年（即更大的时间粒度）在 t 中是需要说明的。由此，引入 yearFn (t, sl_1), monthFn (t, sl_1), dayFn (t, sl_1), hourFn (t, sl_2), and shi－chenFn (t, sl_3)，其中 $sl_1 \in$ ｛solar, lunar｝，$sl_2 \in$ ｛solar｝，$sl_3 \in$ ｛lunar｝。这五个函数的值域分别是 t 所属的公历年/农历年，公历月/农历月，公历日/农历日，小时，时辰的集合。例如，yearFn（2022 年 1 月 30 日，lunar）= 辛丑年，yearFn（2022 年 2 月 1 日，lunar）= 壬寅年，yearFn（2022 年 1 月 30 日，solar）= 2022 年，yearFn（2022 年 2 月 1 日，solar）= 2022 年。

下面给出一些函数和谓词。

（1）关于模 n 余数函数，函数 modFn (x, n) 计算整数 x 除以正整数 n 的余数，$0 \leq$ modFn (x, n) < n。

（2）关于干支系统农历年表示，谓词 Predicate stem－branch－combination (sb, s, b) 为真，当第 s 个天干和第 b 个地支构成第 sb 个干支组合。

（3）关于时间点表示隶属的干支系统索引，设 v 是集合 ｛lunar year, lunarmonth, lunar day, Shi－chen｝ 中的元素，谓词 stem－branch－no (t, v, n) 表示 t 所属的 v 干支组合是干支系统中的第 n 个索引。相应地，定义了谓词 celestial－stem－no (t, v, n) 和 terrestrial－branch－no (t, v, n)。

（4）关于农历日的索引，last－lunar－dayFn (ly, lm) 是一个函数，用于获取农历年 ly 中农历月 lm 最后一个农历日的索引。其中，ly 和 lm 分别代表农历年和农历月。

由十个有序天干和十二个有序地支可以构成 120 个组合数，但是，干支系统只包含 60 个组合数。下面给出干支系统中 60 个组合数满足的约束公理：

TCT2. $\forall sb \forall s \forall b$ (stem － branch － combination(sb, s, b)

$\leftrightarrow$ ($s = 10 -$ modFn($10 - sb$, 10) $\wedge b = 12 -$ modFn($12 - sb$, 12)))

对于时间实体，若其由公历计时系统所表示，则在信息系统中需要计算其对应的中国传统计时系统表示方法，反之亦然。因此，需要构建公历年表示和农历年表示之间的映射关系。以下公理 TCT3 和 TCT4 给出公历年表示映射的干支系统农历年表示的计算方法。TCT5 和 TCT6 给出干支系统农历年表示映射的公历年表示的计算方法，其中 k 是整数。TCT7 用于计算一个农历年的天干和地支表示。

TCT3.　$\forall t \forall y (\text{before}(\text{A. D. 1}, t) \wedge y = \text{yearFn}(t, \text{solar})$

$\rightarrow \text{stem} - \text{branch} - \text{no}(t, \text{lunar year}, 60 - \text{modFn}(3 - \text{modFn}(y, 60), 60)))$

TCT4.　$\forall t \forall y (\text{before}(t, \text{B. C. 1}) \wedge y = \text{yearFn}(t, \text{solar})$

$\rightarrow \text{stem} - \text{branch} - \text{no}(t, \text{lunar year}, 60 - \text{modFn}(\text{modFn}(y, 60) + 2, 60)))$

TCT5.　$\forall t \forall x (\text{before}(\text{A. D. 1}, t) \wedge \text{stem} - \text{branch} - \text{no}(t, \text{lunar year}, x)$

$\rightarrow \text{yearFn}(t, \text{solar}) = 60k + x - 57)$

TCT6.　$\forall t \forall x (\text{before}(t, \text{B. C. 1}) \wedge \text{stem} - \text{branch} - \text{no}(t, \text{lunar year}, x)$

$\rightarrow \text{yearFn}(t, \text{solar}) = 60k - x + 58)$

TCT7.　$\forall t \forall m (\text{stem} - \text{branch} - \text{no}(t, \text{lunar year}, m)$

$\rightarrow \text{celestial} - \text{stem} - \text{no}(t, \text{lunar year}, 10 - \text{modFn}(10 - m, 10))$

$\wedge \text{terrestrial} - \text{branch} - \text{no}(t, \text{lunar year}, 12 - \text{modFn}(12 - m, 12)))$

例如，计算公历年 A. D. 2022 的干支组合表示如下：

a）Since before（A. D. 1，A. D. 2022）为真，60 - modFn（3 - modFn（2022，60），60）= 39，根据 TCT3，stem - branch - no（A. D. 2022，lunar year，39）为真.

b）根据第 39 个干支组合是壬寅，因此获得 A. D. 2022 是类"壬寅农历年"的实例。

3.3.2　农历月表示和转换

对于农历月表示，常用的两种表示方法包括，基于序数的农历月表示方法（例如，第 1，2，…，12 个农历月）和基于干支系统的农历月表示方法。

对于任意农历月，其天干表示均可以由所隶属的农历年的天干表示计算出来，计算方法见 TCT8。例如，如果一个农历年的天干是甲或己，那么这个农历年的第一个农历月的天干就是丙。如果 t 所属的农历月的天干未知，则可以通过 t 所属的公历年推断出 t 所属的农历月的天干，如 TCT9 所示。已知农历月的序数表示，通过公理 TCT10 可以获得该农历月的地支表示方法。另外，已知农历月的地支表示，通过公理 TCT11 则可以获得该农历月的序数表示方法。

TCT8.　$\forall t \forall lm \forall n (lm = \text{monthFn}(t, \text{lunar}) \wedge \text{celestial} - \text{stem} - \text{no}$

$(t, \text{lunar year}, n)$

$\rightarrow \text{celestial} - \text{stem} - \text{no}(t, \text{lunar month}, \text{modFn}(2 \times \text{modFn}(n, 5) + lm, 10)))$

TCT9.　$\forall t \forall lm (lm = \text{monthFn}(t, \text{lunar}) \wedge (y = \text{yearFn}(t, \text{solar}))$

$\rightarrow \text{celestial} - \text{stem} - \text{no}(t, \text{lunar month}, \text{modFn}(lm + 2 \times \text{modFn}(y, 5) - 6,$

10)))

TCT10. $\forall t \forall lm (lm = \text{monthFn}(t, \text{lunar})$

$\rightarrow \text{terrestrial} - \text{branch} - \text{no}(t, \text{lunar month}, \text{modFn}(lm + 2, 12)))$

TCT11. $\forall t \forall x \forall y (\text{terrestrial} - \text{branch} - \text{no}(t, \text{lunar month}, x)$

$\rightarrow (y = \text{monthFn}(t, \text{lunar})) \wedge (y = x + 12k - 2) \wedge (1 \leqslant y \leqslant 12))$

3.3.3 农历日表示和转换

对于农历日，常用的四种表示方法包括序数法、干支系统、月相法和中国传统节日。基于干支系统的农历日表示方法采用六十种干支组合来表示农历日。这种计日方法是迄今为止世界上历史最长的计日方法。在每个农历月，月亮有若干特殊的阶段，用来表示农历日。这些阶段包括朔（即新月）、望（即满月）和晦（农历月的最后一天）。月相表示法主要表示每月中三日。对于涉及月相的每个时间点 t，使用函数 moon – phaseFn (t) 来表示 t 所在的月相。有以下关于月相的事实：

a) $(\text{moon} - \text{phaseFn}(t) = \text{Shuo}) \leftrightarrow (\text{dayFn}(t, \text{lunar}) = 1)$

b) $(\text{moon} - \text{phaseFn}(t) = \text{Wang}) \leftrightarrow (\text{dayFn}(t, \text{lunar}) = 15)$

c) $(ly = \text{yearFn}(t, \text{lunar})) \wedge (lm = \text{monthFn}(t, \text{lunar}))$

$\wedge (\text{moon} - \text{phaseFn}(t) = \text{Hui})$

$\leftrightarrow (\text{dayFn}(t, \text{lunar}) = \text{last} - \text{lunar} - \text{dayFn}(ly, lm))$

中国的主要传统节日包括春节或农历新年、端午节、中秋节、重阳节等。函数 Chinese – festivalFn(t) 用于表示 t 所在的中国节日。例如，

$(\text{Chinese} - \text{festivalFn}(t) = \text{Spring Festival}) \vee (\text{Chinese} - \text{festivalFn}(t) = \text{Chinese New Year}) \leftrightarrow (\text{monthFn}(t, \text{lunar}) = 1) \wedge (\text{dayFn}(t, \text{lunar}) = 1)$

3.3.4 时辰表示和转换

对于农历日中小时表示方法，常用的三种表示方法包括，基于天色的表示方法、基于地支的表示方法以及基于更点制的表示方法。中国古人将一个农历日平均分为十二个时间段，每个时间段称为一个时辰。十二时辰按照顺序构成集合{夜半、鸡鸣、平旦、日出、食时、隅中、日中、日昳、晡时、日入、黄昏、人定}。

十二时辰名称的含义与日出日落的自然规律、天空颜色的变化和人们的生活习惯紧密相关。例如，人定是指人静的时候，即人们停止活动，安歇睡眠，具体指 21 点至 23 点这段时间。给出一个关于时辰人定的公理，其中函数 shi – chenFn(t) 表示 t 所在的时辰，SCs 是十二时辰的集合。

a)　$(sc = \text{shi} - \text{chenFn}(t) \wedge sc = \text{Ren} - \text{ding})$

$\leftrightarrow (\text{startFn}(sc) = 9 : 00\text{pm}) \wedge (\text{endFn}(sc) = 11 : 00\text{pm})$

b)　$\forall sc((sc \in SCs) \wedge \text{durationFn}(sc , \text{hour}) = 2))$

地支也可用来表示时辰。每个时辰对应一个固定的地支。例如，时辰人定也称为亥时，其地支为亥。十二时辰名称依次为：子时、丑时、寅时、卯时、辰时、巳时、午时、未时、申时、酉时、戌时、亥时。例如，关于时辰人定的公理如下所示。

$(\text{shi} - \text{chenFn}(t) = \text{Ren} - \text{ding}) \leftrightarrow \text{terrestrial} - \text{branch} - \text{no}(t , \text{shi} - \text{chen} , 2)$。

公历计时系统中的小时也可以由干支系统表示。时辰的天干是由时辰所隶属的农历日的天干计算出来的。具体地，可按公理 TCT12 进行转换：

TCT12.　$\forall m \forall n(\text{terrestrial} - \text{branch} - \text{no}(t , \text{shi} - \text{chen} , m)$

$\wedge \text{celestial} - \text{stem} - \text{no}(t , \text{lunar day} , n)$

$\rightarrow \text{celestial} - \text{stem} - \text{no}(t , \text{shi} - \text{chen} , \text{modFn}(2 \times \text{modFn}(n , 5) - 1 , 10)$

$+ \text{modFn}(m - 1 , 10)))$

其中，m，n 是自然数。

例如，设 t 为 2022 年 10 月 1 日时辰丑时，计算该时间点丑时的干支组合表示的步骤如下：

a)　2022 年 10 月 1 日的干支组合表示是丁亥，$\text{celestial} - \text{stem} - \text{no}$（October 1. 2022，lunar day，24）为真。

b)　由于 t 在时辰丑时，所以 $\text{terrestrial} - \text{branch} - \text{no}$（$t$, shi − chen, 2）为真。

c)　基于 TCT12，有

$\text{celestial} - \text{stem} - \text{no}(t , \text{shi} - \text{chen} , \text{modFn}(2 \times \text{modFn}(n , 5) - 1 , 10) + \text{modFn}(m - 1 , 10))$

$= \text{celestial} - \text{stem} - \text{no}(t , \text{shi} - \text{chen} , \text{modFn}(2 \times \text{modFn}(1 , 5) - 1 , 10) + \text{modFn}(2 - 1 , 10))$

$= \text{celestial} - \text{stem} - \text{no}(t , \text{shi} - \text{chen} , 2)$。

d)　由于第二个天干为乙，因此 2022 年 10 月 1 日丑时干支组合表示时辰乙丑。

基于更点制的小时计时方法将农历日晚上 7：00 至次日凌晨 5：00 划分为连续的五个子区间：一更、二更、三更、四更和五更。例如，给出关于二更和三更的公理，其中函数 gengFn（t）表示 t 所在的"更"。

$(g = \text{gengFn}(t) \wedge g = \text{ER} - \text{geng}) \leftrightarrow (\text{startFn}(g) = 9 : 00\text{pm}) \wedge (\text{endFn}(g) = 11 : 00\text{pm})$

$(g = \text{gengFn}(t) \wedge g = \text{San} - \text{geng}) \leftrightarrow (\text{startFn}(g) = 11:00\,\text{pm}) \wedge (\text{endFn}(g) = 1:00\,\text{am})$

从十二个时辰可以看出，一更、二更、三更、四更和五更分别对应戌时辰、亥时辰、子时辰、丑时辰、寅时辰。

$\forall g \forall sc((g = \text{Er} - \text{geng}) \wedge (sc = \text{Hai} - \text{shi}) \rightarrow \text{equal}(g, sc))$

$\forall g \forall sc((g = \text{San} - \text{geng}) \wedge (sc = \text{Zi} - \text{shi}) \rightarrow \text{equal}(g, sc))$

下面阐述时间实体的组合表示。在汉语口语和书面语中，许多时间表达式采用多种方法来表示同一个时间实体，称为组合式表示方法。例如，对于壬寅虎年，该农历年（The Lunar Year of Ren - yin and TigerRat）使用两种农历年的表示方法，包括干支系统和生肖表示方法。

下面将讨论不同时间段的各种组合表示，即农历年、农历月、农历日和小时。根据三种农历年的表示方法，即基于干支系统、十二生肖系统、以及皇帝封号或年号的农历年表示方法，可以构成不同的组合表示方式。农历年组合表示的组成部分主要包括：朝代名称、皇帝的封号、皇帝的名字、皇帝的年号、农历年的序数、农历年的干支组合表示、农历年的地支表示、农历年的生肖表示。例如，组合表示的一个例子是"唐朝肃宗至德三年"。它包括 a）统治朝代名称：唐朝；b）皇帝的封号：肃宗；c）皇帝年号：至德；d）农历年的序数：农历第三年。该时间点所对应的公历年是公元758 年。

农历月的组合表示包括两部分。第一部分是由农历年组合表示中的其中一种方法所表示的农历年。第二部分则是由两种农历月表示中的一种方法所表示的农历月。例如，清宣宗三年四月，对应的公历月是 1823 年 5 月，包含 a）皇帝的帝号，即宣宗；b）农历年的序数，即第三年；c）农历月的序数，即第四个农历月。

对于农历日的组合表示也包括两部分。其中，第一部分是农历年的组合表示中的一种方法所表示的农历年；第二部分是由农历月和农历日的组合表示中的一种方法所表示的农历月和农历日。例如，"庚子年五月望日"是第三种组合表示的例子，包括：a）农历年的干支组合：庚子；b）农历年的序数：农历第五月；c）当天的月相：望日。其所对应的公历日是 2020 年 7 月 5 日和其他日期。

时辰的组合表示包括三部分。第一部分是农历年的组合表示中的一种方法所表示的农历年；第二部分是农历月和农历日的组合表示中的一种方法所表示的农历月和农历日；第三部分是时辰的三种表示中的一种方法所表示的时辰。例如，"清宣宗三年二月初一人定时"是指 1823 年 3 月 13 日晚上 9：00 到晚上 11：00。它包括：a）皇帝的帝号：宣宗；b）农历年序数：农历第三年；
c）农历月序数：农历月第二个月；d）农历日：初一；e）时辰天色表示：
人定。

　　下面阐述时间实体转换的完备性。在公历计时系统构建中，建立公历计
时单位（年、月、日、时）和农历计时单位（年、月、日、时辰）之间的
转换关系是必要的。一个基础性问题是：给定公历计时系统中时间实体与中
国传统计时系统中时间实体，是否存在相关计算方法可以实现二者之间的转
换。这一任务的核心是构建公历计时系统中时间实体和农历计时系统中时间
实体的映射关系。

　　图 3.4 给出了由不同表示方法所表示的时间实体之间的转换关系。图 3.4
上半部分给出了中国传统计时系统中，基于不同表示方法的时间段年的时间实
体。图 3.4 下半部分给出了公历计时系统中时间段年的时间实体。从基于干支
系统表示的农历年集合 LS_1 到基于序数表示的公历年集合 GS_2 之间存在一对多
映射的转换关系，并且从集合 GS_2 到集合 LS_1 存在满射的转换关系。从基于序
数表示的公历年到基于干支系统表示的农历年之间能够进行转换。

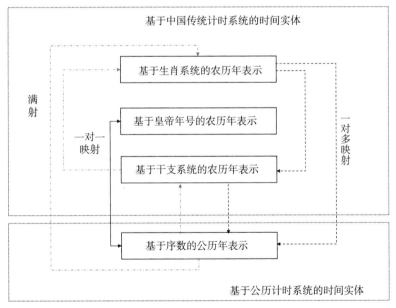

图 3.4　基于不同时间表示方法的时间实体的转换关系

　　在基于地支系统表示的时辰集合和基于序数表示的小时集合中，存在一一
映射的转换关系。再如，从基于月相表示的农历日集合到基于序数表示的农历

日集合，存在单射转换关系。从基于干支表示的农历月集合 S_3 到基于序数表示的农历月集合 S_4，存在一对多映射关系，并且从集合 S_4 到集合 S_3 存在满射关系。

需要注意的是，既没有精确的计算方法或公式来进行公历月和农历月之间的转换，也没有方法来进行公历日和农历日之间的映射或转换。月亮和太阳的变异和转动是不均匀的、不稳定的、摇摆不定的。因此，一个节气的长度并不总是大于一个农历月的长度，一个农历月可能包含两个主要的节气。

这里需要强调两点。首先，公历中的新年并不总是与中国春节重合，因此公历年和农历年的映射只是近似的。第二点是基于干支系统的农历年表示方法是从西汉开始的，所以后来人们推演出在西汉之前的农历年的干支组合表示方法。

|3.4　时间本体比较|

CommonKADS 评估框架是支持结构化知识工程的领先方法[28,29,30]。CommonKADS 包括组织模型、任务模型、Agent 模型、通信模型、知识模型以及设计模型。知识模型包括领域知识、推理知识、任务知识、问题求解知识以及策略性知识。因此，本节阐述使用 CommonKADS 评估框架对中文时间本体与现有其他时间本体进行比较[27]。这些本体包括 the DAML ontology of time[31]、KSL time ontology[32] 以及 times and dates in Cyc knowledge base[33]。

从本体构成角度看，图 3.5 给出了 DAML 时间本体的构成部分与中文时间本体的构成部分之间的比较和对应关系。DAML 时间本体由四个部分组成：拓扑时间关系、时间段度量、公历日历和时钟，以及时间和持续时间的描述。中文时间本体包括时间系统、计时系统、计时本体、公历计时系统、中国传统计时系统、公历计时系统中的时间实体与中国传统计时系统中的时间实体之间的转换，以及基于不同计时系统的时间实体的转换。

DAML 时间本体中的第一个构成部分"拓扑时间关系"对应于本章基础时间本体中的时间系统，均描述了时间原语（时间点、时间段）之间的拓扑时间关系，以及时间和事件的关系。DAML 时间本体的其他三个构成部分包含在中国时间扩展本体的公历计时系统中。

从本体构成部分、领域知识以及概念与分类三方面，对中文时间本体与 DAML、KSL 和 Cyc 时间本体进行比较和分析，如表 3.1 所示。表中" + "表

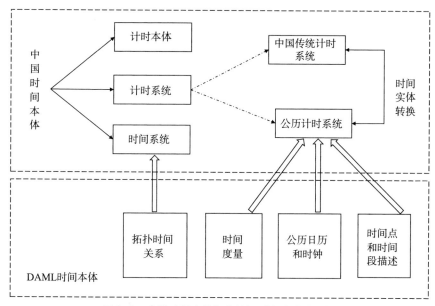

图 3.5　中国时间本体与 DAML 时间本体的比较

示在对应的时间本体中具有该特征，"－"表示在对应的时间本体中不具有该特征。在表 3.1 中，所有的四个时间本体均定义了拓扑时间关系、公历和时钟，以及时间和持续时间描述。本章的基础时间本体构建了计时系统和计时本体。

表 3.1　时间本体构成和时间领域知识比较

	DAML 时间本体 （The DAML Ontology of Time）	KSL 时间本体 （KSL Time Ontology）	Cyc 时间和日期 （Times and Dates in Cyc）	本章基础时间本体 （Base Time Ontology）
拓扑时序关系	+	+	+	+
时间段度量	+	+	－	+
公历日历和时钟	+	+	+	+
时间点和 时间段描述	+	+	+	+
计时系统	－	－	－	+
计时本体	－	－	－	+
概念	+	+	+	+
上下位关系	+	+	+	+
函数	+	+	+	+

	DAML 时间本体（The DAML Ontology of Time）	KSL 时间本体（KSL Time Ontology）	Cyc 时间和日期（Times and Dates in Cyc）	本章基础时间本体（Base Time Ontology）
实例	+	+	+	+
概念成员公理	−	−	−	+
属性性质公理	−	−	−	+
属性关系公理	−	−	−	+
概念关系公理	−	−	−	+

从领域知识本体构成看，时间领域知识本体包括时间概念（即时间实体的类别）、时间概念之间上下位关系、时间函数、时间概念实例，以及时间概念和属性的约束公理。

表 3.1 给出领域知识的主要组成部分：概念（即时间实体的类别）、上下位关系、函数、实例和公理。所有四个时间本体均支持函数和实例的定义，并给出了概念及上下位关系。需要指出的是，关于时间概念和属性的语义公理在本章的基础时间本体中进行说明。

本章的基础时间本体、DAML、KSL 和 Cyc 时间本体在比较时，侧重于本体构成部分和领域知识。领域知识的比较度量包括八个特征：概念、上下位关系、函数、实例、关于概念隶属关系的公理、属性性质公理、属性之间的关系公理以及概念之间的关系公理。例如，绝对时间实体类别和相对时间实体类别的关系公理如下：

$$\forall x(\text{temporal} - \text{entity}(x) \rightarrow (\text{Absolute} - \text{temporal} - \text{entity}(x)$$

$$\wedge \neg \text{Relative} - \text{temporal} - \text{entity}(x)) \vee$$

$$(\neg \text{Absolute} - \text{temporal} - \text{entity}(x) \wedge \text{Relative} - \text{temporal} - \text{entity}(x)))$$

模糊时间实体类别和精确时间实体类别的关系公理如下：

$$\forall x(\text{temporal} - \text{entity}(x) \rightarrow (\text{Fuzzy} - \text{temporal} - \text{entity}(x)$$

$$\wedge \neg \text{Precise} - \text{temporal} - \text{entity}(x)) \vee$$

$$(\neg \text{Fuzzy} - \text{temporal} - \text{entity}(x) \wedge \text{Precise} - \text{temporal} - \text{entity}(x)))$$

表 3.2 总结了在描述本体中的概念和分类法时分析的最重要的特征：时间概念集的基数（即时间概念集合的元素个数）、时间概念集之间的关系、不相交的划分、子类划分和概念分类的标准。不相交划分的特征意味着：a）可能存在一个概念 C 的实例 I_1，I_1 不是概念 C 的任何子概念的实例；b）不存在 C 的实例 I_2，I_2 是概念 C 的至少两个子概念的实例。四种本体均支持该特征。DAML 和本章基础时间本体的分类体系均满足子类划分的性质。子类划分性质

是指若概念 C 划分为子概念 C_1，C_2，$\cdots$，C_n，则概念 C_1 外延实例集合，C_2 外延实例集合，$\cdots$，C_n 外延实例集合的并集等于概念 C 的外延实例集合。本章基础时间本体为每个概念的每个分类提供了明确的准则。例如，根据是否有参照时间实体，时间实体分为绝对时间实体和相对时间实体。

表 3.2　不同时间本体中概念和分类比较

	DAML 时间本体（The DAML Ontology of Time）	KSL 时间本体（KSL Time Ontology）	Cyc 时间和日期（Times and Dates in Cyc）	本章基础时间本体（Base Time Ontology）	
时间概念构成	拓扑时序关系	KSL 时间本体	时间和日期	时间系统	计时本体
时间概念集合	S_d	S_k	S_c	S_s	S_o
时间概念集的基数	3	14	7	3	23
时间概念集关系	-	$\mid S_k \cap S_d \mid = 2$ $\mid S_k \cap S_w \mid = 2$	$\mid S_c \cap S_d \mid = 2$ $\mid S_c \cap S_w \mid = 2$ $\mid S_c \cap S_k \mid = 2$	$S_s = S_d$	$\mid S_o \cap S_d \mid = 3$ $\mid S_o \cap S_w \mid = 3$ $\mid S_o \cap S_k \mid = 6$ $\mid S_o \cap S_c \mid = 2$
不相交的划分	+	+	+	+	+
子类划分	+	-	-	+	+
概念分类的标准	-	-	-	+	+

综上所述，时间本体 DAML、KSL 和 Cyc 与本章的时间本体之间的主要区别如下。

（1）本章构建了基础时间本体，包括时间系统、计时系统和计时本体。其特点是为基于不同世界历法的计时系统提供了通用的时间系统、计时系统和计时本体。

（2）形式语义公理是本章时间本体中不可或缺的构成部分。公理可用于约束时间概念及其关系的解释和使用，为时间实体概念及其关系提供显式的形式化表示。

（3）与公历计时系统中时间实体的表示相比，中国传统计时系统中不同种类的时间实体有多种表示方法。特别是，本章构建了一阶谓词演算中的公式，用于转换公历计时系统中的时间实体和中国传统计时系统中的时间实体，为公历计时系统和农历计时系统中的时间实体转换提供形式化的转换方法。本章的目标是提供一种方法来开发基于不同历法的时间测量、表示和转换模型。

（4）为基于不同历法的计时系统的时间实体与公历计时系统的时间实体，提供时间实体映射或转换的方法。

3.5　时间本体应用

本节将说明时间本体在问答领域中的应用[27]。将给出中文时间本体能够回答哪些类型的问题。

基于时间本体的问答系统建立在基于中国百科知识库的问答系统上[10,34]。该知识库涵盖医学、生物学、历史、地理、数学和考古学等领域。例如，时间属性包括概念"古文化"的"首次发掘时间"，概念"遗址"的"年代上限"和"年代下限"。

问答系统包括四个构成部分：（1）自然语言用户界面；（2）基于百科全书的知识库；（3）用于回答和推理用户问题的领域多智能体系统；（4）多智能体通信协议。每个智能体代表一类实体，包含关于该类实体的公理、定理和性质规则。这些规则作为其推理的规则库，共享百科知识库。例如，相对时间实体类别智能体 Agent，包括相对时间实体类别的隶属公理、性质规则等。

问答系统接收到用户的问题时，它将采取以下主要步骤来生成答案。第一，生成问题谓词公式表示，将自然语言中的问题转换为一阶谓词演算中表示的公式。第二，识别时间实体类别，调用表示实体类别的智能体，并判断这些类别或其实例是否在问题中涉及。第三，生成问题答案，被调用的智能体搜索百科全书知识库及其规则库，并执行前向或后向推理，直到推断出答案或完成搜索过程。

为了说明中文时间本体的特色，通过问答系统应用给出了中文时间本体与现有 DAML、KSL 和 Cyc 时间本体的区别。引入五种类型的时间实体相关问题，涉及拓扑时间关系、时间实体类别的分类、时间实体的公理、时间实体的表示，以及不同计时系统中时间实体之间的转换等五个问题。只有第一类问题可以由 DAML、KSL 和 Cyc 时间本体来解答，而所有类型的问题均可以由本章所构建的中文时间本体来解答。

下面给出利用中文时间本体解答问答系统中问题的详细过程。

（1）对于第一种类型问题，关于"拓扑时间关系（Topological Temporal Relations）"，其例子是："请问秦始皇出生时间是否早于汉光武帝？"，本章问答系统回答"是"。回答这个问题需要三个步骤。

　　a）生成问题谓词公式表示。问答系统将这个问题转化为公式"？Birth – time – earlier – than（秦始皇，汉光武帝）"，其中，"？"表示该问题是一般性问题。

　　b）然后，问答系统调用智能体"Person – Agent"，这是因为秦始皇和汉光武帝均是类别"Person"的实例。该智能体在知识库中搜索关于秦始皇和汉光武帝的出生时间的相关知识，搜索到如下三个断言。

■ Birth – time（汉光武帝，B. C. 5），其含义是汉光武帝出生于公元前 5 年。

■ Birth – time – earlier – than（秦始皇，汉武帝），其含义是：秦始皇的出生时间早于汉武帝。

■ Birth – time（汉武帝，B. C. 156），其含义是：汉武帝出生于公元前 156 年。

　　该智能体推断出：Birth – time – earlier – than（秦始皇，汉光武帝），即秦始皇的出生时间早于汉光武帝。

　　c）智能体"Person – Agent"获得断言，关系"Birth – time – earlier – than"是其规则库中的"before"关系的一个实例。该智能体推断出，因为时间系统中"before"关系满足传递性，所以，关系"Birth – time – earlier – than"也满足传递性。因此，该智能体进一步推断出，断言 Birth – time – earlier – than（秦始皇，汉光武帝），也就是，秦始皇的出生时间早于汉光武帝。问题系统最终回答"是"。

　　（2）对于第二种类型问题，关于"时间实体分类体系（Taxonomy of Classes of Temporal Entities）"，其例子是："哪些类别的子类包括相对模糊时间实体"。

　　a）首先，将问题转化为公式：Subclass（Relative and Fuzzy Temporal Entity，X），其中 X 是变量。

　　b）其次，问题系统调用智能体"Relative – and – Fuzzy – Temporal – Entity – Agent"。该智能体在规则库中搜索到如下规则：

Intersection – class（Relative and Fuzzy Temporal Entity；Relative Temporal Entity，Fuzzy Temporal Entity）

　　该规则的含义是，类别相对模糊时间实体是类别相对时间实体和类别模糊时间实体类的相交。另外，该智能体调用智能体"Relative – Temporal – Entity – Agent"和"Fuzzy – Temporal – Entity – Agent"，在各自的规则库获得断言，

■ Subclass（Relative Temporal Entity，Temporal Entity），其含义是，类别相对时间实体是类别时间实体的子类。

■ Subclass（Fuzzy Temporal Entity，Temporal Entity），其含义是，类别模糊时间实体是类别时间实体的子类。

c）进一步，智能体"Relative – and – Fuzzy – Temporal – Entity – Agent"，利用定理推断出，Subclass（Relative and Fuzzy Temporal Entity，Temporal Entity），其含义是，类别相对模糊时间实体是类别时间实体的子类。该智能体推断出，

■ Subclass（Relative and Fuzzy Temporal Entity，Relative Temporal Entity），其含义是，类别相对模糊时间实体是类别相对时间实体的子类。

■ Subclass（Relative and Fuzzy Temporal Entity，Fuzzy Temporal Entity），其含义是，类别相对模糊时间实体是类别模糊时间实体的子类。

d）最后，问答系统输出："Temporal Entity，RelativeTemporal Entity，and Fuzzy Temporal Entity（时间实体，相对时间实体，模糊时间实体）"。

（3）对于第三种类型问题，关于"时间实体公理（Axioms of Temporal Entities）"，其例子是："2022年9月每周五的时间长度和多少？（What is the temporal length of every Friday in September 2022？）"，问答系统回答"120小时"。

a）首先，将问题转换为公式，durationFn（every Friday in September 2022，hour）= X。

b）其次，问答系统调用智能体"Category – of – Left – Closed – and – Right – Closed – Interval – Agent"，因为"2022年9月每周五"是类别"类别左闭右闭时间段"的实例。该智能体推断出：

Contain（every Thursday in September 2022；September 2，September 9，September 16，September 23，September 30A），其含义是，2022年9月每周五包括5天，9月2日，9月9日，9月16日，9月23日，9月30日。

c）最后，利用公理该智能体推断出：

durationFn（every Thursday in September 2022，hour）= durationFn（September 2，hour）+ durationFn（September 9，hour）+ durationFn（September 16，hour）+ durationFn（September 23，hour）+ durationFn（September 30，hour）= 120）

因此，问答系统回答"120小时"。

（4）对于第四种类型问题，关于"时间实体表示"，其例子是："请问唐太和三年对应于公历哪一年？"：

a）首先，问答系统将问题转换为公式：

nth – title – solar – yearFn（Title，3，NULL，Da – he，NULL）= X。

b）其次，问答系统调用智能体"Lunar – Year – Agent"，这是由于太和元年是类别农历年的实例。该智能体在知识库中搜索到知识：

starting $-$ solar $-$ yearFn (Title, NULL, Tai $-$ he, NULL) $=$ A. D. 827，

其含义是太和元年是公元 827 年。其中，NULL 表示空值。

c）最后，利用转换公理，该智能体推断出：

nth $-$ title $-$ solar $-$ yearFn (Title, 3, NULL, Tai $-$ he, NULL) $=$ A. D. 829。

（5）对于第五种类型问题，关于"不同计时系统中时间实体转换"，其例子是："在六十干支周期表示中哪一年是 2022 年?"。

a）首先，将问题转换为公式：

stem $-$ branch $-$ no (A. D. 2022, lunar year, X)。

b）其次，问答系统调用智能体"Solar $-$ Year $-$ Agent"，由于 A. D. 2022 是类别公历年的实例。通过使用转换公理，该智能体推断出，stem $-$ branch $-$ no (A. D. 2022, lunar year, 39)，其含义是，公元 2022 年的干支组合表示是第 39 个干支组合。

c）最后，该智能体获得，"Index $-$ stem $-$ branch (Ren $-$ yin, 39)"，其含义是，第 39 个干支组合表示是壬寅。因此，问答系统回答"壬寅农历年"。

对于第一类问题，DAML、KSL、Cyc 和本章的时间本体均定义了拓扑时间关系。因此它们均可以回答第一类问题。对于第二类问题关于时间实体分类体系，第三类问题关于时间实体公理，第四类问题关于时间实体表示，第五类问题关于不同计时系统中时间实体转换，DAML、KSL 和 Cyc 本体难以回答这四类问题。这是由于这三种本体没有构建具有分类准则的时间实体类别的分类体系，不具备类别相交的性质，不包含时间实体公理。这三个本体是基于公历构建的，并没有构建基于不同历法的时间本体，以及不同计时系统中时间实体之间的转换关系。

世界最有名的主要历法包括希伯来历（犹太历）、伊斯兰历、藏历、彝历、日本历、伊朗历、印度历、佛历[35]。给定任意历法 c，例如藏历，基于 c 的时间本体可以按照以下步骤构建，如图 3.6 所示。

（1）首先，在藏历时间本体中，将本章 3.2 节的基础时间本体作为其基础时间本体。具体地，利用 3.2 节基础时间本体中的时间系统、计时系统和时间本体，可以对藏历时间本体中的时间结构、时间关系、时间的计算和表示、时间实体的类别，以及时间实体的关系进行建模。在该框架下，公历计时系统可以作为"时间中转器"。

（2）根据计时系统的定义，即藏历中时间单位、操作、函数和关于时间点和时间段的公理，研发藏历计时系统。其中，在构建时间本体公理时，需要明确指出日历时间段的开始时间点、结束时间点和时间长度。

（3）构建藏历计时系统中时间实体的表示方法，以及藏历计时系统中时

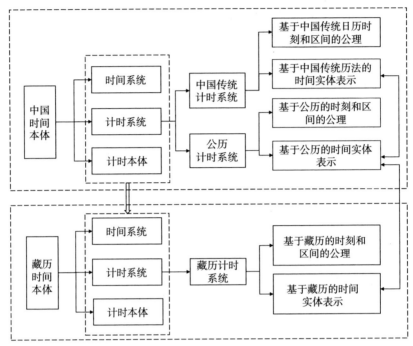

图 3.6　构建其他时间本体的示例

间实体与公历计时系统中时间实体之间的转换方法。通过遵循本节的方法，该步骤将构建不同种时间实体的各种表示及其组合表示，以及藏历计时系统中的时间实体与公历计时系统中的时间实体之间的映射关系。

本章所述时间本体构建方法的主要应用价值如下：

（1）基础时间本体中的时间系统、计时系统和时间本体具有松散耦合特点，可移植性强。实际上，它们可以单独使用，也可以联合使用，并可作为不同用途的其他时间本体的基础。

a）时间系统给出了两个时间原语以及具有最少谓词、函数和公理的时间原语之间的各种拓扑关系，并遵循"最小本体承诺"的本体设计准则。因此，任何两个时间实体之间的拓扑时间关系均可用时间系统中的谓词、函数和公理来进行表示，提高了本体共享和重用效率。

b）计时系统为各种历法和基于这些历法的时间表示提供了统一的计算模型。实际上，针对时间单位的开始时间点、结束时间点和持续时间长度及其关系，建立了一个形式化模型。因此，计时系统构成了基于不同历法的任意两个时间实体之间转换的桥梁。通过计时系统的形式化模型，公历计时系统构成不同世界历法计时系统的转换枢纽，从而能够高效率实现世界任意两种不同历法计时系统中时间实体的转换。

c）计时本体构建了时间概念及其属性、关系和公理，设计出有关时间概念的分层分类体系，具有明确的时间概念分类准则。通过计时本体，从时间概念分类角度，为时间实体类别和实例提供时间实体概念分类体系，以及时间实体的概念、属性和关系的约束公理。

（2）本章所述时间本体构建方法符合本体开发的标准：清晰性、可扩展和最小本体承诺。因此，本章方法可以重用来构建基于不同历法的其他时间本体。

（3）在时间表示与转换问题上，分治策略独立于任何历法以及历法中不同时间单位的表示顺序。因此，它可以用来表示其他时间本体中不同粒度的时间实体，并能够转换基于不同历法的不同时间本体中的任意两个时间实体。不同计时系统中的实体转换方法提供了不同时间粒度（包括年、月、日和小时）的时间实体转换方法，从而可实现由多种时间粒度构成的时间实体的转换。

|3.6　时间信息抽取|

时间信息抽取是时间信息处理、知识图谱构建和自然语言处理的重要研究内容。本节描述从非结构化中文文本中抽取时间表达式（Temporal Expression）或识别时间表达式的方法。这些时间表达式基于公历计时系统和中国计时系统中的时间实体。其中，时间表达式可以看作文本组块，可能为时间点、时间段或时间间隔。本节介绍一种基于转换的错误驱动的时间表达式识别方法。该方法中使用的时间表达标注器是基于中国时间本体开发的[36]。

不同于英文文本，在非结构化中文文本中，词语之间没有显式的分隔标记。另外，汉语没有格（Case）、数量、时态、词性的形态变化和变化标记。因此，时间表达式识别问题的难点需要在没有任何拼写界限和形态变化的中文文本中识别时间表达式或时间实体。

现有研究工作主要是从非结构化文本中识别基于公历计时系统的时间表达式[37,38]。但是，在中国社会，人们同时使用公历历法和农历历法，通常采用公历计时系统和农历计时系统来表示时间。识别时间表达式主要有两种方法：基于规则的方法和基于机器学习的方法。前者依赖于人工构建规则和字典，而后者依赖于带标注的语料库。基于规则的方法相对准确率较高，但是该方法需要大量的知识资源，依赖时间信息表示的语言和语法等方面的特征或规律。

Wu 等[37]设计一种基于时间语法规则和人工构建的约束规则的时间解析器来识别中文时间实体。

时间表达式的分类结构，如图3.7（a）和（b）所示。时间实体概念包括时间点、时间段和时间间隔，时间实体包括在时间轴上的时间点或时间段。时间间隔是两个不同时间点之间的距离，可以通过开始时间点和结束时间点来计算时间间隔长度。图3.7（a）将时间表达式划分为精准且绝对的时间表达式、精准且相对的时间表达式、模糊且绝对的时间表达式，以及模糊且相对的时间表达式。图3.7（b）中，单一时间点表达式划分为基于事件的时间表达式、基于日历的时间表达式以及基于文化的时间表达式。基于日历的时间表达式可进一步划分为基于格里历的时间表达式、基于农历的时间表达式，以及基于格里历和农历的时间表达式。

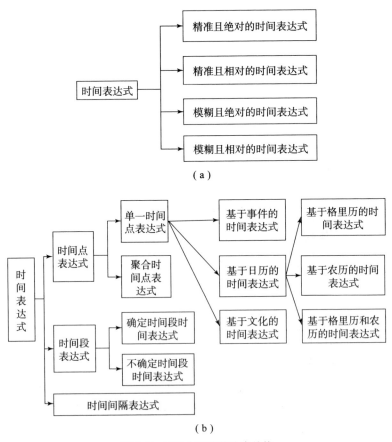

图 3.7　时间表达式的分类结构

基于转换的错误驱动型学习是一种基于语料库的符号机器学习方法，已广泛应用于自然语言处理领域的许多任务[39]。基于转换的错误驱动型学习的基本思想是以一种迭代方式，不断从自动标注语料和人工标注语料中学习转换规则，通过转换规则来提高时间表达式的识别性能。

基于转换的错误驱动学习的时间表达式识别过程如图 3.8 所示。首先，使用时间表达式识别器识别训练语料库中的时间表达式。在第一次迭代过程中，从错误标注的时间表达式中生成转换规则，用于更新可执行的声明性语言 EDL（Executable Declarative Language），进而识别时间表达式，不断提高时间表达式的识别性能。EDL 是识别时间表达式的程序。重复迭代过程，直到不能从训练语料库中错误的时间表达中学习到新的转换规则。因此，能够不断学习时间表达式新的构成部分以及构成方法来更新可执行的声明性语言 EDL。时间标注器用于编译可执行的声明性语言 EDL，并且执行声明性语言 EDL 来识别时间表达式。

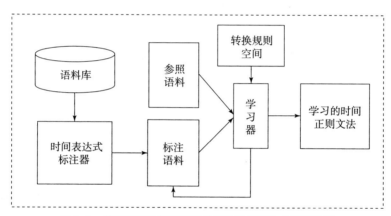

图 3.8　基于转换的错误驱动学习的时间表达式识别过程

对于基于转换的错误驱动的时间表达式识别方法，以非结构化文本语料库和测试非结构化文本语料库为输入，以标注时间表达式的文本为输出。

（1）人工标注训练语料中的时间表达式作为参照语料。

（2）将训练语料输入到时间表达式标注器中，时间表达式标注器根据可执行的声明性语言识别时间表达式。

（3）学习器对自动标注的语料和人工标注的参照语料进行比较。学习器将转换规则模式应用于标注语料，使得自动标注语料和人工标注语料尽量一致，其中转化规则模式定义触发环境和执行操作。

（4）根据目标函数，检索得分最高的转换规则。进一步，执行这些转换规则的操作来更新可执行的声明性语言 EDL。

（5）不断迭代第三步和第四步，直至找不到能够提高标注语料性能的转换规则。

（6）根据学习的可执行声明性语言 EDL，使用时间表达式标注器识别测试语料中的时间表达式。

可执行声明性语言 EDL 程序由智能体构成，智能体包括语境和操作。语境包括基本语境和约束语境。若语境满足基本语境和约束语境，则激活智能体。基本语境的内容是一个正则文法系统。该系统基于时间表达式的分类体系，并且给出每种时间表达式的构成方法。约束语境的内容包括用于约束时间表达式的谓词和语境特征。如果智能体的语境满足，则智能体执行其操作。

例如，对于智能体"agent Instant TE"，基本语境定义在"defcalss Syntax < Syntax_Instant_TE >"。字符串"大约三年多光景"为时间点表达式，满足基本语境"<时间表达式>::=<前置修饰词!><数词!><时间单位!><中置修饰词!><后置修饰词!>"。在这里，"大约"是前置修饰词，"三"是数词，"年"是时间单位，"多"是中置修饰词，"光景"是后置修饰词。

其中，"<前置修饰词!>"表示语义类前置修饰词，由具有相同的语法功能，位于数词前面的修饰词构成，即<前置修饰词!>=｛大约，约，大体，大概，大致，大抵，大致上，将近，近于，近乎｝。另外，<中置修饰词!>=｛多，余，弱，把，强，来｝，<后置修饰词!>=｛左右，上下，前后，内外，开外，出头，有零，有余，挂零，光景，模样，前，后，左，有，里，中，外，内，间，头里，当中，中间，之上，之下，之前，之后，之里，之外，之内，之中，之间，以上，以下，以前，以后，以里，以外，以内｝。约束语境是时间表达式中不包含标点符号。操作包括在时间表达式的前面和后面插入标签"< Instant_TE >"和"</Instant_TE >"。

转换规则模板由触发环境和操作构成。一组规则模板定义了一个可能的转换规则空间。下面给出了转换规则模板，即若满足任一触发环境，则执行六个操作之一。

触发环境：

（a）IF $\text{TempExp}(X, Ct) \wedge \text{NonTempExp}(X, Cr)$

（b）IF $\text{NonTempExp}(X, Ct) \wedge \text{TempExp}(X, Cr)$

（c）IF $\text{TempExp}(X, Ct) \wedge \text{TempExp}(Y, Cr) \wedge \text{Contain}(Y, X)$

（d）IF $\text{TempExp}(X, Ct) \wedge \text{TempExp}(Y, Cr) \wedge \text{Contain}(X, Y)$

（e）IF $\text{TempExp}(X, Ct) \wedge \text{TempExp}(Y, Cr) \wedge \exists Z(\text{Contain}(X, Z) \wedge \text{Contain}(Y, Z) \wedge \text{NonEqual}(X, Z) \wedge \text{NonEqual}(Y, Z))$

必选操作：$\text{SegmentingWord}(X) \wedge \text{SegmentingWord}(Y)$

可选操作：

（a）AddSemanticCalssElement（X, Y, E）

（b）AddSemanticClassRule（X, Y, R）

（c）AddRule（X, Y, R）

（d）AddRule（X, Y, R）$\wedge$ AddSemanticCalssElement（X, Y, E）

（e）AddRule（X, Y, R）$\wedge$ AddSemanticClassRule（X, Y, R）

（f）AddConstraintPredicate（X, Y, P）

其中，

■ X 和 Y 是字符串，Ct 是自动标注的语料库，Cr 是参照语料库。

■ TemExp（X, Ct）和 NonTemExp（X, Cr）表示 Ct 中的 X 是否被识别为时间表达式 TE。Contain（X, Y）表示 Y 是 X 的子串。Equal（X, Z）和 Non-Equal（X, Z）表示 X 是否等于 Z。

■ SegmentingWord（X）的操作是对 X 进行分词。

■ AddRule（X, Y, R）表示：添加一个由 X 和 Y 生成的产生式规则 R。

■ AddSemanticClasseRule（X, Y, R）表示：添加一个由 X 和 Y 生成的产生式规则 R 与所有语义类的元素。

■ AddSemanticCalssElement（X, Y, E）表示：添加一个由 X 和 Y 生成的语义类的元素 E，添加到可执行声明性语言 EDL。

■ AddConstraintPredicate（X, Y, Pe）将约束谓词 Pe 添加到可执行声明性语言 EDL。

评估候选转换规则目的在于对应用转换规则到训练语料所产生的正面和负面变化进行量化。候选规则 R 的目标函数 O（R）是 C（R）− E（R），其中 C（R）和 E（R）表示产生正面和负面变化的识别时间表达式的数量。

采用准确率 Precision（P）、召回率 recall（R）和 F − measure（F）指标来评估时间表达式识别算法的性能。

$$\text{recall} = \frac{N_2}{N}, \quad \text{precision} = \frac{N_2}{N_1}, \quad F = \frac{2RP}{R+P},$$

其中 N 是测试非结构化文本语料库中时间表达式的总数，N_1 是识别出的时间表达式的总数，N_2 是正确识别的时间表达式总数。

时间表达式识别的数据集包括新闻、历史和考古三个领域和四个语料库。语料库包括约 720 篇文章和 500 个网页。随机选择 70 篇文章和 50 个网页作为训练语料库。初始的时间文法由大约 200 个产生式规则所组成。同时，构建了大约 160 个转换规则来更新可执行声明性语言 EDL。所有语料库的性能为准确率 86.8%、召回率 88.3% 和 F − 度量 87.5%。

通过实验结果表明了基于转换的错误驱动的时间表达式识别方法的有效性[36]。该方法的特点如下：

（a）中文时间表达式的文法系统的构建基础是：时间表达式的类别分类层次结构。通过挖掘各类时间表达式的表达规律和特点，构建时间表达式表示方法和转换规则。

（b）通过错误驱动的学习方法，可执行声明性语言 EDL 通过添加新的产生式规则、终止符、约束谓词，不断更新可执行声明性语言。通过从错误的时间表达式中学习时间文法规则，更新约束语境和产生式规则，提高时间表达式识别性能。

产生时间表达式错误识别的主要原因是分词错误和词义歧义问题。在时间表达式学习中，时间语法和转换规则模板独立于语言。因此，本节的方法可以应用于提取其他语言的时间表达。

|3.7　本章小结|

本章主要论述中国时间本体及其应用以及时间信息抽取方法。中国时间本体及其应用包括中国时间本体框架、基础时间本体、扩展中国时间本体、时间本体比较、时间本体应用。最后，介绍了时间表达式识别方法。

第 4 章

实体识别

实体或术语是领域知识的基本要素，也是领域本体的核心内容。本章首先分析汉语分词的形式化模型和困难，其次论述领域概念获取方法。最后，阐述领域术语定义抽取方法以及领域术语抽取方法。

|4.1　汉语分词|

4.1.1　汉语分词研究现状

汉语隶属于世界语系中的汉藏语系，英语隶属于日耳曼语族。英语等西方语言词语之间具有显式的分隔符，而汉语和日语等东方语言中词语之间不存在明确的分隔标记[40]。汉语是一种词根语，具有如下特点：

第一，词序严格，词序不同，意义也随之不同。例如，"计算"和"算计"意义截然不同。

第二，汉语缺乏形态变化，没有性别、数量、格的变化标志，词语本身不能显示与其他词语的语法关系，其形式也不受其他词的约束。

第三，虚词是主要的语法手段。例如，"蟹六跪而二螯"中的"而"表示并列关系，"青，取之于蓝，而青于蓝"中的"而"表示转折关系。

第四，汉语书写系统采用词标的形式，词与词之间没有明显的形态界限。因此，汉语的这些特征决定了针对英语等其他语言处理的方法并不能完全适用于汉语信息处理。

汉语自动分词是中文自然语言处理和理解的关键技术之一。其任务是指将汉语自然语言文本中的句子切分成词语序列。汉语信息处理又称中文信息处理（Chinese Information Processing），是指"用计算机对汉语的音、形、义等信息进行处理，包括对字、词、句、篇章的输入、输出、识别、分析、理解、生成等的操作与加工"[41]。汉语自动分词已成为许多中文信息处理应用任务的一项基础研究课题，例如，问答系统、机器翻译、信息检索、信息提取、文本分类、自动文摘、语音识别、文本语音转换等[42,43,44]。自动分词性能将直接影响这些应用任务的性能。

汉语自动分词是制约汉语信息处理发展的一个重要因素。它主要存在语言学和计算机科学技术两方面的困难。语言学方面的困难有：其一，词语的定义不统一，导致句子的分词结果不统一。其二，同一句子由不同的分词工具获得不同的分词结果，同一文本可能被不同工具划分为若干种不同的分词结果，这是人机共同面临的困难[41,42,43,45,46]。在计算语言学上，中文分词的主要困难包含：其一，难以给出一个通用的合理的自然语言形式模型；其二，如何有效地利用和表示分词所需的语法知识、语义知识或语料。

根据是否利用机器可读词典和统计信息，可将汉语自动分词方法分为三大类：基于词典的方法、基于统计的方法，以及基于词典和统计的混合方法。

基于词典的分词方法的基本思想是将词典中的词语与自然语言文本中的句子字符串进行匹配。基于词典的分词方法的三个要素包括分词词典、文本扫描顺序和匹配原则。基于词典的分词方法的性能依赖于词典、匹配准则等。该方法的挑战在于存在未登录词和切分歧义的问题。匹配原则主要包括最大匹配、最小匹配、逐词匹配和最佳匹配。基于词典的分词方法的优点是易于实现[45,46]。其缺点是：其一，匹配速度慢，受到词典规模的制约；其二，存在交集型和组合型歧义切分问题。

对于基于词典的分词方法，影响分词精度的因素包括[47]：其一，机器词典中词目的选择和词条的数量；其二，机器可读词典与待切分文本中词汇的匹配关系；其三，切分歧义；其四，未登录词。随着科学技术的迅猛发展，专业领域术语呈现不断增长趋势，专业领域术语未登录词识别是影响分词精度的重要因素。

基于统计的分词方法所应用的主要统计量或统计模型包括：互信息、n–gram 模型、神经网络模型、隐马尔可夫模型、最大熵模型以及条件随机场等。这些统计模型主要是利用词语与词语的联合出现概率作为分词的依据。基于统计的分词方法的基本思想是，利用概率统计特征或概率统计模型进行词语切分。基于统计的分词方法的优点是：其一，不受待处理文本的领域限制，不受领域词典的限制；其二，不需要一个机器可读词典。缺点是：其一，需要大量的训练文本，用以建立模型的参数；其二，计算量大，训练耗时；其三，分词精度与训练文本的选择和标注精度有关。

近年来，深度神经网络也应用于分词。例如，任智慧等[48]设计了基于长短期记忆网络的分词方法，使用了预训练的字嵌入向量。又如，张忠林[49]设计注意力卷积神经网络条件随机场模型进行中文分词。涂文博[50]设计一种基于卷积神经网络的分词方法，引入字向量和上下文字向量。

基于神经网络方法的优点是：第一，人工神经网络采用数据驱动的学习策略，可实现高度非线性的端到端分词，具备知识表达简洁、学习功能强、开放性好、知识库易于维护和更新的优势；第二，在分词模型得到充分训练后，分词速度相对较快；第三，分词精确度相对较高。基于神经网络模型的分词方法需要进一步研究的问题包含：第一，需要标注语料，因此需要研究基于无标注语料的无监督或自学习的分词方法；第二，数据驱动的方式难以融合专家知识或领域知识，因此如何构建知识嵌入的分词模型是需要进一步研究的问题。

4.1.2　汉语分词形式化模型

本节在相关工作的基础上[51]，进一步构建汉语自动分词的形式化模型[40]。

设汉语文本中的符号集为有限集 $M = \{S_1, S_2, S_3, \cdots, S_m\}$，$S_i$（$i = 1, 2, \cdots, m$）可能为汉字、外文字母、阿拉伯数字、标点符号或者空格。设全体汉字的集合为有限集 $C = \{C_1, C_2, C_3, \cdots, C_n\}$，$C_j$（$j = 1, 2, \cdots, n$）为一个汉字。

定义（待切分汉语句）：待切分汉语语言语句 $S = S_1 S_2 S_3 \cdots S_n$ 定义为一个含有 n（n 为自然数）个字符且任意两个字符之间没有空格的字符串，其中 $S_i \in M$（$i = 1, 2, \cdots, n$）。字符 S_i 可能为汉字、外文字母、阿拉伯数字、或标点符号。

定义（汉语自动分词系统）：汉语自动分词系统 ACWSS（Automatic Chinese Word Segmentation System）定义为一个六元组（St, Lk, Si, A, $Ewsr$, $Gwsr$），

- 源自然语言文本 St（Source Texts），
- 自然语言的语言学知识 Lk（Linguistic Knowledge），
- 字符的统计信息 Si（Statistic Information），
- 分词算法 A（Algorithm），
- 系统分词结果 $Ewsr$（Experimental Word Segmentation Result），
- 目标分词结果 $Gwsr$（Goal Word Segmentation Result）。

定义（未登录词）：对于待切分汉语语言语句 S，设 S' 为 S 的词语切分结果，设 $S' = W_1/W_2/W_3/\cdots W_m/$，其中"/"为切分标记，如果 $W_i \notin Mrd$（$i = 1, 2, \cdots, m$）即 W_i 不属于机器可读词典 Mrd，则称 W_i 为未登录词。

一个词语是否为未登录词，与汉语分词系统和机器可读词典等相关。对于一个汉语分词系统，它可能为未登录词，而在另外一个汉语分词系统中却不一定是未登录词。

定义（正确词语切分句和错误词语切分句）：设 S 为一个待切分汉语语言语句，若 S' 是 S 的词语切分结果，定义 $S' = W_1'/W_2'/W_3'/\cdots/W_m'$ 为 S 的正确词语切分句，当且仅当 S' 的 W_i' 之间满足语法、语义规则以及上下文语境约束，否则称为错误词语切分句。

一个已切分汉语语言语句 S 的正确性判断是一个很复杂的问题。正确词语切分句和错误词语切分句的判断，一定程度上依赖于知识工程师进行评估判断。一个待切分语句对不同的用户或系统而言，可能会产生不同的分词结果，且与文本体裁、上下文语境、分词面向的应用领域紧密相关。

定义（切分歧义词串）：假设一个待切分汉语语言语句 S 在某个分词算法的作用下，产生一组不同的词语切分语句 S_1'，S_2'，$\cdots S_n'$，定义集合：

$$\bigcup_{i,j=1}^{n} (S_i' - S_j')$$

为待切分汉语语言语句 S 的歧义切分词语集，并称歧义切分词语集在语句 S 中所对应的极大连续串为待切分汉语句 S 的切分歧义词串。其中，符号"－"表示集合之间的差运算。一个句子可能包含若干切分歧义词串。

例如，待切分语句 $S = S_1S_2\cdots S_{10}$ 在某个分词算法或分词系统的作用下，产生不同的词语切分句 S_1'，S_2'，S_3'：

$S_1' = S_1/S_2S_3S_4/S_5S_6S_7/S_8S_9/S_{10}$，

$S_2' = S_1S_2/S_3S_4/S_5S_6S_7/S_8/S_9S_{10}$，

$S_3' = S_1S_2/S_3S_4/S_5S_6S_7/S_8S_9S_{10}$，

那么，S 的切分歧义词串为 $S_1S_2S_3S_4$ 和 $S_8S_9S_{10}$。

切分歧义词串的情况比较复杂，通常包括两种典型类型：即组合型切分歧义词串和交集型切分歧义词串。

定义（交集型歧义切分词串）：假设一个待切分汉语语言语句 S 包含歧义切分词串为 $S_1S_2S_3$，如果 $S_1S_2S_3$ 被切分成：$S_1S_2/S_3/$ 和 $S_1/S_2S_3/$，则称 $S_1S_2S_3$ 为交集型歧义切分词串。其中，S_1，S_1S_2，S_2S_3，S_3 可能为机器可读词典中的词语、未登录词或不构成词语。

例如，"大数据技术"可能被切分为"大数据/技术"或"大/数据技术"。

定义（组合型歧义切分词串）：假设一个待切分汉语语言语句 S 包含歧义切分词串 S_1S_2，如果 S_1S_2 被切分成：$S_1/S_2/$ 和 $S_1S_2/$，则称 S_1S_2 为组合型歧义切分词串。其中 S_1，S_2，S_1S_2 可能为机器可读词典中的词语、未登录词或不构成词语。

例如，"分布式数据库"可能被切分为"分布式数据库"和"分布式/数据库"。

其他切分歧义串为以上两种基本类型的组合。例如，待切分语句 $S = S_1 S_2 \cdots S_{10}$ 在某个分词算法的作用下或分词系统中，产生不同的词语切分句 S_1'，S_2'：

$S_1' = S_1 S_2 S_3 / S_4 S_5 S_6 / S_7 S_8 S_9 S_{10}$，

$S_2' = S_1 S_2 / S_3 S_4 / S_5 S_6 / S_7 S_8 S_9 S_{10}$，

那么歧义切分词串 $S_1 S_2 S_3 S_4 S_5 S_6$ 为组合型和交集型切分歧义的组合词串。

不同的分词算法会获得不同的歧义切分结果。对一个分词算法而言，如果一个待切分汉语语言语句存在多个分词结果，必然存在歧义切分词串。可见，歧义切分语句的存在是汉语自动分词中的一个主要问题。

定义（极小歧义切分串）：假设一个待切分汉语语言语句 S 对应的歧义切分句 S_1' 和 S_2'，它们共有 k 个切分符号的位置相同，不妨设为：

$S_1' = S_1 \cdots S_{i1} / S_{i1+1} \cdots S_{i2} / S_{i2+1} \cdots S_{ij} / S_{ij+1} \cdots S_{ik} / S_{ik+1} \cdots S_m$，

$S_2' = S_1 \cdots S_{i1} / S_{i1+1} \cdots S_{i2} / S_{i2+1} \cdots S_{ij} / S_{ij+1} \cdots S_{ik} / S_{ik+1} \cdots S_m$，

则称连续两个相同位置的切分符号之间的字符串为 S 的极小歧义切分串，即 $S_1 \cdots S_{i1}$，$S_{i1+1} \cdots S_{i2}$，$\cdots$，$S_{ij+1} \cdots S_{ik}$，$S_{ik+1} \cdots S_m$ 均为 S 的极小歧义切分串。

定理．假设一个待切分汉语语言语句 S 对应的歧义切分句为 S_1' 和 S_2' 并且 $S_1' \neq S_2'$，定义 SSN（S'）表示已切分汉语语言语句 S' 包含的切分符号"/"的数目，如果 MS 为 S 的极小歧义切分串，则当 SSN（$MT_{S1'}$）= SSN（$MT_{S2'}$）时，MT 含有交集型歧义切分串，其中 SSN（$MT_{S1'}$）和 SSN（$MT_{S2'}$）分别表示 MT 在 S_1' 和 S_2' 中包含的切分符号的数目。

4.2　领域概念获取

目前，在众多自然语言处理任务中，比如问答系统、意见挖掘或情感分析、信息检索、文本分类、主题识别、主题跟踪和探测任务中，通常以"词语"作为特征项。然而"词语"并不一定能准确忠实地表达文本的内容、类别、主题以及情感倾向性。这一问题在处理领域文本时显得尤为突出。例如，对于用户提交的检索需求，当前的搜索引擎主要采用关键词匹配的方式来检索用户所需要的信息。这种机械式处理方式主要存在三个问题：第一，多数情况下，从文本中提取的词语很难准确忠实地表达网页的内容。但是，用户通常很难简单地使用关键词或关键词串来表达用户所需要检索的内容。表达困难导致检索困难。第二，词语或语句表达差异导致精度下降。自然语言随着时间、地域或领域的改变，同一概念可以用不同的语言表现形式来表达。第三，返回网页太多，用户需要从大量的检索结果中查找真正需要的信息。因此，对同一概念的检索，不同的用户可能使用不同的关键词来查询。例如："计算机"和"电脑"，"航天飞机"与"太空梭"，"知识补全技术"与"知识推理技术"。事实上，目前的搜索引擎缺乏知识处理能力和语义理解能力。将信息检索从基于关键词层面提高到基于概念或知识层面，才是解决问题的根本和关键。基于概念的检索，具有如下特性：第一，在概念层面或本体论层面，能够理解不同语词之间、概念之间、语词和概念之间复杂的语义关系，捕获用户的查询意图；第二，在自然语言层面，能够理解语言表面现象的知识，如一个词语的多语种形式和词语的层次关系或继承关系等；第三，在常识层面，能够处理主题或内涵相互关联的知识。

本节的研究对象是领域概念词汇获取方法及其在考古领域文本中的应用[8,52]。领域概念词汇识别和命名实体识别既有区别又有联系。现有研究工作中，命名实体识别（Named Entity Recognition）主要识别的实体类型为：人名、组织名和地名。在领域概念词汇获取或领域术语识别中，需要识别三类概念词汇：领域实体概念词汇（Domain Entity Concept Word）、领域关系概念词汇（Domain Relation Word）和领域性质概念词汇（Domain Property Word）。领域实体概念词汇包括面向领域的人名、地名和组织名。

4.2.1　领域概念词汇获取准则

判断一个字符串是否为领域概念词汇（Domain – Specific Concept Word）的基本准则是：

（1）领域概念词汇是词或词组。

分词规范规定了对现代汉语真实文本进行分词的原则及规则[53]。对于领域概念词汇获取中的分词，本节也遵循这些规则。

（2）领域概念词汇是一个实体概念词汇（Entity Concepts）。

领域实体概念词汇是反映领域各种具体事物或实体的概念词汇。例如，深度神经网络、仰韶文化、秦汉长城遗址。它们的内涵反映具体事物或实体的质的规定性。其语词表达形式通常是名词或代词。

（3）领域概念词汇是一个性质概念词汇（Qualitative Concepts）。

领域性质概念词汇是反映领域具体事物或实体的各种性质或属性的概念词汇。例如，精准、精致、粗糙。它们的内涵反映具体事物或实体的性质的规定性。其语词表达形式是形容词、不及物动词、数词等。例如，对句子"无监督方法的移植性比较强"，"比较强"是性质概念词汇。

（4）领域概念词汇是一个关系概念词汇（Relational Concepts）。

领域关系概念词汇是反映领域具体事物或实体之间的各种关系的概念词汇。例如，集成、发现、探讨、早于。它们的内涵反映具体事物或实体之间所具有关系的质的规定性。另外，关系不同于性质。性质可以为一个或一类事物或实体所具有，而关系至少存在于两个或两类事物之间。关系概念的语词表达形式是及物动词、表达关系概念的各种词组等等。例如，句子"机器学习方法包括监督学习、半监督学习以及无监督学习"中，"包括"是关系概念词汇。

例如，对于下面一个考古领域的句子：

"该遗址的人类化石包括两颗牙齿和一段股骨，其中出自第 5 层的犬齿大部分已残破，齿冠磨耗很重，代表一老年个体（出自《庙后山遗址》）。"

根据领域概念判别准则，本节的目标是从该句子中提取出如下考古领域概念词汇：

实体概念：该遗址、人类化石、该遗址的人类化石、牙齿、股骨、犬齿、第 5 层、齿冠、老年个体；

性质概念：两颗牙齿、一段股骨、残破、磨耗、很重、一老年个体；

关系概念：包括、出自、代表。

4.2.2　领域概念获取困难

从领域文本中获取概念词汇是一个困难的问题。汉语的特点包括[8,42,54,55]：第一，汉语在书写形式、虚词、词序、性、数和格变化标志等方面与英语不同。第二，汉语语法与英语语法不同，使用手段不同。汉语属于孤立语，词语缺乏形态变化，通过虚词和语序表达不同含义。英语属于屈折语，具有形态变化和词性变化，词序灵活。第三，汉语中词语、短语和句子构造具有相似性，英语的短语结构和句子结构不同[56]。

领域概念词汇获取的主要困难如下。首先，分词的语言学困难。词语的定义不统一。其次，汉语的分词标准需要结合分词规范、分词词表以及真实语料。然后，未登录词的不断增长也是影响分词性能的重要因素。最后，领域概念词汇识别的困难。如何从词语层面提升到概念层面，即从句法层面提升到语义层面，使得提取的概念词汇能够准确地反映文档的内容，也是一个难点。因此，需要研究新的方法来对专业术语进行切分。

4.2.3 领域概念词汇获取方法

4.2.3.1 算法概述

本节首先给出领域概念词汇获取的相关术语概念，解释文本的物理结构。

定义（文本的物理结构，Physical Structure of Text）：一个文本 Te 的物理结构包括三个部分：

■ Sr 是 Te 的字符串的集合。Sr 中的元素可以分为 4 类：字符、小句、句子和段落。设 $Sr = Sr_1 \cup Sr_2 \cup Sr_3 \cup Sr_4$，其中 Sr_1，Sr_2，Sr_3，Sr_4 分别表示 Te 中的字符集合、小句集合、句子集合和段落集合。进一步假设 Sr_1，Sr_2，Sr_3，Sr_4 分别构成 Te 的一个保序划分。将它们称为语段，语段形式可能由一个句子中的若干字符组成，或由一个句子中的若干小句组成，大到由若干自然段落组成。对于文档，整个文档或文本可以看作是一个最大的语段。

■ $\subset$ 是 Sr 上的一个包含关系，使得（1）对任何 a，$b \in Sr$，如果 $a \subset b$，则 a 是 b 的一个部分；例如，对于句子"人工智能是自然科学和社会科学的交叉性学科"，设 a 为"智能"，b 为"人工智能"，$a \subset b$，即 a 是 b 的一部分。（2）对任何 a，$b \in S$，如果 $a \subset b$，则 $a \neq b$。

■ $\leq$ 是 Sr 的元素在 T 中出现的先后次序关系。使得：（1）对任何 a，$b \in Sr$，如果 $a \leq b$，则对任何元素 $c \subset b$，$a \leq c$；例如，对于句子"人工智能是自然科学和社会科学的交叉性学科"，设 a 为"人工智能"，b 为"自然科学"，c 为"科学"，则 $a \leq c$，即"人工智能"与"科学"为先后次序关系。（2）如果 $a \leq b$，则对任何元素 $c \subset a$，$c \leq b$；（3）如果 $a \subset b$，则 $a \leq b$ 和 $b \leq a$ 均不成立；（4）如果对任何 $c \subset a$，$d \subset b$，$c \leq d$，则 $a \leq b$。

通常来说，领域概念词汇识别任务是指从领域文本中识别出领域概念词汇。本节领域概念词汇获取任务定义如下，包括输入领域文本，输出领域概念词汇。

定义（领域概念词汇获取任务）：领域概念获取是一个五元组（C_o，A，R_e，S_{cn}，G_{cn}）。

a）C_o 是输入的领域文本；

b）A 是算法；

c）R_e 是所用的资源，$R_e = （Gd, Dd, Rv, Th, Tc, Qc, Gp, Sm）$，

■ Gd：通用词典（General Dictionary）；

■ Dd：领域词典（Domain Dictionary）；

■ Rv：领域本体关系词汇（Relation Vocabulary of Domain - Specific Ontology）；

- *Th*：同义词词林（Thesaurus）；
- *Tc*：时间聚合体（Time Cohesion）；
- *Qc*：数量聚合体（Quantifier Cohesion）；
- *Gp*：通用短语（General Phrases）；
- *Sm*：语义模型（Semantic Models）；

d）$S_{cn} = \{C_1, C_2, \cdots, C_{k-1}, \cdots, C_m\}$，是由领域概念获取系统输出的领域概念词汇集合；

e）$G_{cn} = \{C'_1, C'_2, \cdots, C'_{k-1}, \cdots, C'_n\}$，是从语料中能够提取的领域概念词汇集合。

本节混合式的领域概念词汇提取的核心思想是：引入主动词和语义角色识别来辅助领域概念词汇识别，旨在将领域术语识别从词语层面提升到语义层面，能够识别专业领域层面相对语义完整的领域词汇。

在现有的基于统计、基于句法和语义分析、基于混合的分词方法中，分词方法主要是基于句法信息的。基于句法信息的方法难以提取非结构化领域文本中大量的未登录概念或未登录术语。例如，对于考古领域中的句子"该遗址是迄今中国最北的旧石器时代早期遗址。"，通过分词方法可以获得"遗址、迄今、中国、石器、时代、早期、遗址"。而该句子包含的考古领域概念词汇包括"遗址、迄今、中国、遗址、旧石器时代早期、旧石器时代早期遗址、迄今中国最北的旧石器时代早期遗址"。可见，通过分词方法获得的词语"石器、时代、早期"难以忠实地描述句子表达的内容。同时，难以提取如下考古领域概念词汇"旧石器时代早期、旧石器时代早期遗址、迄今中国最北的旧石器时代早期遗址"。基于领域概念词汇在语句中的词法和语义特征的联系与区别，本节通过对句子进行语义分析来提取领域概念词汇。也就是，在一般分词方法的基础上，引入主动词和语义角色识别，利用对它们的识别结果来辅助抽取领域概念词汇。

主动词可以看作句子的骨架。主动词（Main Verbs）是句子的主要谓语动词，是句子的中心、核心。语义角色（Semantic Roles）是由主动词联系的担当一个意义完整的语义成分。承担语义角色的字符串往往是一个概念或多个概念的组合，也可能是句子，从而可以提取反映句子内容的意义完整的领域概念。本节的混合式领域概念词汇抽取方法的一个显著特点是突破了仅仅停留在词语层面的局限。比如，在上述例子中，句子的主动词是"是"，字符串"迄今中国最北的旧石器时代早期遗址"承担句子的客体语义角色，可以作为一个完整的概念词汇，不需要更细粒度的分词结果。

再如，句子"该遗址的人类化石包括两颗牙齿和一段股骨，其中出自第5层的犬齿大部分已残破，齿冠磨耗很重，代表一老年个体；第6层的一颗保存完整，齿冠磨耗程度中等，咬合面的纹理不很复杂，是一成年人的右下臼齿；股骨出自第6层底部，特征和现代人的基本一致，代表一幼年个体。"。第一、四、八、九、十一小句的主动词分别是"包括、代表、是、出自、代表"。在这些小句中承担语义角色的字符串分别是"该遗址的人类化石、两颗牙齿和一段股骨"，"一老年个体"，"一成年人的右下臼齿"，"股骨、第6层底部"和"一幼年个体"。它们均是考古领域概念词汇。其他小句不含有主动词。

对于通用领域和专业领域文本来说，主动词识别是一个比较困难的问题。对领域非结构化文本，通常具有如下特点是：第一，使用的语句句式比较单一，语句句式往往严整而少变化；第二，从句类看，主要使用陈述句；第三，从句型看，领域文本语句多用主谓句，一般不用省略句；第四，领域文本的主动词集合相对比较稳定。基于这些特点，本节将描述一种基于语料学习驱动的主动词识别方法[52]。该方法了利用领域本体关系词汇、训练语料中主动词、语料中含有的动词及其频率等信息。

语义角色依赖于主动词而存在，语义角色可以看作句子的核心要素。根据句子的主动词和汉语句子的句模结构（Sentence Pattern Structure）识别句子的各个语义角色。

下面分析句型和句模的联系和区别。句型是由句法成分按照一定的结构方式构成的，是根据"句子－句法"平面的特征提取出的类别，是从"句子－句法"平面抽象出来的句法结构的格局。句模是根据"句子－语义"平面的特征提取出的类别[57]。句型和句模是表层（显层）和深层（隐层）的关系。句型由主语、宾语等句法成分构成。句模由主事、施事、受事和客事等语义角色构成。句型和句模之间是多对多的映射关系。一种句型可以表示多种句模。一种句模可以通过不同的句型来表示。例如，句型"主—动—宾"一般对应着句模"主事—主动词—客事"。但该句模又可以分为"施事—主动词—受事""施事—主动词—使事"等句模。反之，"受事—施事—主动词"，可对应于"宾主动"和"主状动"。然后，利用句法规则提取句子中的领域概念词汇。

本节采用混合式的领域概念获取方法，该方法有机地融合了规则、统计、句法、语义等信息。整个获取过程分为如下六个步骤，如图4.1所示。

（1）对领域非结构化文本进行预处理。包括文本清理和文本物理结构信息提取。

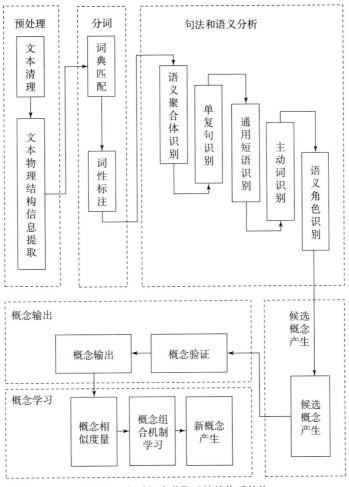

图 4.1　领域概念获取系统的体系结构

（2）对领域文本进行分词。包括分词和词性标注。其中，采用最大前向匹配法进行分词。

（3）对领域文本进行句法和语义分析。包括语义聚合体识别、单复句识别、主动词识别以及语义角色识别。

（4）识别候选概念。包括组合型歧义消除、交集型歧义消除以及候选概念产生。

（5）领域概念词汇输出。包括领域概念词汇验证和领域概念词汇输出。

（6）领域概念词汇学习。包括领域概念词汇相似度量、领域概念词汇组合机制学习以及新领域概念词汇产生。

4.2.3.2 预处理模块

预处理模块包括文本清理、文本物理结构识别。从互联网等资源采集的多源领域文本，由于语言表达以及各种人力因素等原因可能导致领域文本出现错误的标点符号和无法识别的字符等，从而影响后续的领域概念词汇获取。因此，需要首先进行文本清理即文本纠错处理。这项工作由文本清理模块来完成。

对于领域文本的标点符号，本节采用基于语义歧义分类的文本清理方法。其基本思想是根据标点符号的纠正动作是否产生语义歧义，对标点符号进行分类纠正。首先列出了四种标点符号错误："，""；""．""："，它们对应的正确标点符号分别为"，""；""句号或小数点""冒号或比例号"。然后按照纠正操作是否产生语义歧义进行标点符号纠正，即通过纠正动作"Replace（$<t_1>$，$<t_2>$）"来完成。纠正动作 Replace（$<t_1>$，$<t_2>$）表示将字符串 t_1 替换为 t_2。在四种标点符号错误中，前两种错误分别对应的正确标点符号仅有一种，从而可通过执行纠正动作 1：Replace（$<$，$>$，$<$，$>$）和纠正动作 2：Replace（$<$；$>$，$<$；$>$）来校正，并且不产生语义歧义。后两种错误分别对应的正确标点有两种，会产生语义歧义，不进行纠正。

通常，从领域文本的句子中提取领域概念词汇。对于输入的领域文本字符流，需要从中识别出文本标题、段落标题、段落、句子、参考书目和作者等文本的物理结构信息。

本节利用与文本的几何结构和关键字相关的启发信息，来识别文本的物理结构。领域文本的几何结构是指文本中物理结构信息的几何位置。关键字是指标识文本物理结构信息的字符串。例如，关键字"关键词"标识这个关键字后面的字符流为文档的关键词。

4.2.3.3 分词模块

分词是实现领域概念词汇提取的基础。本节给出领域概念词汇切分规则。对下列类型的字符或字符串进行切分：

- 汉字字符串：由若干个连续的汉字字符构成的字符串。
- 句末点号和句中点号。句中点号包括逗号、顿号、分号、冒号。句末点号包括句号、问号、叹号。
- 非汉字字符串：由若干个连续的非汉字字符构成的字符串。非汉字字符串可能包括数字、字母等。

需要指出的是，对下列两种情形，不作切分处理：

（1）对满足标点符号启发规则的字符串不做切分。例如，对于规则：

$$\text{Left}(<S>,<" >) \wedge \text{Right}(<S>,<" >) \rightarrow \text{NoSeg}(S)$$

表示对于字符串 S，若 S 位于引号之间，则 S 不做切分，其中 Left（$<S>$，$<" >$）表示 S 左邻引号"，Right（$<S>$，$<" >$）表示 S 右邻引号"，NoSeg（S）表示 S 不做词语切分。本规则旨在保留引号中完整的词语或短语。

（2）若字符串 S 位于小括号、中括号、大括号、单引号或双引号之间，则 S 不做切分。本规则旨在保留括号中完整的词语或短语。

本节采用最大前向匹配法进行分词。词语 W 的词性标注为 W 在词典中的词性集合，可能为一个或多个。需要说明的是，本节的领域概念词汇识别方法仅利用词语 W 的可能词性集合来辅助提取候选领域概念词汇，并不对词语 W 在句子中的词性进行辨别。

4.2.3.4 语义聚合体和单复句识别模块

在领域非结构化文本中，关于时间和数量的表达通常具有一定的特点或规律。例如，在考古领域文本中，时间描述主要与古时期、古时代、年代和日期相关。例如，三星堆古遗址的年代分布在公元前 3000 年至公元前 1200 年。数量描述主要与个数、种类数、序数和比例等相关。例如，三星堆古遗址的分布面积为 12 平方千米。因此，可以采用文法来构造时间和数量的表达形式。这样，可以单独处理表示时间和数量的字符串。为此，本节先引入一些定义。

定义（时间聚合体，Time Cohesion）：对于字符串 S，如果存在 $TS \subseteq S$，TS 为表示时间的字符串，则将 S 中包含 TS 的表示时间的最大字符串称为时间聚合体。

例如，对于句子"三星堆遗址是公元前 16 世纪至公元前 14 世纪世界青铜文明的重要代表"，包含时间聚合体"公元前 16 世纪至公元前 14 世纪"。再如，对于句子"放射性碳素断代并经校正，半坡类型的年代为公元前 4600～前 4400 年左右，史家类型为前 3690 年。"，包含时间聚合体"公元前 4600～前 4400 年左右"和"前 3690 年"，而不是"公元前 4600～前 4400 年"。

定义（数量聚合体，Quantifier Cohesion）：对于字符串 S，如果存在 $QS \subseteq S$，QS 为表示数量的字符串，则将 S 中包含 QS 的表示数量的最大字符串称为数量聚合体。

例如，对于句子"三星堆古遗址已经确定的古文化遗存分布点达 30 多个"，包含数量聚合体"30 多个"。对于句子"鸽子洞洞口向东，洞深约 15 米。"，包含数量聚合体"约 15 米"，而不是"15 米"。

定义（不完全时间聚合体，Incomplete Cohesion）：对于字符串 S，如果 S

被识别为时间聚合体，而存在时间聚合体 S'，$S \subset S'$，但 S' 未被识别，则将 S 称为不完全时间聚合体。

例如，句子"1986 年 7 月至 9 月发掘的两座大型商代祭祀坑，出土了金、铜、玉、石、陶、贝、骨等珍贵文物近千件"中，若识别出"1986 年 7 月"，则为不完全时间聚合体，因为"1986 年 7 月至 9 月"未别识别出来。

将时间聚合体和数量聚合体统称为语义聚合体（Semantic Cohesion）。本节阐述一种可执行标记语言 Executive Tagged Language（简称 ETL）。ETL 由两部分组成：文法和语义动作 Agent。语义动作 Agent 包括执行语义动作的约束条件和内容，约束条件是用文法来表示的。该语言具有良好的扩展性、重用性以及构造的极小性。

对于领域文本中的表示时间和数量相关的时间聚合体和数量聚合体，由时间聚合体可执行标记语言 ETL_{ti-co} 和数量聚合体的可执行标记语言 ETL_{qu-co} 对它们分别进行识别和标注。对于不完全时间聚合体，首先由 ETL_{ti-co} 构建表示时间的词汇集合，然后在这些词汇或符号的触发或启发下对其进行识别。对于由 ETL_{ti-co} 标记的时间聚合体字符串 TS，作如下操作：

■ 对于时间聚合体 TS 右邻的字符串，按照从左向右的方向，取到第一个不是时间聚合体词汇或符号的字符为止，设提取字符串为 RS，如图 4.2 所示。

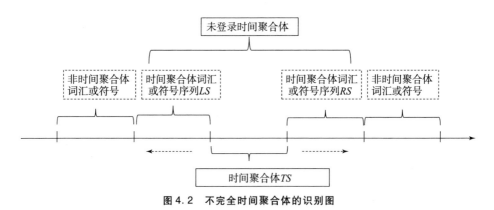

图 4.2　不完全时间聚合体的识别图

■ 对于字符串时间聚合体 TS 左邻的字符串，按照从右向左的方向，取到第一个不是时间聚合体词汇或符号的字符为止，设提取字符串为 LS，如图 4.2 所示。

■ 将 Sum（LS，TS，RS）$= LS + TS + RS$ 标注为时间聚合体，同时去掉 TS 的时间聚合体标注，如图 4.2 所示。也就是，识别表示时间语义的最长字符串。

未登录数量聚合体识别的基本思想是：对数量聚合体的构成要素进行分类，并对构成要素的构成顺序进行归类。也就是，本节根据数量聚合体的表达形式或表示规律进行识别。根据前置约数词、中置约数词、后置约数词的不同位置，数量聚合体的表达形式可以分为下述八种情形：

- 情形 1：＜数字串＞＜中置约数词＞＜未登录量词＞＜后置约数词＞
- 情形 2：＜数字串＞＜中置约数词＞＜未登录量词＞
- 情形 3：＜数字串＞＜未登录量词＞＜后置约数词＞
- 情形 4：＜数字串＞＜未登录量词＞
- 情形 5：＜前置约数词＞＜数字串＞＜中置约数词＞＜未登录量词＞＜后置约数词＞
- 情形 6：＜前置约数词＞＜数字串＞＜中置约数词＞＜未登录量词＞
- 情形 7：＜前置约数词＞＜数字串＞＜未登录量词＞＜后置约数词＞
- 情形 8：＜前置约数词＞＜数字串＞＜未登录量词＞

其中，数字串是指连续的数字字符串。前置约数词是指在数量聚合体中，通常位于数字串前面的约束词，例如"大约二三十人"中的"大约"。后置约数词是指在数量聚合体中，通常位于数字串后面的约束词，例如"四五十吨左右"中的"左右"。中置约数词是指在数量聚合体中，通常位于数字串和量词之间的约束词，例如"二十多岁"中的"多"。

对于含有数字字符串 S 的句子，设前置约数词为 FA（Front Approximate Words），中置约数词为 MA（Middle Approximate Words），后置约数词为 BA（Back Approximate Words），未登录量词为 UQ（Unknown Quantifier），作如下操作：

- 首先，判断数字字符串 S 左邻是否为前置约数词，如果是，则赋给前置约数词 FA，否则 FA 为空。
- 然后，判断数字字符串 S 右邻是否为中置约数词，如果是，则赋给中置约数词 MA，否则 MA 为空。
- 最后，识别数字字符串 S 右边的第一个后置约数词，如果找到，则赋给后置约数词 BA，否则 BA 为空。

例如，若 $FA \neq \varnothing$，$MA \neq \varnothing$，$BA \neq \varnothing$，将句子中数字字符串 S 右邻的中置约数词和第一个后置约数词之间的字符串赋值给未登录量词 UQ，并且 Length（UQ）$> \alpha$（α 为阈值），则符合上面情形 5 的数量聚合体表达形式，将 $FA + S + MA + UQ + BA$ 标注为数量聚合体，其中，Length（UQ）表示 UQ 的长度，符号"＋"表示字符串拼接操作。

对于单复句，本节采用关联词外部特征法来识别，具体地，构建单句和复句的可执行标记语言 ETL_{si-co}，根据 ETL_{si-co} 对文本中的关联词进行标注。

4.2.3.5 通用短语识别模块

根据汉语在句型或句式表达的特点，在汉语非结构化文本中，存在大量的常用短语或句型。例如，句子"三星堆遗址是一座由众多古文化遗存分布点所组成的一个庞大的遗址群"中，含有短语"由…组成"。再如，考古领域文本中的句子"他们在种族上同仰韶文化的居民没有什么区别，与现代华北人种也有相同之点（选自马家窑文化）。"中含有短语"与…也有相同之点"。还有"当…时"，"与…大致相同"，"比…更为突出"等。一方面，根据这些短语可以提取候选领域概念词汇。例如，从上述句子可以提取考古领域概念词汇"现代华北人种"。另一方面，这些短语用来辅助识别主动词和语义角色。

定义（通用短语，General Phrase）：将形如
"$<V_0><K_0><V_1><K_1><V_2><K_2>……<V_{n-1}><K_{n-1}><V_n><K_n>$"
的字符串称为通用短语，记为 GP。其中，K_0，K_1，K_2，...，K_n 为常量项。常量项可分为单常量项和常量类项。V_0，V_1，V_2，...，V_n 为字符串变量项，称为通用短语变量。

例如，"$<\#$非空字符串 $z_0><$与$><\#$非空字符串 $z_1><$相似$>$"，"$<\#$非空字符串 $z_0><$与$><\#$非空字符串 $z_1><$迥然不同$>$"，"$<\#$非空字符串 $z_0><$以$><\#$非空字符串 $z_1><$为显著特色$>$"均为通用短语，其中 $<$与$>$、$<$相似$>$、$<$迥然不同$>$、$<$以$>$、$<$为显著特色$>$ 为常量项，$<\#$非空字符串 $z_0>$ 和 $<\#$非空字符串 $z_1>$ 为字符串变量项。

定义（通用短语匹配歧义）：对于句子 s 和通用短语集合 GPS，由 S 对 GPS 中的通用短语进行匹配，将满足下述任一情形的匹配称作通用短语匹配歧义。

情形 1：句子 s 对通用短语集中 GPS 中的一个通用短语匹配得到多个匹配结果，将该种通用短语匹配歧义称为多结果匹配歧义。

情形 2：存在多个通用短语与句子 s 同时匹配，将该种通用短语匹配歧义称为多短语匹配歧义。

本节阐述通用短语的匹配歧义消除方法，其基本思想是根据通用短语之间的关系来消除多结果匹配歧义和多短语匹配歧义。根据语境和通用短语的定义，可以得出通用短语是一种特殊的语境。为了消除通用短语的匹配歧义，根据通用短语的相似性和蕴含性分别对通用短语的关系进行分类。根据通用短语之间的相似性，通用短语之间的关系可以分为等同通用短语、包含通用短语、部分相似通用短语以及相异通用短语，如图 4.3 所示。根据通用短语之间蕴含性，通用短语关系则可以分为等同蕴含通用短语、包含蕴含通用短语以及其他

蕴含通用短语，如图 4.4 所示。

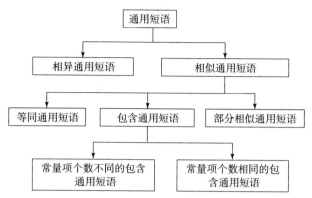

图 4.3 基于相似性的通用短语关系分类

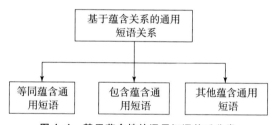

图 4.4 基于蕴含性的通用短语关系分类

下面给出通用短语识别和匹配歧义消除算法。这是一种多结果式和多短语式的通用短语匹配歧义的算法。其中，多结果式匹配歧义消除的基本思想是，根据句子与通用短语的匹配距离以及与通用短语中常量项匹配的句子词语的位置来选择通用短语匹配结果。另外，多短语式匹配歧义消除的基本思想是，根据通用短语的关系以及句子所匹配的通用短语的关键字个数和长度来选择通用短语匹配结果。

算法：通用短语识别和匹配歧义消除算法

输入：非结构化语料；

输出：标注通用短语的语料；

通用短语的识别：

（1）基于句内点号（包括逗号和分号），将汉语句子分解为小句；

（2）构建通用短语的可执行标记语言 ETL_{ge-ph}；

（3）根据通用短语的可执行标记语言 ETL_{ge-ph} 对小句进行通用短语的常量项和通用短语变量标注；

#多结果的通用短语的匹配歧义消除：

（4）对于字符串 S，由通用短语 GP 进行匹配，设得到 n 个匹配结果 R_1，R_2，…，R_n；

（5）分别计算 R_1，R_2，…，R_n 中句子 s 与通用短语 GP 的匹配距离 PMD_1 $(S，GP)$，$PMD_2 (S，GP)$，…，$PMD_n (S，GP)$；

（6）对这 n 个距离进行比较，求得最小值 Smallest_PMD；

（7）构建集合 T，$T = \{i \mid PMD_i (S，GP) = Smallest\_PMD\}$，即集合 T 由获得最小匹配距离的匹配结果序号构成；

（8）如果 $|T| = 1$，则选择匹配结果 R_i。

（9）如果 $|T| > 1$，则选择满足下面条件的匹配结果；否则，该通用短语与句子不匹配，去掉所有的常量项和通用短语变量标注。

a）句子 s 中匹配通用短语 GP 的所有常量项均独立成词，也就是在句子 s 中不与其左邻或右邻字符构成词语；

b）基于通用短语的常量项匹配近邻原则，选择常量项匹配距离较小的匹配结果。若模式 P 中依次含有常量项 t_0，t_1，…，t_k，句子 s 中匹配这些常量项的字符串依次为 s_0，s_1，…，s_k，选择 L 最小的匹配结果。

$$L = \sum_{i=0}^{i=k-1} Dis(s_i, s_{i+1})$$

其中，$Dis(s_i, s_{i+1})$ 为字符串 s_i 和字符串 s_{i+1} 之间的字符串的长度。通过计算可得，选择满足如下条件的匹配结果 R_i：①对于第一个常量项 K_0，若在句子 s 中存在 m 个不同位置的匹配 L_1，L_2，…，L_m，R_i 中 L_i 的位置最大；②对于第二个以后常量项的多个不同位置匹配，R_i 中匹配常量项的位置最小。

#多通用短语的匹配歧义消除：

（10）如果句子 s 被多个具有包含关系、部分相似或相异的通用短语匹配，则提交候选概念产生模块处理；

（11）若句子 s 被多个具有等同蕴含、包含蕴含、其他蕴含关系的通用短语匹配；

a）情形1：句子 s 被多个具有等同蕴含关系的通用短语匹配，实际上就是一个通用短语的匹配歧义，则采用步骤（4）至步骤（9）匹配歧义消除方法；

b）情形2：句子 s 被多个具有包含蕴含关系的通用短语匹配，则提交候选概念产生模块处理；

c）情形3：句子 s 被多个具有蕴含关系的通用短语 GP_1，GP_2，…，GP_k 匹配，而这种蕴含关系既不是等同蕴含，也不是包含蕴含；如果 GP_1，GP_2，…，GP_k 的关键字个数相同，则计算 $GP_i (i = 1, 2, …, k)$ 的关键字长度之和

Sum_{kwi}，采用最长匹配原则，选择 Sum_{kwi} 值最大的 GP_i 的匹配结果。否则，如果 GP_1，GP_2，$\cdots$，GP_k 的关键字个数不同，则提交候选概念产生模块处理。这里，

$$Sum_{kwi} = \sum_{j=0}^{m} \text{Length}(K_{ij}).$$

4.2.3.6　主动词识别模块

本节借鉴相关工作[58]，介绍主动词（Main Verb）的定义。简单句是指只有一个谓语动词的汉语句子。简单句的谓语在汉语中可以是动词、形容词、名词或主谓。复杂句由两个或多个简单句组成。主动词是简单句中的谓语动词，它对应英语中的时态动词。

对于主动词，作如下约定。首先，在关键句、系列动词句和并列谓语动词的句子中，第一个谓语动词被定义为主动词。第二，助动词不宜用作主动词。由于语料库的大部分句子是带有谓语动词的句子。因此，本节关注带有谓语动词的简单句和复杂句。在基于自举的主动词识别方法中，首先利用少量的种子主动词，然后自动识别领域文本语料中句子的主动词。种子主动词选自训练语料中句子的主动词。

主动词识别算法的动机是基于领域语料的动词分布。例如，对于语料中国百科全书考古卷[59]，该语料包括三百万个字符。频率大于 10 的动词占动词频率总和的 99.27%，频率大于 2 的动词占动词频率总和的 99.85%。在 1549 个动词集合中，频率大于 2 的动词占比达到 75.41%，频率大于 5 的动词占比达到 61.46%。根据动词的频率分布，可以得出结论，由于汉语句子的主动词是动词，所以大多数句子的主动词出现两次以上。在第一次迭代期间，本节算法根据种子主动词识别句子的新主动词，并将这些新主动词动态添加到主动词列表中。扩展后的主动词列表用于在下一次迭代期间识别后续句子的主动词。该过程重复设定阈值的迭代次数，或者直到所有语料均被处理完毕。

句子中的主动词来源于句子的动词集合，所以首先从句子中识别所有的动词，由它们构成候选主动词集合，然后从中选择或识别主动词。本节构建了三个动词集合来识别句子中的动词。它们是：种子主动词集、训练动词集和动词学习集。然后采用最大匹配法从句子中提取这些动词词汇。三个动词集合的构建方法如下，如图 4.5 所示。

- 种子主动词集 SVS（Seed Verb Set），来自训练语料中句子的主动词，它们也构成领域本体关系词汇集。

- 训练动词集 TVS（Trained Verb Set）。由出现在训练语料中频率大于给定

阈值的动词词典词汇构成。也就是说，如果词语 w 属于动词词典 VD（Verb Dictionary），并且词语 w 在训练语料中的出现频率 Freq（w，Corpus）大于阈值 α，那么将词语 w 构建为训练动词，即：

$$VS = \{w \mid w \in VD \wedge \mathrm{Freq}(w, \mathrm{Corpus}) > \alpha\}$$

■ 动词学习集 LVS（Learned Verb Sets）。由种子主动词、训练动词、同义词词林中与其同义的动词构成。也就是说，如果词语 w 为种子主动词、训练动词，或存在 w'，w 和 w' 在同义词词林 Thesaurus 中为同义词，那么将词语 w 构建为学习的动词，即：

$$LVS = \{w \mid w \in SVS\} \cup \{w \mid w \in TVS\} \cup \{w \mid \exists w', (w' \in TVS)$$
$$\wedge \mathrm{w} \in \mathrm{Set}(\mathrm{Thesaurus}) \wedge \mathrm{Synonymous}(w, w', \mathrm{Thesaurus})\}$$

其中，Synonymous（w，w'，Thesaurus）表示 w 和 w' 在 Thesaurus 中为同义词。

图 4.5 给出了动词词典、种子主动词集、训练动词集、动词学习集之间的关系。构建种子主动词的原因是：这些关系词汇描述了不同领域实体的基本关系。它们在句子中往往是以句子的主动词形式出现的，从而可搭建不同领域实体的关系。为了提高算法的速度，在构建训练动词的公式中，取出现频率阈值 α 为 1。

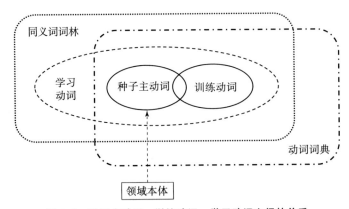

图 4.5　种子主动词、训练动词、学习动词之间的关系

一般地，动词词典中动词数量通常是有限的，主动词识别依赖于识别的动词集合，因此需要学习动词来扩充动词词典集合。构建动词学习集的原因是，动词词典中动词不一定能够覆盖测试语料中出现的所有动词，因此需要借助其他资源来扩充这些词汇。本节扩充的方法并不是简单地添加词汇，而是以种子主动词集和训练动词集为种子，通过同义词词林，将它们的同义词扩充进来。

根据句子的候选主动词集合，下一步是如何从中识别出或选择出句子的主动词。对出现在不同动词集合中的候选主动词，可设置不同的优先级。优先级是根据这三种类型动词作为句子主动词的概率设置的，概率越大，优先级越高。通常，种子主动词的优先级最高，训练动词的优先级居中，学习动词的优先级最低。

主动词识别的基本思想是，根据候选主动词的数量和优先级来识别主动词。主动词提取过程是：从属于种子主动词的候选主动词、训练动词集中的候选主动词和动词学习集中的候选主动词中依次进行选择。若选择成功则输出主动词；否则，输出句子不含有主动词信息。若汉语句子中只含有一个候选主动词，只需要判断它能否作为主动词即可。若句子中含有多个候选主动词，需要计算每个候选主动词的权值或权重，根据权值来选择主动词。下面给出基于语料学习的主动词识别方法。

算法：基于语料学习的主动词识别方法

输入：分词词性标注、语义聚合体、通用短语、单复句识别的语料；

输出：标注主动词的语料；

（1）采用最大前向匹配法提取汉语自由文本句子 s 中的种子主动词集、训练动词集和动词学习集中动词；

（2）计算句子 s 中包含种子主动词集 SVS 中元素的个数 Num_{or}；

■ 若 $Num_{or}=1$，将唯一的种子主动词设为候选主动词，转入（5）；

■ 若 $Num_{or}\geq 2$，将所有的种子主动词设为候选主动词，转入（7）；

■ 若 $Num_{or}=0$，则转入下一步；

（3）计算句子 s 中包含训练动词集 TVS 中元素的个数 Num_{tv}；

■ 若 $Num_{or}=0 \wedge Num_{tv}=1$，将训练动词设为候选主动词，转入（5）；

■ 若 $Num_{or}=0 \wedge Num_{tv}\geq 2$，将所有的训练动词设为候选主动词，转入（7）；

■ 若 $Num_{or}=0 \wedge Num_{tv}=0$，则转入下一步；

（4）计算句子 s 中包含动词学习集 LVS 中元素的个数 Num_{lv}；

■ 若 $Num_{or}=0 \wedge Num_{tv}=0 \wedge Num_{lv}=0$，则输出没有主动词；

■ 若 $Num_{or}=0 \wedge Num_{tv}=0 \wedge Num_{lv}=1$，将训练动词设为候选主动词，转入（5）；

■ 若 $Num_{or}=0 \wedge Num_{tv}=0 \wedge Num_{lv}>1$，将所有的训练动词设为候选主动词，转入（7）。

#单个候选主动词识别：

（5）若句子 s 中存在一个候选主动词 CMV，提取所有包含 CMV 的词汇 W_1，W_2，$\cdots$，W_n；

（6）对于词汇 W_1，W_2，…，W_n，如果 $\forall i$（$i = 1$，2，…，n），W_i不是时间聚合体、数量聚合体或不切分字符串，则将候选主动词 CMV 设为主动词，否则输出句子不含有主动词；

#多个候选主动词识别：

（7）若句子 s 中存在 k 个候选主动词 CMV_1，CMV_2，…，CMV_k；

（8）对于候选主动词 CMV_i，提取包含 CMV_i 的所有词语 W_1，W_2，…，W_m；

（9）计算候选主动词 CMV_i 的权重 Weight（CMV_i）；

$$\text{Weight}(CMV_i) = \sum_{j=1}^{m} \text{Weight}(W_j)$$

其中，词语 W_i 可能为如下类型的词汇：

- 零型词汇：时间聚合体词汇、数量聚合体词汇；
- Ⅰ型词汇：领域词典词汇；
- Ⅱ型词汇：通用词典词汇；
- Ⅲ型词汇：不切分字符串；
- Ⅳ型词汇：通用短语常量项词汇；
- Ⅴ型词汇：通用短语变量词汇；

权值设置的原则：

- Weight（0）= Weight（Ⅲ）；
- Weight（Ⅰ）= Weight（Ⅳ）；
- Weight（0）< Weight（Ⅰ）< Weight（Ⅱ）；
- Weight（Ⅳ）< Weight（Ⅴ）；
- Weight（Ⅵ）> |Weight（Ⅱ）|；

（10）根据邻接知识约束规则对候选主动词 CMV_i 的权重 Weight（CMV_i）进行增减计算；

（11）计算 CMV_1，CMV_2，…，CMV_k，设最大权值为 Greatest _ CMV _ Weight；

（12）构建集合 Tv，$Tv = \{i \,|\, \text{Weight}(CMV_i) = Greatest\_CMV\_Weight\}$；

- 若 $|Tv| = 1$，将候选主动词 CMV_i 设为主动词；
- 若 $|Tv| = 0$，则输出没有主动词；
- 若 $|Tv| \geq 2$，设权值等于 $Greatest\_CMV\_Weight$ 的候选主动词为 CMV_{i_1}，CMV_{i_2}，…，CMV_{i_t}，转入下一步；

（13）人工从训练语料中构建学习主动词集合 $LMVS$，判断 $\{CMV_{i_1}$，CMV_{i_2}，…，$CMV_{i_t}\}$ 在 $LMVS$ 中出现的元素个数 Num_{lmvs}；

- 若：（$|Tv| \geq 2$）$\wedge$（$Num_{lmvs} = 1$），将出现在 $LMVS$ 中的候选主动词设为

主动词；

　　■ 若：$(|Tv|\geq 2)\wedge(Num_{lmvs}=0)$，则输出没有主动词；

　　■ 若：$(|Tv|\geq 2)\wedge(Num_{lmvs}>1)$，转入下一步；

　　（14）设 $\{CMV_{i_1},CMV_{i_2},\cdots,CMV_{i_k}\}$ 中出现在学习主动词集合 $LMVS$ 中的词汇为 $CMV_{j_1},CMV_{j_2},\cdots,CMV_{j_p}$，重新计算这些词汇的权值；

$$\text{Weight}(CMV_{j_p})=\alpha\times\text{freqlmvs}(CMV_{j_p})+\beta\times\text{freqlvs}(CMV_{j_p}),q=1,2,\cdots,p.$$

其中，$\text{freqlmvs}(CMV_{j_p})$ 为 CMV_{j_p} 作为学习主动词出现的频率，$\text{freqlvs}(CMV_{j_p})$ 为 CMV_{j_p} 在语料中出现的频率，α 和 β 是正调节因子；

　　（15）比较 $\text{Weight}(CMV_{j_1})$，$\text{Weight}(CMV_{j_2})$，$\cdots$，$\text{Weight}(CMV_{j_p})$，设最大权值为 $Greatest\_CMV\_Weight'$；

　　（16）构建集合 T'，$T'=\{i|\text{Weight}(CMV_i)=Greatest\_CMV\_Weight'\}$；

　　（17）如果 $|T'|=1$，则将权值最大的候选主动词设为主动词；否则，若 $|T'|>1$，则输出句子不含有主动词。

4.2.3.7　语义角色识别模块

　　句子语义角色识别的基本思想是根据汉语句子的语义模型及其关系来识别语义角色。根据汉语文本句子中主动词的识别结果和汉语句子的语义模型，可以进行语义角色识别。通常，汉语句子的语义结构由两个或两个以上的语义成分组成，其核心为动词（包括一般所说的动词和形容词）所表示的语义成分，即动核[57]，或者说，动词构成句子的骨架。为了描述语义角色识别算法，先给出两个概念：语义模型和语义模型的常量项结构。

　　定义（语义模型，Semantic Model）：语义模型是指动核结构生成句子时与句型结合在一起的语义成分的配置结构，形如：

$$``<T_0><T_1><T_2>\cdots\cdots<T_{n-1}><T_n>"$$

的字符串称为语义模型，其中，T_i 为项，可能为常量项、常量类项，或字符串变量项，常量项和常量类项根据现有汉语句模构建[57]。

　　例如，对于如下语义模型：

　　"$<D_1>::=<$#非空字符串 $1><!$ 自由文本关系基础模型介词 $1><$#非空字符串 $2><!$ start_tag_MVE $><$#非空字符串 $R><!$ end_tag_MVE $>$"。在语义模型 D_1 中，"$<$#非空字符串 $1>$" 为字符串变量项，表示非空字符串；"$<!$ 自由文本关系基础模型介词 $1>$" 为常量类项，表示自由文本关系基础模型介词；"$<!$ start_tag_MVE $>$" 为常量类项，表示主动词开始标记；$<!$ MARE_END_TAG $>$ 为常量项，表示主动词结束标记。根据现代汉语句模[57]，本节构建了面向知识获取的语义模型。语义模型可以分为如下类型，如图 4.6

所示。

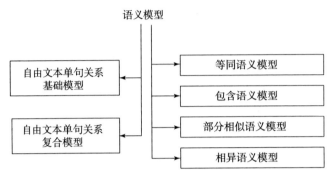

图4.6 基于相似性的语义模型分类

- 自由文本单句关系基础模型。由一个动核结构所构成。
- 自由文本单句关系复合模型。由两个或两个以上的动核结构所构成，包括联合、补充、致使三种复合关系。

第一种自由文本单句关系基础模型包括 29 个语义模型，第二种自由文本单句关系复合模型包括 18 个模型。从语义模型的定义可以得到，语义模型也是一种语境或模式。因此，语义模型根据其相似性可以分为等同语义模型、包含语义模型、部分相似语义模型和相异语义模型，如图 4.6 所示。

定义（语义模型的常量项结构，Constant Items Structure of Semantic Model）：语义模型的常量项结构为其常量项和主动词构成的有序序列。

例如，对于语义模型
"<H>::=<#非空字符串 1><！把><#非空字符串 3><！start_tag_MVE>

    <#非空字符串 R><！end_tag_MVE><！给><#非空字符串 2>"
它的常量项结构为："CS(H) = WRW"，其中第一个 W 表示常量项，即"<！把>"，第二个 W 表示常量项，即"<！给>"，R 表示主动词标注项"<！start_tag_MVE><#非空字符串 R><！end_tag_MVE>"。语义模型的常量项结构共有六种类型：R、WR、RW、WRW、RR、WRR。具体地，如表 4.1 所示：

表4.1 语义模型的常量项结构

R	<！start_tag_MVE><#非空字符串 R><！end_tag_MVE>
WR	<常量类项><！start_tag_MVE><#非空字符串 R> <！end_tag_MVE>
RW	<！start_tag_MVE><#非空字符串 R><！end_tag_MVE> <常量类项>
WRW	<常量类项><！start_tag_MVE><#非空字符串 R> <！end_tag_MVE><常量类项>

续表

RR	＜！start_tag_MVE＞＜#非空字符串 R＞ ＜！end_tag_MVE＞＜！MAVE_START_TAG＞＜#非空字符串 R＞ ＜！end_tag_MVE＞
WRR	＜常量类项＞＜！start_tag_MVE＞＜#非空字符串 R＞＜！end_tag_MVE＞＜！start_ tag_MVE＞＜#非空字符串 R＞＜！end_tag_MVE＞

语义角色可以分为四大类：主体、客体、与体和补体。利用语义角色来抽取领域概念词汇时，识别的目的是提取那些承担或扮演语义角色的字符串。在领域概念词汇识别算法中，主要识别如下语义角色[57]：

- 主体（Agent）。是动词所联系的主体动元。对主体中的施事、经事、系事、起事不作区分。

- 客体（Patient）。是动词联系着的客体动元。对客体中的准客事、受事、成事、使事、涉事、止事不作区分。

- 与体（Dative）。指与施事一起参与动作的参与体，或是系事的针对者、性状的共有者。对与体中的当事和共事不作区分。

- 位体（Locative）。属于客体，指事物存在或动作指向或到达的位置（处所、场合、目标等）。

例如，对于句子"2022 年 6 月，考古人员在三星堆遗址祭祀区 8 号坑提取出一座青铜神坛，残高近 1 米，上部的神兽与下部镂空纹饰的台基目前处于分离状态。"，识别出主体是"考古人员"，客体是"一座青铜神坛"，位体是"在三星堆遗址祭祀区 8 号坑"。

下面给出语义角色识别算法。

算法：语义角色识别方法

输入：分词词性标注、语义聚合体、通用短语、单复句、主动词识别的语料；

输出：句子语义角色识别的语料；

#语义角色识别方法：

（1）构建汉语句子语义模型的可执行标记语言 ETL_{sm-ro}；

（2）基于句内点号（逗号和分号），将句子 s 分解为小句 C_1，C_2，…，C_k；

（3）根据 ETL_{sm-ro}，判断小句 C_i 是否满足语义模型文法；

（4）如果小句 C_i 满足语义模型文法，并且所有常量项均没有和其相邻字符构成词语，则对小句 C_i 进行语义角色标注；否则，不进行任何标注。

#相似语义模型匹配的歧义消除方法：

（5）对于小句 C_i，基于语义模型集合进行匹配，判断是否被具有等同关系的语义模型所匹配。若小句 C 与语义模型 SM 匹配，得到 n 个匹配结果 R_1，R_2，$\cdots$，R_n；

（6）分别计算匹配结果 R_1，R_2，$\cdots$，R_n 中句子 s 与语义模型 SM 的匹配距离 $\mathrm{PMD}_1(s, SM)$，$\mathrm{PMD}_2(s, SM)$，$\cdots$，$\mathrm{PMD}_n(s, SM)$，设这些匹配距离的最大值为 $Greatest\_PMD$；

（7）构建集合 Ta，$Ta = \{i \mid \mathrm{PMD}_i(s, P) = Greatest\_PMD\}$，如果 $|\mathrm{T}| = 1$，则选择匹配结果 R_i；否则，若 $|Ta| > 1$，则选择满足下面条件的匹配结果：对于第一个常量项 K_0，若在小句 C 中存在 m 个不同位置的匹配 L_1，L_2，$\cdots$，L_m，则选择位置最大的匹配。

（8）若小句 C 被具有包含语义和部分相似关系的多个语义模型匹配，提交候选概念产生模块处理。

#相异语义模型匹配的歧义消除方法：

（9）对于小句 C，基于语义模型集合进行匹配，判断是否被具有相异关系的语义模型匹配，若小句 C 与相异语义模型 SM_1，SM_2，$\cdots$，SM_k 匹配，得到 k 个匹配结果 R_1，R_2，$\cdots$，R_k；

（10）分别构建语义模型 SM_1，SM_2，$\cdots$，SM_k 的常量项结构，根据常量项结构对 SM_1，SM_2，$\cdots$，SM_k 进行聚类；

（11）基于常量项最大匹配的原则，若 $\mathrm{CS}(SM_1) = R$，$\mathrm{CS}(SM_2) = RR$，$\mathrm{CS}(SM_3) = WR$，$\mathrm{CS}(SM_4) = RW$，$\mathrm{CS}(SM_5) = WRR$，$\mathrm{CS}(SM_6) = WRW$，则设置 $\mathrm{Priority}(SM_1) = \mathrm{Priority}(SM_2) < \mathrm{Priority}(SM_3) = \mathrm{Priority}(SM_4) = \mathrm{Priority}(SM_5) < \mathrm{Priority}(SM_6)$。对属于同一类的语义模型，根据每个语义模型被匹配的概率，设置优先匹配顺序；

（12）设优先权最大的聚类为 $CS = \{SM_{i1}, SM_{i2}, \cdots, SM_{ik}\}$，若 $|CS| = 1$，则选择语义模型 SM_{i1} 的匹配结果，否则，若 $|CS| > 1$，则选择 CS 中优先权最大的语义模型的匹配结果。

4.2.3.8　候选领域概念产生模块

在对语料进行分词词性标注以及完成语义聚合体、通用短语、单复句、主动词和语义角色的识别之后，本节分析如何利用这些信息来提取领域概念。本节的目标是提取语义层面和句法层面上的领域概念，分别称作零型概念和 I 型概念。

定义（零型概念词汇，0 - type Concept）：将基于句子语义层面信息识别的概念称为零型概念词汇，记作 C^0。句子语义层面信息包括句子的主动词和语义角色识别信息。

定义（I 型概念词汇，I – type Concept）：将基于句子句法层面信息识别的概念词汇称为 I 型概念词汇，记作 C^1。句子句法层面信息包括句子的分词词性标注、通用短语、语义聚合体和单复句识别信息。

定义（主动词左邻概念词汇和右邻概念词汇）：设句子 S 通过领域概念词汇获取算法得到如下概念词汇序列：$C_{0,0}$，$C_{0,1}$，$\cdots$，$C_{0,i}$，MV_0，$C_{0,i+1}$，$\cdots$，$C_{i,k}$，$C_{1,0}$，$C_{1,1}$，$\cdots$，$C_{1,i}$，MV_1，$C_{1,i+1}$，$\cdots$，$C_{1,k}$，$\ldots$，$C_{n,1}$，$C_{n,2}$，$\cdots$，$C_{n,i}$，MV_n，$C_{n,i+1}$，$\cdots$，$C_{n,k}$，其中 MV_j（$j = 0$，1，$\cdots$，n）为 S 的主动词，则将 $C_{j,i-1}$ 称为主动词左邻概念词汇，$C_{,ji+1}$ 称为主动词右邻概念词汇，分别记为 LNC（Left Neighbor Concept）和 RNC（Right Neighbor Concept）。

下面给出候选领域概念产生方法。领域概念词汇识别的基本思想是在对汉语句子进行分词词性标注、时间语义聚合体、数量聚合体、通用短语、单复句、主动词和语义角色识别结果的基础上，识别句法层面的 I 型领域概念词汇和语义层面的零型领域概念词汇。

算法：候选领域概念产生方法

输入：语料经过分词词性标注、时间语义聚合体识别、数量聚合体识别、通用短语识别、单复句识别、主动词识别和语义角色识别；

输出：候选领域概念集合；

（1）判断小句 C 是否含有主动词。若不含有主动词，则输出零型候选概念 C；否则，根据其语义角色提取零型候选概念；

（2）由单复句驱动构建或识别领域候选概念。也就是，对于零型候选概念 CA^0，判断 CA^0 是否包含关联词前件或后件。如果 $CA^0 = S_0 + W_0 + S_1 + W_1 + \cdots + W_n + S_n$，其中 W_0，W_1，$\cdots$，W_n 为关联词前件或后件，则构建 I 型候选概念词汇 S_0，S_1，$\cdots$，S_n，其中，S_0，S_1，$\cdots$，S_n 为非空的字符串，" + "表示链接操作；

（3）由主动词驱动识别领域候选概念词汇。也就是，对于主动词右邻概念词汇 RNC，去掉 RNC 的开头的动词后缀；设 MS 为由学习主动词的前面修饰成分构成的词汇集，对于主动词左邻概念词汇 LNC，则去掉 LNC 结尾的 MS 中的词汇；

（4）由时间聚合体和数量聚合体驱动识别领域候选概念。也就是，对于构建的 I 型候选概念 CA^1，判断是否包含时间或数量聚合体字符串；如果 CA^1 包含时间或数量聚合体字符串，则利用关于聚合体的构建方法提取候选概念；

（5）由词汇驱动来识别领域候选概念。也就是，对于构建的 I 型候选概念 CA^1，根据关于词汇的构建方法识别候选概念；

（6）输出每个候选概念词汇的识别结果。

语义聚合体识别方法通过谓词逻辑进行阐述，前件是满足的条件，后件是执行的操作。例如，下面为关于时间聚合体的候选概念词汇构建方法：

"CA_Is(< fn 名词方位词序列 > , < fn 时间聚合体 > , < fn 名词领域词序列 >)

→Build_CA_Op(< fn 名词方位词序列 >) ∧ Build_CA_Op(< Sum_Fn(< fn 时间聚合体 > , < fn 名词领域词序列 >) >) ∧ Build_CA_Op(< fn 时间聚合体 >) ∧ Build_CA_Op(< fn 名词领域词序列 >)"

其含义是：如果候选概念 CA 为由名词或方位词序列 S_1、时间聚合体 S_2、名词或领域词序列 S_3 构成，则构建候选概念：S_1，$S_2 + S_3$，S_2，S_3。其中，< fn 名词方位词序列 > 表示名词方位词集合，CA_Is(·) 表示是否为候选概念谓词，Build_CA_Op(·) 表示构建为候选概念词汇操作。

又如，下面为关于词汇的候选概念构建方法：

"CA_Is(< fn 名词领域词序列 1 > , < fn 方位词 > , < fn 名词领域词序列 2 >)

→Build_CA_Op(< Sum_Fn(< fn 名词领域词序列 1 > , < fn 方位词 > , < fn 名词领域词序列 2 >))"

其含义是：如果候选概念 CA 为由名词领域词 S_1、方位词 S_2 和名词领域词 S_3 构成，则构建候选概念：$S_1 + S_2 + S_3$。

4.2.3.9　领域概念验证模块

由于提取的候选领域概念词汇不一定均正确，因此需要进一步验证它的正确性。一方面，根据知识验证规则，验证候选概念词汇的语法错误；另一方面，根据领域概念词汇过滤规则，分解概念词汇。

候选领域概念词汇验证方法的基本思想是：根据候选领域概念词汇的句法特征进行验证。例如，候选概念词汇中的字符不与其相邻的上下文字符构成词语。

验证领域候选概念的算法如下：

算法：验证领域候选概念

输入：候选领域概念；

输出：验证后的领域概念；

（1）构建出现频率高，构词概率低的汉字集合 T；

（2）如果候选概念词汇 $CA = S_0 + W_0 + S_1 + W_1 + \cdots + S_k + W_k$，并且 $W_i \in T$，W_i（$i = 0$，1，$\cdots$，k）不与其相邻字符构成词语，则构建概念词汇 S_0，S_1，$\cdots$，S_k；

（3）根据概念词汇过滤规则，分解概念词汇；

例如，"过滤方法：

CA_Is（＜#S_1＞，＜！和＞，＜#S_2＞）∧No_Greater_Voca（＜！和＞）
→Build_CA_Op（＜#S_1＞）∧Build_Ew_Op（＜！和＞）∧Build_CA_Op（＜#S_2＞）"，其含义是：如果候选概念 CA 为由字符串 S_1、"和"、字符串 S_2 构成，"和" 不与其左邻或右邻字符构成词语，则构建候选概念词汇 S_1 和 S_2，对"和" 不构建候选概念词汇。

（4）基于概念验证规则，检查候选概念词汇的语法错误。

例如，验证方法：CA_Is（＜#S_1＞，＜！。＞）→Build_CA_Op（＜#S_1＞）∧Build_Ew_Op（＜！。＞）"，其含义是：如果候选概念 CA 由字符串 S_1 和 "。"构成，则构建候选概念词汇 S_1。也就是，去除概念中的标点符号。

4.2.3.10　概念学习模块

对于已构建的领域概念词汇，可以根据概念的构词规律和语义组合关系来学习新的概念词汇。为此，首先描述词法概念学习和语义概念学习。

定义（词法概念词汇学习，Morphological Concept Lexicon Learning）：通过分析和归纳概念词汇的构词规律而进行的概念词汇学习称为词法概念词汇学习。

定义（语义概念词汇学习，Semantic Concept Lexicon Learning）：通过分析和归纳概念词汇的语义组合关系而进行的概念词汇学习称为语义概念词汇学习。

词法驱动的领域概念词汇学习方法的基本思想是，首先，根据概念词汇集抽取前缀型词缀和后缀型词缀；然后，根据前缀、后缀以及字符串的构成方式学习概念词汇，如图 4.7 所示。

下面给出学习新概念的算法步骤。

算法：学习新领域概念词汇

输入：已知概念词汇集；

输出：学习的新概念词汇；

#词法驱动的领域概念词汇学习：

（1）输入考古领域概念词汇集 $\{C_1，C_2，\cdots，C_n\}$，对它们进行相似性度量；

（2）构建概念词汇前缀集合 $PreS$ 和概念词汇后缀集合 $PostS$，

- $PreS = \{Pe_1，Pe_2，\cdots，Pe_n\}$，其中，$Pe_i$ 满足：$|\{j|$ Prefix $(Pe_i，C_j)\}| > \alpha$，α 为阈值，也就是，以 Pe_i 为前缀的领域概念词汇的个数大于 α；

- $PostS = \{Po_1，Po_2，\cdots，Po_n\}$，其中，$Po_i$ 满足：$|\{j|$ Postfix$(Po_i，C_j)\}| > \alpha$，α 为阈值，Prefix $(Pe_i，C_j)$ 表示概念词汇 C_j 以 Pe_i 为前缀，Postfix $(Po_i，$

C_j）表示 C_j 以 Po_i 为后缀。

（3）标注文本句子 s 中 $PreS \cup PostS$ 中的元素；

（4）设文本句子 s 含有有序词缀：P_1，P_2，$\cdots$，P_k，对 P_i（$i = 1$，2，$\cdots$，$k-1$），按照如下方法构建候选概念词汇，设词缀 P_i 和词缀 P_{i+1} 之间的字符串为 MS；

■ 若词缀 P_i 和 P_{i+1} 均为前缀，则构建候选概念词汇 $P_i + MS$（前缀概念），如图 4.7（a）所示；

■ 若词缀 P_i 为前缀，P_{i+1} 为后缀，则构建候选概念词汇 $P_i + MS + P_{i+1}$（混合缀概念），如图 4.7（b）所示；

■ 若词缀 P_i 为后缀，词缀 P_{i+1} 为前缀，则转向 P_{i-1} 与 P_i 的候选概念词汇构建方法，P_i 和 P_{i+1} 的候选概念词汇构建方法，如图 4.7（c）所示；

■ 若词缀 P_i 为后缀，词缀 P_{i+1} 为后缀，则构建候选概念词汇 $MS + P_{i+1}$（后缀概念），如图 4.7（d）所示。

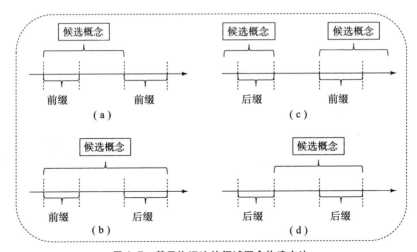

图 4.7　基于构词法的领域概念构建方法

通过语义概念学习的概念词汇称为派生概念词汇，派生概念词汇分为组合概念词汇和类推概念词汇。引入派生概念词汇的基本思想是，根据现有概念词汇通过函数产生新的概念词汇。

定义（派生概念词汇，Derived Concept）：对于概念词汇 C_1，C_2，$\cdots$，C_n（$n \geqslant 1$），如果存在函数 f 使得概念词汇 $C = f(C_1$，C_2，$\cdots$，$C_n)$，则称概念词汇 C 为 C_1，C_2，$\cdots$，C_n 的派生概念词汇。

引入组合和分解概念词汇的基本思想是，根据现有概念词汇通过字符串链接操作产生新的概念词汇。

定义（组合概念词汇、分解概念词汇，Combined Concept Lexicon，Decomposed Concept Lexicon）：对于概念词汇 C_1，C_2，$\cdots$，C_n（$n \geqslant 2$），如果存在 $C = C_1 + C_2 + \cdots + C_n$，则称概念词汇 C 为 C_1，C_2，$\cdots$，C_n 的组合概念词汇（Combined Concepts Lexicon），概念词汇 C_1，C_2，$\cdots$，C_n 称为 C 的分解概念词汇，其中，"$+$"表示字符串的链接操作。例如：如果概念词汇 C_1 为"都城"，概念词汇 C_2 为"遗址"，那么概念词汇 C 为 $C_1 + C_2$，即都城遗址，C 为 C_1 和 C_2 的组合概念，C_1 和 C_2 为 C 的分解概念。

引入类推概念词汇的基本思想是，根据现有概念词汇，将构词要素替换为同类型的词汇，从而产生新的概念词汇。

定义（类推概念词汇，Analogized Concept Lexicon）：对于概念词汇 C_1，如果存在类型替换函数 f，使得概念词汇 $C_2 = f(C_1)$，则称 C_2 为 C_1 的类推概念，其中 f 定义如下：

设 $C_1 = A_{11} A_{12} \cdots A_{1p} \cdots A_{1k}$，其中，$A_{1i}$ 为字符串，$i = 1$，2，$\cdots$，k。若 A_{1p} 为语义类集合元素，存在 $A_{1p'}$ 为该语义类集合元素，则 $f(C_1) = f(A_{11} A_{12} \cdots A_{1p} \cdots A_{1k}) = A_{11} A_{12} \cdots A_{1p'} \cdots A_{1k}$，可得类推概念词汇 $A_{11} A_{12} \cdots A_{1p'} \cdots A_{1k}$。

例如，对于概念词汇 $C_1 =$ 晚更新世早期，早期 $\in$ 时期语义类 $= \{$早期，中期，晚期，$\cdots\}$，存在类型替换函数 f，使得 $C_2 = f(C_1) =$ 晚更新世中期，或 $C_2 = f(C_1) =$ 晚更新世晚期，那么 C_2 称为 C_1 的类推概念。

语义组合驱动的领域概念学习算法步骤如下。

算法：语义组合驱动的领域概念学习

输入：输入概念词汇集 $\varGamma$；

输出：学习的领域概念；

（1）如果概念词汇 C_1，C_2，$\cdots$，C_n 均为概念词汇 C 的子概念词汇，存在 k 个概念词汇 C_1，C_2，$\cdots$，C_k 经过连接函数 f 作用产生新的组合概念 C_1'，C_2'，$\cdots$，C_k'，那么可以产生新的猜想组合概念词汇：$C_j' = f(C_j)$（$j = k+1$，$\cdots$，n）；

（2）如果概念词汇 C_1，C_2，$\cdots$，C_n 均为某一语义类中的元素。若存在 k 个概念词汇 C_1，C_2，$\cdots$，C_k 经类型替换函数产生新的类推概念 C_1'，C_2'，$\cdots$，C_k'，那么可以产生新的猜想类推概念词汇：$C_j' = f(C_j)$（$j = k+1$，$\cdots$，n）；

（3）由类与类的槽的值域通过连接函数产生新的猜想类。也就是，对于类 C，若 $V = \{V_1$，V_2，$\cdots$，$V_n\}$ 为 C 的属性 A 的值域，并且 $\exists i$，$V_i + C$ 为类，则构建猜想类：$V_1 + C$，$V_2 + C$，$\cdots$，$V_{i-1} + C$，$V_{i+1} C$，$V_n + C$；

（4）由不同子类之间复合产生新的猜想类。也就是，对于类 C，若 C 可以分为 SC_{11}，SC_{12}，$\cdots$，SC_{1m}，也可以分为 SC_{21}，SC_{22}，$\cdots$，SC_{2n}，并且存在 i，

j，$SC_{1i} + SC_{2j}$为类，则构建猜想类：$SC_{1p} + SC_{2q}$，$p = 1$，2，$\cdots$，m，$q = 1$，2，$\cdots$，n。

例如，对于类"器物"，其制作材料包括陶土、瓷土、木头、石头、玉石、金银、铜、铁、竹子、大漆，存在陶器、瓷器，则构建猜想类：木器、石器、玉器、金银器、铜器、铁器、竹器、漆器。

再如，已知"都城"和"洞穴"均为"遗址"的子概念词汇，"都城遗址"和"洞穴遗址"均是概念词汇，可以猜想组合概念词汇"贝丘遗址"可能也是一个概念词汇，如图 4.8 所示。

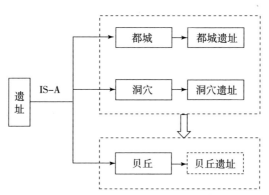

图 4.8　猜想组合概念的产生机制示例

下面给出由类与类的槽的值域通过连接函数产生新的猜想类的例子。例如，磨制石器的器形有：单刃、复刃、直刃、端刃、凸刃、凹刃、半圆形、龟背状、短身圆头、单面刃、双面刃等。根据类生成机制，可以产生新的猜想类：单刃磨制石器、复刃磨制石器、直刃磨制石器、端刃磨制石器、凸刃磨制石器、凹刃磨制石器、半圆形磨制石器、龟背状磨制石器、短身圆头磨制石器、单面刃磨制石器、双面刃磨制石器。

下面给出产生类推概念词汇的例子。例如：由概念"旧石器文化"、"新石器文化"、"青铜时代文化"可以产生新的猜想类推概念："铁器时代文化"。再如，石器的制作方法有："打制、磨制和琢制"。可以产生新的猜想类推概念："打制石器、磨制石器、琢制石器"。

下面给出由不同子类之间复合产生新的猜想类的例子。例如，打制石器可以分为石片工具和石核工具，或者可以分为砍斫器、刮削器、尖状器、雕刻器、斧形器、镞形器、刀形器、石球状器、锛状器。根据类生成机制，可以产生新的类：石片砍斫器、石片刮削器、石片尖状器、石片雕刻器、石片斧形器、石片镞形器、石片刀形器、石片石球状器、石片锛状器、石核砍斫器、石核刮削器、石核尖状器、石核雕刻器、石核斧形器、石核镞形器、石核刀形器、石核石球状器、石核锛状器。

4.2.3.11　领域概念获取算法

下面给出领域概念词汇获取的整体算法。领域概念词汇获取算法的符号包括：

- 一个汉语句子 s，句子 s 中的一个字符串 W；
- 通用词典 GD（General Dictionary）和领域词典 DD（Domain Dictionary）；
- 时间聚合体标注语言 Lti－co；
- 数量聚合体标注语言 Lqu－co；
- 通用短语标注语言 Lge－ph；
- 单复句标注语言 Lsi－co；
- 语义角色标注语言 Lse－ro；
- 名词标记 no、动词标记 ve、形容词标记 aj、副词标记 ad、代词标记 pr、介词标记 pe、约数词标记 ap、助词标记 au、区别词标记 di、叹词 in、处所词标记 lo、语气词标记 mo、数词标记 nu、量词标记 qu、时间词标记 ti、拟声词标记 on、方位词标记 or、连词标记 co；
- 谓词 ClauPr（W，S）表示字符串 W 为句子 S 的小句；
- 谓词 MaVePr（W，S）表示字符串 W 为句子 S 的主动词；
- 谓词 C^0（W）表示字符串 W 为零型概念；
- 谓词 C^1（W）表示字符串 W 为 I 型概念。

领域概念获取算法的函数包括：

- 词性标注函数 PosFn（W）；

$$PosFn(W) = \begin{cases} Pos(W), & W \in D \\ \varnothing, & W \notin D \end{cases}$$

$D = \{ <W, Pos(W)> \}$，词性函数 Pos（W）为词语 W 的词性，Pos（W）的值为词语 W 所有的可能词性的集合。

词性标注函数将句子中的词语映射为词语的词性。

- 时间聚合体标注函数 TiCoFn（W）；

$$TiCoFn(W) = \begin{cases} TiCo, & W \in Lti-co \\ \varnothing, & W \notin Lti-co \end{cases}$$

其中，$TiCo$ 表示时间聚合体。

时间聚合体标注函数通过语义聚合体识别模块，将句子中表示时间的字符串映射为或标记为 $TiCo$。

■ 数量聚合体标注函数 QuCoFn（W）；

$$\text{QuCoFn}(W) = \begin{cases} QuCo, & W \in \text{Lqu} - \text{co} \\ \varnothing, & W \notin \text{Lqu} - \text{co} \end{cases}$$

$QuCo$ 表示数量聚合体。

数量聚合体标注函数通过语义聚合体识别模块，将句子中表示数量的字符串映射为或标记为 $QuCo$。

■ 不完全时间聚合体标注函数 IncoTiCoFn（W）；

$$\text{IncoTiCoFn}(W) = \begin{cases} TiCo, & W \text{ 满足式子}(4.1) \\ \varnothing, & \text{其他情形} \end{cases}$$

$(W' = U_0 + \cdots + U_p + \cdots + U_m + TS + V_0 + \cdots + V_q + \cdots + V_n) \wedge (TS \subset W')$

$\wedge (TS \in \text{ETL}_{\text{ti}-\text{co}}) \wedge (U_{p-1} \notin TCVS) \wedge (U_p \in TCVS) \wedge \cdots \wedge (U_m \in TCVS)$

$\wedge (U_0 \in TCVS) \wedge \cdots (U_q \in TCVS) \wedge (U_{q+1} \notin TCVS)$

$\wedge (W = U_p \cdots U_m + TS + V_0 \cdots V_q)$ 　　　　　　　　　　　　(4.1)

$TVCS$ 为由时间聚合体可执行标注语言 $\text{ETL}_{\text{ti}-\text{co}}$ 构建的词汇和符号集合，U_0，$\cdots$，U_p，$\cdots$，U_m，V_0，$\cdots$，V_q，$\cdots$，V_n 为词语。

不完全时间聚合体标注函数通过语义聚合体识别模块，将句子中表示时间的字符串映射为或标记为 $TiCo$。

■ 未登录时间聚合体标注函数 UnkTiCoFn（W）；

$$\text{UnkTiCoFn}(W) = \begin{cases} TiCo, & W \\ \varnothing, & \text{其他情形} \end{cases}$$

若 $W' = U_0 + \cdots + U_p + \cdots + U_m + S + V_0 + \cdots + V_n$，其中，$U_0$，$\cdots$，$U_p$，$\cdots$，$U_m$，$V_0$，$\cdots$，$V_q$，$\cdots$，$V_n$ 为词语，S 为数字串。

■ 情形1：字符串 $W = U_m + S + UQ$，U_m 为前置约数词，Length（UQ）$< \alpha$，Length（UQ）表示 UQ 的长度，α 为阈值；

■ 情形2：字符串 $W = U_m + S + V_0 + \cdots + V_{P-1} + V_p$，$U_m$ 为前置约数词，V_p 为 S 右边的第一个后置约数词，Length（$V_0 + \cdots + V_{P-1}$）$< \alpha$；

■ 情形3：字符串 $W = U_m + S + V_0 + \cdots + V_q$，$U_m$ 为前置约数词，V_0 为中置约数词，Length（$V_1 + \cdots + V_q$）$< \alpha$；

■ 情形4：字符串 $W = U_m + S + V_0 + \cdots + V_r$，$U_m$ 为前置约数词，V_0 为中置约数词，V_r 为 S 右边的第一个后置约数词，Length（$V_1 + \cdots + V_{r-1}$）$< \alpha$；

■ 情形5：字符串 $W = S + UQ$，U_m 不是前置约数词，Length（UQ）$< \alpha$；

■ 情形6：字符串 $W = S + V_0 + \cdots + V_{P-1} + V_p$，$U_m$ 不是前置约数词，V_p 为 S 右边的第一个后置约数词，Length（$V_0 + \cdots + V_{P-1}$）$< \alpha$；

■ 情形7：字符串 $W = S + V_0 + \cdots + V_q$，$U_m$ 不是前置约数词，V_0 为中置约数

词，$\mathrm{Length}\ (V_1 + \cdots + V_q) < \alpha$；

■ 情形 8：字符串 $W = S + V_0 + \cdots + V_r$，$U_m$ 不是前置约数词，V_0 为中置约数词，V_r 为 S 右边的第一个后置约数词，$\mathrm{Length}(V_1 + \cdots + V_{r-1}) < \alpha$。

未登录时间聚合体和不完全时间聚合体标注函数通过语义聚合体识别模块，将句子中表示时间的字符串映射为或标记为 $TiCo$。

■ 通用短语标注函数 GePhFn（W）；

存在通用短语 Ph，S 匹配 Ph，若字符串 W 匹配 Ph 中的常量项，则 GePhFn(W) $= GePhCo$；若字符串 W 匹配 Ph 中的变量项，则 GePhFn(W) $= GePhVa$；其他情形，GePhFn(W) $= \varnothing$。

通过通用短语识别模块，通用短语标注函数将句子中包含在匹配通用短语中的常量项映射为或标记为 $GePhCo$，将变量项映射为或标记为 $GePhVa$。

■ 关联词语标注函数 AsWoFn（W）；

$$\mathrm{AsWoFn}(W) = \begin{cases} AsWo, & W \in \mathrm{Lsi - co} \\ \varnothing, & W \notin \mathrm{Lsi - co} \end{cases}$$

$AsWo$ 表示关联词语。

关联词语标注函数将句子中的关联词语映射为或标记为 $AsWo$。

■ 主动词标注函数 MaVeFn（W）；

$$\mathrm{MaVeFn}(W) = \begin{cases} MaVe, & W \text{ 被识别为主动词} \\ \varnothing, & W \text{ 不被识别为主动词} \end{cases}$$

其中，$MaVe$ 表示主动词。

主动词标注函数通过主动词识别模块，将句子中主动词识别为或映射为 $MaVe$。

■ 语义角色标注函数 SeRoFn（W）；

$$\mathrm{SeRoFn}(W) = \begin{cases} \mathrm{Agent}, & W \text{ 被识别为主体} \\ \mathrm{Patient}, & W \text{ 被识别为客体} \\ \mathrm{Dative}, & W \text{ 被识别为与体} \\ \mathrm{Locative}, & W \text{ 被识别为位体} \\ \varnothing, & \text{其他情形} \end{cases}$$

Agent 表示主体，Patient 表示客体，Dative 表示与体，Locative 表示位体。

语义角色标注函数通过语义角色识别模块，将句子中语义角色识别为或映射为 Agent、Patient、Dative 或 Locative。

下面将分析各标注函数之间的关系：

■ $\mathrm{TiCoFn}(W) \neq \varnothing \rightarrow \exists W'(ti \in \mathrm{Pos}(W')) \wedge (W' \subseteq W)$：若词语 W 通过时间聚合体函数映射不是空集，则存在词语 W'，且词语 W 包含词语 W'，时间标记

ti 的词语的词性为词性集合中元素。

- $\mathrm{QuCoFn}(W) \neq \varnothing \to \exists W'(nu \in \mathrm{Pos}(W')) \wedge (W' \subseteq W)$：若词语 W 通过数量聚合体函数映射不是空集，则存在词语 W'，且词语 W 包含词语 W'，数词标记 ti 的词语的词性为词性集合中元素。

- $\mathrm{QuCoFn}(W) \neq \varnothing \to \exists W'(qu \in \mathrm{Pos}(W')) \wedge (W' \subseteq W)$：若词语 W 通过数量聚合体函数映射不是空集，则存在词语 W'，且词语 W 包含词语 W'，量词标记 ti 的词语的词性为词性集合中元素。

- $\mathrm{TiCoFn}(W) \neq \varnothing \to \mathrm{QuCoFn}(W) = \varnothing$：若词语 W 通过时间聚合体函数映射不是空集，则词语 W 通过数量聚合体标注函数映射为空集。

- $\mathrm{TiCoFn}(W) \neq \varnothing \to \mathrm{GePhFn}(W) = \varnothing$：若词语 W 通过时间聚合体函数映射不是空集，则词语 W 通过通用短语标注函数映射为空集。

- $\mathrm{TiCoFn}(W) \neq \varnothing \to \mathrm{AsWoFn}(W) = \varnothing$：若词语 W 通过时间聚合体函数映射不是空集，则词语 W 通过关联词语标注函数映射为空集。

- $\mathrm{TiCoFn}(W) \neq \varnothing \to \mathrm{MaVeFn}(W) = \varnothing$：若词语 W 通过时间聚合体函数映射不是空集，则词语 W 通过主动词标注函数映射为空集。

- $\mathrm{QuCoFn}(W) \neq \varnothing \to \mathrm{TiCoFn}(W) = \varnothing$：若词语 W 通过数量聚合体标注函数映射不是空集，则词语 W 通过时间聚合体标注函数映射为空集。

- $\mathrm{QuCoFn}(W) \neq \varnothing \to \mathrm{GePhFn}(W) = \varnothing$：若词语 W 通过数量聚合体标注函数映射不是空集，则词语 W 通过通用短语标注函数映射为空集。

- $\mathrm{QuCoFn}(W) \neq \varnothing \to \mathrm{AsWoFn}(W) = \varnothing$：若词语 W 通过数量聚合体标注函数映射不是空集，则词语 W 通过关联词语标注函数映射为空集。

- $\mathrm{QuCoFn}(W) \neq \varnothing \to \mathrm{MaVeFn}(W) = \varnothing$：若词语 W 通过数量聚合体标注函数映射不是空集，则词语 W 通过主动词标注函数映射为空集。

- $\mathrm{MaVeFn}(W) \neq \varnothing \to Ve \in \mathrm{PosFn}(W)$：若词语 W 通过主动词标注函数映射不是空集，则动词标记 Ve 的词语词性为词性集合中元素。

- $\mathrm{MaVeFn}(W) \neq \varnothing \to \mathrm{SeRoFn}(W) = \varnothing$：若词语 W 通过主动词标注函数映射不是空集，则词语 W 通过语义角色标注函数映射为空集。

下面给出混合式的领域概念获取的算法。

算法：混合式的领域概念词汇获取

输入：领域语料；

输出：领域概念词汇；

（1）执行文本清理动作 Replace（<，>，<，>），Replace（<；>，<；>）；

（2）采用最大前向匹配法对句子进行分词和词性标注，执行 PosFn（W）；

（3）构建 ETL_{ti-co} 和 ETL_{qu-co}，执行 TiCoFn（W）和 QuCoFn（W）；

（4）识别不完全时间聚合体，执行 IncoTiCoFn（W）；

（5）识别未登录数量聚合体，执行 UnkTiCoFn（W）；

（6）通用短语识别，执行 GePhFn（W），消除通用短语匹配歧义；

（7）主动词识别，执行 MaVeFn（W）；

（8）识别句子的语义角色，执行 SeRoFn（W），消除语义模型识别歧义；

（9）基于语义角色识别结果，输出零型领域概念词汇；零型概念提取的条件：

- $(\forall W\subseteq S)\neg\text{MaVePr}(W,S)\rightarrow\forall W(\text{ClauPr}(W,S)\rightarrow C^0(W))$
- $(\exists W\subseteq S)\text{SeRoFn}(W)\neq\varnothing\rightarrow C^0(W)$
- $(\exists W\subseteq S)\text{MaVeFn}(W)\neq\varnothing\rightarrow C^0(W)$
- $(\exists W'\subset W)(\text{ClauPr}(W',S)\wedge C^0(W))\rightarrow C^0(W')$

（10）对主动词左邻概念词汇和右邻概念词汇进行消歧；

（11）基于单复句、时间聚合体、数量聚合体、词汇的概念词汇构建规则提取 I 型概念词汇；

- 零型概念驱动的 I 型概念词汇识别；$\forall W(C^0(W)\rightarrow C^1(W))$
- 关联词驱动的 I 型概念词汇识别；

对于 W，若 S_0，S_1，$\cdots$，S_n 为非空的字符串，

$C^0(W)\wedge(W=S_0+W_0+S_1+W_2+\cdots+W_n+S_n)\wedge(\text{AsWoFn}(W_1)\neq\varnothing)\wedge\cdots\wedge(\text{AsWoFn}(W_n)\neq\varnothing)\rightarrow C^1(S_0)\wedge C^1(S_1)\wedge\cdots\cdots\wedge C^1(S_n)$

- 时间数量聚合体驱动的 I 型概念词汇识别规则
- 词汇驱动的 I 型概念词汇识别方法规则

（12）验证概念词汇，主要采用基于规则的方法进行构建和验证 I 型概念词汇的。例如，

$(S=W_0+W_1+W_2+\cdots+W_i+\cdots+W_j+\cdots+W_k+\cdots+W_m+\cdots+W_n)\wedge$

$\wedge(no\notin\text{PosFn}(W_{i-1})\wedge or\notin\text{PosFn}(W_{i-1}))\wedge(no\in\text{PosFn}(W_i)$

$\vee or\in\text{PosFn}(W_i))\wedge\cdots$

$\wedge(no\in\text{PosFn}(W_{j-1})\vee or\in\text{PosFn}(W_{j-1}))\wedge(\text{TiCoFn}(W_j)\neq\varnothing)\wedge$

$\wedge(no\in\text{PosFn}(W_{i+1})\vee or\in\text{PosFn}(W_{i+1}))\wedge\cdots\wedge(no\in\text{PosFn}(W_k)$

$\vee or\in\text{PosFn}(W_k))\wedge(no\notin\text{PosFn}(W_{k+1})\vee or\notin\text{PosFn}(W_{k+1}))$

$\rightarrow C^1(W_iW_{i+1}\cdots W_{j-1})\wedge C^1(W_jW_{j+1}\cdots W_k)\wedge C^1(W_j)\wedge C^1(W_{j+1}\cdots W_k)$

下面给出实验结果及分析。本节以《中国大百科全书考古卷》中的古文化类文本和遗址类文本为例，进行领域概念获取。古文化类文本 183 篇，遗址类文本 212 篇，提取约 166500 个考古领域概念。领域概念获取的平均准确率

为 79.38%，错误率为 20.62% 。

例如，对于句子"发现人类化石和文化遗物的第 4、5、6 层，伴出有三门马、中国缟鬣狗、肿骨大角鹿等华北中更新世典型动物，地质时代为中更新世晚期，铀系法断代及古地磁断代为距今 40 万至 14 万年（选自庙后山遗址）。"，分词系统的切分与标注结果为：

"发现/v 人类/n 化石/n 和/c 文化/n 遗物/n 的/u 第 4/m 、/w 5/m 、/w 6/m 层/q 、/w 伴/v 出/v 有/m 三门/ns 马/n 、/w 中国/ns 缟/Ng 鬣狗/n 、/w 肿/v 骨/Ng 大/a 角/n 鹿/n 等/v 华北/ns 中/f 更新/v 世/Ng 典型/a 动物/n 、/w 地质/n 时代/n 为/p 中/f 更新/v 世/Ng 晚期/f 、/w 铀/n 系法/n 断代/v 及/c 古/a 地磁/n 断代/v 为/u 距/v 今/Rg 40/m 万/d 至/v 14/m 万年/m 。/w"。

对于上述概念系统所获取的领域词汇结果，如下所示。其中，t 表示概念词汇识别的类型，若 t = 0 表示概念词汇是通过语义角色识别的概念词汇，t = 1 表示概念词汇是通过语义角色和句法识别的概念词汇。g 表示概念词汇的类型，若 g = r 表示关系概念词汇，g = c 表示概念词汇，g = e 表示虚词，g = w 表示关键词。

{

发现人类化石和文化遗物的第 4、5、6 层　t：0g：c

伴出　t：0g：c

有　t：0g：r

三门马、中国缟鬣狗、肿骨大角鹿等华北中更新世典型动物 t：0g：c

地质时代　t：0g：c

为　t：0g：r

中更新世晚期　t：0g：c

铀系法断代及古地磁断代　t：0g：c

为　t：0g：r

距今 40 万至 14 万年　t：0g：c

发现　t：1g：c

人类化石　t：1g：c

和　t：1g：e

文化遗物　t：1g：c

的　t：1g：e

第 4、5、6 层　t：1g：c

伴出　t：1g：c

有　t：1g：r

```
        三门马    t：1g：c
        中国缟鬣狗    t：1g：c
        肿骨大角鹿    t：1g：c
        等    t：1g：w
        华北    t：1g：udc
        中更新世典型动物    t：1g：c
        中更新世    t：1g：c
        典型动物    t：1g：c
        地质时代    t：1g：c
        为    t：1g：r
        中更新世晚期    t：1g：c
        铀系法断代    t：1g：c
        及    t：1g：e
        古地磁断代    t：1g：c
        为    t：1g：r
        距今 40 万至 14 万年    t：1g：c
    }
```

|4.3　术语定义抽取|

  随着专业知识领域的快速增长，新领域术语层出不穷。专业术语及其定义的自动提取是领域本体构建和信息抽取的重要研究内容。领域本体旨在为知识领域提供共享概念化的明确和形式化的规范，概念化是对世界上的现象形成抽象概念。因此，领域本体构建的一项基本任务是识别概念的定义，并由这些定义来限制概念的解释和使用。术语是领域概念的语言表示。另外，定义抽取也是术语抽取、词汇表创建、词汇语义关系抽取和问答系统的研究内容。本节介绍术语定义抽取任务，是指从文本中抽取术语的定义。本节阐述一种自举方法从无标注的自由文本中抽取领域术语定义[60]。

4.3.1　术语定义抽取模型

  领域术语或领域概念包含内涵和外延两方面的含义。概念内涵是指反映隶属与概念的事物或实体的本质属性或性质，概念外延是指反映隶属于概念的事物或实体的集合。在非结构化文本中，领域术语通常具有两种定义方法，即内涵定义和外延定义。例如，下面句子"所谓计算机的可编程性，是指对 CPU 的编程（The so – called programmability of computers refers to programming CPU）"给出了领域术语"计算机的可编程性（Programmability of computer）"的内涵定义。再如，领域术语"太阳系行星（Planets in the solar system）"的外延定义为："太阳系行星有水星、金星、地球、火星、木星、土星、天王星、海王星和冥王星（The planets in the solar system include Mercury, Venus, Earth, Mars, Jupiter, Saturn, Uranus, Neptune, and Pluto）"。

领域术语定义抽取是知识抽取的重要研究内容。本节采用自举方法来自动抽取词汇语法模式、句子中领域术语定义的上下文特征、内部特征。其中，词汇语法模式用于提取领域术语的候选定义，上下文特征和内部特征用于计算抽取的候选定义的置信度。

在本节中，领域术语定义抽取的基本思想是，以自举方法，根据种子领域术语定义或概念上下位定义中学习词汇语法模式，通过词汇语法模式抽取术语定义。词汇语法模式和领域术语定义采用相互迭代学习机制。

下面给出领域术语定义抽取的流程。首先，从若干种子领域术语定义或概念上下位定义中构建词汇语法模式。例如，领域术语 C 语言（C language）和编程语言（Programming language）之间存在上下位关系。在第一次迭代中，根据学习的词汇语法模式，从中文文本句子中抽取新的领域术语定义。然后，从这些新学习到的领域术语定义中进一步学习新的词汇语法模式，并将这些新模式不断地添加到术语定义模式集合中。在下一次迭代中，更新后的词汇语法模式将用于抽取候选中文文本句子的领域术语定义。整个迭代过程直到所有非结构化文本处理完毕。图 4.9 给出了利用自举方法来抽取领域术语定义的流程图。

算法：面向非结构化文本的基于自举的领域术语定义抽取方法

输入：领域非结构化文本语料 Cr；

输出：领域术语及其定义；

（1）构建领域术语种子定义集合 S_{sd}、种子上下位关系集合 S_{sh}、学习到的种子模式集合 $S_{lp}(=\varnothing)$；

（2）根据种子领域术语定义或种子上下位关系，通过语料或搜索引擎，学习词汇语法模式，然后将这些模式添加到词汇语法模式集合 S_{lp} 之中；

（3）选择上下文特征和内部特征来判别候选领域术语定义，计算每种特征的权重；

（4）从语料 Cr 中读取中文文本句子，根据模式集合 S_{lp} 提取候选领域术语

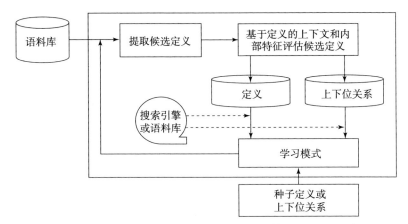

图 4.9　基于自举方法的领域术语定义抽取流程图

定义；

（5）进入候选领域术语定义评估模块，将新抽取的领域术语定义添加到集合 S_{sd} 之中，将新抽取的上下位关系添加到集合 S_{sh} 之中；

（6）根据集合 S_{sd} 中的领域术语定义或集合 S_{sh} 中的上下位关系，通过语料或搜索引擎，学习词汇语法模式，然后将这些模式添加到模式集合 S_{lp} 之中；

（7）如果语料 Cr 中存在中文句子，则转入步骤（4）；否则算法结束。

4.3.2　定义抽取和评估

本节介绍词汇语法模式构建、候选定义抽取、特征选择、特征权重计算以及候选定义评估即计算其置信度。

给定领域术语 t 及其定义 d，首先搜索包含 t 和 d 的自由文本句子集合。这些句子来源于给定的语料集，或通过提交查询术语 t 和定义 d 到搜索引擎获得的搜索结果。例如，对于领域术语"口令入侵"及其定义"破解口令或屏蔽口令保护"，通过调用 Google Search API 在搜索结果中搜索到句子"所谓口令入侵，是指破解口令或屏蔽口令保护"。因此，构建如下模式

"$<$所谓$>$ $<?$ $T>$ $<$ ，$>$ $<$是指$>$ $<?$ $D>$"。

其中，$<$所谓$>$，$<$ ，$>$，和 $<$是指$>$ 是常量词项，$<?$ $T>$ 和 $<?$ $D>$ 是变量词项，"?"用于变量词项的标识符.

例如，对于测试语料中句子"所谓计算机的可编程性，是指对 CPU 的编程"，该句子匹配模式"$<$所谓$>$ $<?$ $T>$ $<$ ，$>$ $<$是指$>$ $<?$ $D>$"。由此，提取术语的候选定义：

"DefPre（计算机的可编程性，对 CPU 的编程）"。

该谓词公式是指领域术语"计算机的可编程性"的定义是"对 CPU 的编程"。再如，从句子"所谓监督学习是指从标记的训练数据来完成机器学习任务"，抽取术语的候选定义，即"DefPre（监督学习，从标记的训练数据来完成机器学习任务）"。

下面讨论如何基于上下位关系构建词语语法模式。首先，搜索包含具有上下位关系的两个术语的句子；然后，采用聚类方法构建模式。例如，搜索到句子"驱动程序是指一种管理实际数据传输和控制特定物理设备的计算机程序"包含两个术语："驱动程序"和"计算机程序"，还有句子"计算机病毒是指一种能够通过自身复制传染，起破坏作用的计算机程序"包含两个术语"计算机病毒"和"计算机程序"。基于句子相似度，这两个句子被聚类到同一个类簇。进一步，从这两个句子中提取最长公共子序列，构建词汇语法模式："$<?\ T>$ $<$是指$>$ $<$一种$>$ $<?\ D>$"，其中，$<$是指$>$ 和 $<$一种$>$ 是常量词项。

句子相似度的计算方法的基本思想是：根据两个句子的最长公共子序列的长度计算句子相似度。下面介绍句子相似度的计算方法。对于汉语句子 S_1 和 S_2，$S_1 = s_{11}t_{11}s_{12}t_{12}s_{13}$，$S_2 = s_{21}t_{21}s_{22}t_{22}s_{23}$，其中 t_{11} 和 t_{12} 具有上下位关系，t_{21} 和 t_{22} 具有上下位关系，s_{ij} 是空字符串或非空字符串（$i=1,2$，$j=1,2,3$），cs_1，cs_2，$\cdots$，cs_m 是句子 S_1 和句子 S_2 的一个最长公共子序列，m 是整数。句子 S_1 和 S_2 的相似度 SimDeg（S_1，S_2）的计算方法如下所示，其中，函数 Length（S_1）表示句子 S_1 的长度，α 和 β 是参数。

$$\text{SimDeg}(S_1, S_2) = \alpha \frac{\sum_{k=1}^{m} \text{Length}(cs_k)}{\text{Length}(S_1)} + \beta \frac{\sum_{k=1}^{m} \text{Length}(cs_k)}{\text{Length}(S_2)}$$

获得候选术语定义后，通过候选术语定义的内部特征和上下文特征来计算其置信度。对于候选术语定义，通过其内部特征和上下文特征来判别其正确性。候选术语定义 cd 的特征向量 V 定义为

$$V = (f_p, f_{dw}, f_{cw}, f_{wa}, f_{np}),$$

其中，f_p，f_{dw} 和 f_{cw} 是内部特征，f_{wa} 和 f_{np} 是上下文特征，如表 4.2 所示。

表 4.2　候选术语定义的内部特征和上下文特征

含义	符号	计算方法
候选术语定义成为正确定义的概率	f_p	与词汇语法模式相关
在候选术语定义中领域词汇出现的比例	f_{dw}	与领域词汇相关
在候选术语定义中常用词汇出现的比例	f_{cw}	与常用词汇相关

含义	符号	计算方法
句子中模式常量词项的字符和其相邻的字符是否构成领域词汇或常用词汇	f_{wa}	与领域词汇和常用词汇相关
候选领域术语定义是否满足负模式	f_{np}	与词汇语法负模式相关

第一个候选术语定义的内部特征 f_p 的特征值是实数，其含义是候选术语定义成为正确定义的概率，如表 4.2 所示。假设通过匹配模式 p 从句子中抽取候选术语定义 cd，f_p 的计算方法如下所示。其中，NumMatSen(p) 是测试语料中匹配模式 p 的句子数量，NumCorDef(p) 是测试语料中匹配模式 p 并且抽取出正确领域术语定义的句子数量。

$$f_p = \frac{\text{NumCorDef}(p)}{\text{NumMatSen}(p)}$$

第二个候选术语定义的内部特征 f_{dw} 是在候选术语定义中领域词汇出现的比例，如表 4.2 所示。

第三个候选术语定义的内部特征 f_{cw} 是候选术语定义中常用词语出现的比例，计算公式如下所示，如表 4.2 所示。其中，D_1 是领域术语词典，D_2 是汉语词典，ContainPre(cd, w) 表示领域术语定义 cd 包含词语 w。

$$f_{dw} = \frac{|d_1|}{|d_1| + |d_2|},$$

$$f_{cw} = \frac{|d_2|}{|d_1| + |d_2|},$$

$$d_1 = \{w \mid (w \in D_1) \wedge \text{ContainPre}(cd, w)\},$$

$$d_2 = \{w \mid (w \in D_2) \wedge \text{ContainPre}(cd, w)\}.$$

第四个候选术语定义的上下文特征 f_{wa} 是布尔值，其含义是句子中模式常量词项的字符和其相邻的字符是否构成 $D_1 \cup D_2$ 的词语，如表 4.2 所示。引入该特征旨在解决由于模式常量词项产生的歧义问题。例如，句子"指挥跨度是指挥员及指挥机关直接指挥的单位的数量"匹配模式"< ? T > <是指> < ? D >"。然而，在模式常量项 <是指> 中的字符"指"与相邻的字符"挥员"构成词语"指挥员"。因此，领域术语"指挥跨度"的定义不是"挥员及指挥机关直接指挥的单位的数量"，应该是"指挥员及指挥机关直接指挥的单位的数量"。

第五个候选术语定义的上下文特征 f_{np} 是关于上下文词语和词性的模式特征，其含义是指领域术语定义 cd 是否满足负模式，如表 4.2 所示。其中，负模式是指若句子匹配该模式，则从该句子中抽取的候选领域术语定义不能构成正确候选术语定义。

设 cd_1，cd_2，$\cdots$，cd_k 是从训练语料 C_t 中抽取的候选术语定义，$v_i = (f_1,$ $f_2,\cdots,f_n)$ 是 cd_i 的特征向量，p_{ij} 是当 cd_j 被识别为正确定义时，特征 f_i 出现的概率，q_{ij} 是当 cd_j 被识别为正确定义时，特征 f_i 不出现的概率。特征 f_p，f_{dw}，f_{cw} 的权重设置为 1。其他特征的权重值计算如下所示：

$$\text{Weight}(f_i) = \log\frac{\sum_{j=1}^{k} p_{ij}}{\sum_{j=1}^{k} q_{ij}}.$$

对于候选术语定义 cd，其置信度 CreDeg（cd）计算方法如下。当置信度 CreDeg（cd）大于阈值，则候选术语定义 cd 被识别为正确定义。

$$\text{CreDeg}(cd) = \sum_{i=1}^{n}(\alpha_i \times \text{Weight}(f_i)),$$

$$\alpha_i = \begin{cases} 1, & f_i \text{ 是 } cd \text{ 的激活特征,} \\ 0, & f_i \text{ 不是 } cd \text{ 的激活特征.} \end{cases}$$

测试语料库来自计算机、军事和考古学三个领域的网页和文本。语料库约 26 万句。训练语料库由 4 个语料库中随机抽取的 5 000 个句子组成，用于评估特征的权重。使用如下 4 个模式，提取约 4 200 个术语定义，达到了 82.2% 的准确率。利用所有模式从语料库中共提取约 15 万个定义，准确率为 75.3%，查全率为 88.7%。

< ？ T > < 是 | 就是 | 即 | 指 | 指的是 > < ？ D >

< ？ T > < 是 > < ？ D > < 一 > < ！ 是一量词 > < ？ D >

< ？ T > < 叫 | 称 > < ？ D >

< ？ C > < 叫 | 称 > < ？ D > < 为 | 是 > < ？ T >

4.4　领域术语抽取

领域术语提取是指识别表示领域中概念或实体的词汇表达式。领域术语是领域本体的基本组成部分。领域术语提取是领域本体构建的基本任务，能够广泛应用于文本分类、信息检索、问题解答、自动索引、机器翻译以及主题检测和跟踪。另外，随着互联网上中文文本数据的日益增长，需要更强大的中文文本分析和处理技术，以提供更高效和智能的信息服务。中文术语提取是智能信息处理方法中的一项重要技术。本节论述面向未标注的非结构化文本，采用基于迭代自举和术语构成要素的领域术语提取方法[61]。

4.4.1　术语抽取方法

领域术语抽取包括两个阶段。第一阶段采用自举迭代方法，从种子领域术语中学习术语构成要素。第二阶段根据学习的领域术语构成要素来提取领域术语。

中文领域术语抽取方法的动机是根据计算机、军事和考古学领域词典的字符分布特点。设 Ch_1，Ch_2 和 Ch_3 分别是计算机词典、军事词典和考古学词典的字符集合。统计表明，①在三个字符集合 Ch_1，Ch_2 和 Ch_3 中，平均大约 77%的字符由平均大约 16%的不同字符构成；②平均 88%的字符由平均大约 28%的不同字符构成。另外，在这三个领域词典中，频率不低于 2 的字符构成大约 91%的术语，频率不低于 3 的字符构成大约 87%的术语。由此，推断领域绝大部分术语由相对稳定的小规模字符集合构成。

领域术语提取的基本思想如下，如图 4.10 所示。设 S_t 是种子领域术语集合，T_c 是术语构成要素集合。在迭代开始前，T_c 初始化为 S_t，即 $T_c = S_t$。在第一阶段的第一次迭代过程中，根据术语构成要素集合 T_c 对集合 S_t 中的术语进行切分，从每个术语中学习新的术语构成要素。进一步，学习的新术语构成要素不断地添加到集合 T_c 中。在下一次迭代中，更新的集合 T_c 用于切分集合 S_t 中的术语，从每个术语中学习新的术语构成要素。最后，当集合 T_c 不再更新时，迭代结束。在第二阶段，基于集合 T_c，采用最大向前匹配方法从自由文本中提取候选领域术语，并且通过领域频率进行术语验证或术语评估。领域术语提取的迭代自举算法如下：

算法：基于迭代自举的领域术语抽取

输入：种子领域术语集合 S_t，领域语料 C_d；

输出：术语构成成分和领域术语；

（1）构建领域术语构成成分集合 T_c，设 $T_c = S_t$；

（2）读入种子领域术语集合 S_t 中任一术语 *term*，基于集合 T_c 对术语 *term* 进行切分，学习包含在术语 *term* 中的术语构成成分，将学习的新术语构成成分添加到集合 N_c 中。

（3）如果集合 S_t 中存在领域术语，则转入步骤（2）；否则转入步骤（4）。

（4）如果 $N_c - T_c \neq \varnothing$，则设领域术语构成成分集合 $T_c = T_c \cup N_c$，并且转入步骤（2）；否则转入步骤（5）；

（5）读入中文语料 C_d 中句子，基于领域术语构成成分集合 T_c 提取候选领

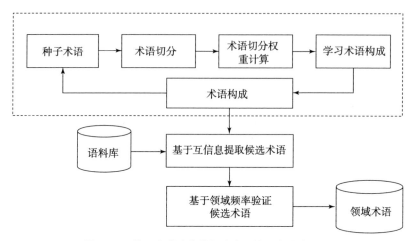

图 4.10 基于自举迭代的领域术语抽取方法流程图

域术语，并且验证候选领域术语；

（6）如果语料 C_d 中存在句子，则转入步骤（5）；否则结束算法。

4.4.2 术语构成要素学习

本节介绍如何从种子术语中学习术语构成要素。领域术语构成要素学习的基本思想是，根据种子领域术语来学习术语构成成分。给定种子领域术语集合 S_t 中的术语 $term$，即 $term \in S_t$ 以及术语构成要素集合 T_c，首先利用集合 T_c 中的术语构成要素来切分术语 $term$。设术语 $term$ 的切分结果为 R_1，R_2，$\cdots$，R_m，则 R_i 表示为公式（4.2）所示：

$$R_i(s) = r_{i_1} t_{i_1} r_{i_2} t_{i_2} \ldots r_{i_m} t_{i_m} r_{i_{m+1}}, \tag{4.2}$$

其中，$t_{i_j} \in T_c - \{term\}$，$r_{i_j} \notin T_c - \{term\}$，$\mathrm{Length}(r_{i_j}) \geq 0$，

$$\mathrm{Weight}(R_i) = \alpha \frac{m}{m+m'} + \beta \frac{\sum\limits_{p=1}^{m} \mathrm{Length}(t_{i_p})}{\mathrm{Length}(s)}, \tag{4.3}$$

其中，$m' = |\{r_{i_j}| \mathrm{Length}(r_{i_j}) > 0\}|$，

这里，t_{i_j} 是集合 T_c 中的领域术语构成要素，r_{i_j} 是不属于集合 T_c 的字符串，α 和 β 是参数。函数 $\mathrm{Length}(r)$ 表示字符串 r 的长度。进一步，根据公式（4.3）计算每个切分结果的权重。如果 R_i 具有最大权重，则将 $r_{i_1}, \ldots, r_{i_k}, r_{i_{k+1}}$ 添加到术语构成要素集合 T_c 中。

4.4.3 术语抽取和评估

领域术语提取和评估的基本思想是，基于最大向前匹配和领域频率，计算

候选领域术语的频率。给定测试语料集中句子 s 和领域术语构成要素集合 T_c，根据领域术语构成要素集合 T_c，首先利用最大向前匹配方法来切分句子 s。切分结果如公式（4.4）所示：

$$s = x_1 t_{11} t_{12} \ldots t_{1i_1} x_2 t_{21} t_{22} \ldots t_{2i_2} \ldots x_n t_{n_1} t_{n_2} \ldots t_{ni_n} x_{n+1},$$

$$\text{其中，} |x_1| \geq 0, |x_{n+1}| \geq 0, |x_p| > 0 (1 \leq p \leq n) \tag{4.4}$$

这里，$t_{i_j} \in T_c$，x_i 是不属于集合 T_c 的字符串。进一步，将 x_k 和 x_{k+1} 之间的字符串 $t_{k1} t_{k2} \ldots t_{ki_k} (1 \leq k \leq n)$ 识别为候选术语。换句话说，连续匹配集合 T_c 中术语构成成分的最长字符串被识别为候选术语。最后，计算 $t_{k1} t_{k2} \ldots t_{ki_k}$ 的领域频率，也就是，计算其在从领域语料中获取的候选领域术语集中出现的频率。若候选领域术语的频率大于给定阈值，则将该候选领域术语识别为领域术语。

领域术语提取实验数据包括计算机、军事和考古领域语料库。使用 C1、C2、C3、C4 和 C5 来表示这五个语料库。语料库集大约有 2 100 万个字符。表 4.3 分别给出了计算机、军事和考古领域中每次迭代种子术语和学习术语要素的数量。在第五次迭代中，没有新的术语要素可以从计算机中的种子术语中学习，而在第六次迭代中没有新的学习要素可以从军事和考古学中的种子词汇中学习。最后，本节方法分别学习了计算机、军事和考古领域的 11 019、26 156 和 14 441 个术语要素。

表 4.3　三个数据集上迭代提取的领域术语数量

	计算机	军事	考古
种子术语数量	7 705	17 224	9 953
第 1 次迭代	10 007	22 585	12 214
第 2 次迭代	10 910	25 681	14 087
第 3 次迭代	11 010	26 106	14 410
第 4 次迭代	11 019	26 152	14 440
第 5 次迭代	——	26 156	14 441
第 6 次迭代	——	——	——

通过使用种子术语的构成要素和学习的术语构成要素来抽取术语，图 4.11 给出每次迭代中抽取术语的数量。例如，提取了计算机术语"安全远程监控网络硬件系统（安全远程监控网络硬件系统）"，包括六个术语构成要素"安全""远程""监控""网络""硬件"和"系统"。平均而言，本节领域术语抽取方法比仅使用五个语料库中种子词的术语构成要素的方法多提取大约 15000 个术语。图 4.12 给出长度为 2 ~ 11 个汉字的所提取术语的长度分布。大多数领域术语的长度为 2、4、5、6 或 8 个汉字。在计算机、军事和考古学

领域所提取的领域术语集合中，长度为 2～8 个汉字的术语至少达到所有术语的 95%。计算机、军事和考古学中最长的术语分别是 24、20 和 25 个汉字。

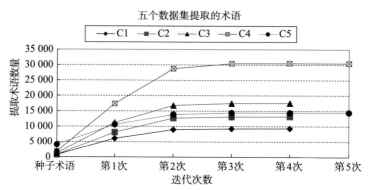

图 4.11　每次迭代中提取的领域术语数量

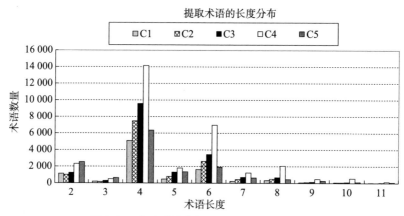

图 4.12　每次迭代中提取领域术语的长度分布

五个语料库的领域术语抽取的准确率分别为 72%、67%、69%、66% 和 70%。五个语料库的平均句子召回率超过 40%。本节领域术语抽取方法获得较高性能的主要原因是：第一，候选词由字符、简单词或复合词组成，这些词构成种子术语的构成要素；第二，在每次迭代中学习的术语构成要素受益于在先前迭代中学习到的术语构成要素。

|4.5　本章小结|

　　本章阐述汉语分词、领域概念获取、术语定义抽取、领域术语抽取。汉语分词包括分词研究现状、形式化模型。领域概念获取包括概念获取准则、概念获取困难和概念获取方法。术语定义抽取包括术语定义抽取模型，候选定义的抽取和评估。领域术语抽取包括术语抽取方法、术语构成要素学习、术语抽取和评估。

第 5 章

实体关系知识获取

实体关系知识主要是指实体之间的语义关系，是知识图谱的重要组成部分。本章首先论述上下位关系学习方法，然后阐述实体对齐关系识别方法。

|5.1　实体上下位关系抽取|

概念与概念之间或实体与概念之间的上下位关系是指它们之间的隶属关系或继承关系。例如，子概念"墓穴遗址"继承父概念"遗址"。上下位关系学习或继承关系学习任务是指基于已构建的上下位关系概念对或实体概念对，通过学习的方法来获取未知的概念之间或实体概念之间的上下位关系。其目的是通过一定的方法和工具，来减少构建和管理本体的人工操作，提高本体获取和知识抽取的效率。本节论述基于符号学习融合的上下位关系学习方法[8]。

5.1.1　问题定义

本节的上下位学习任务是指：基于已构建的具有上下位关系的领域概念对或实体概念对，如何从语料中学习更多的潜藏的上下位关系领域概念对。

例如，在考古学领域中，概念"石磨棒"继承概念"磨制石器"，"石磨棒"为"磨制石器"的子类或下位概念，"磨制石器"为"石磨棒"的父类或上位概念。例如，在计算机科学领域中，"机器语言""汇编语言"和"高级语言"继承概念"编程语言"，前者三个概念为后者概念的下位概念，后者概念为前者三个概念的上位概念。

定义（上下位关系学习任务）：领域概念上下位关系学习是一个五元组 (Co, So, Re, A, Cs)，其中

- *Co* 是语料；

- *So* 是领域种子上下位关系概念对或实体概念对；

- *Re* 是利用的资源，包括上下位关系语境和并列关系语境；

- *A* 是算法；

- $Cs = \{ <C_i, C_j> | \text{IS} - \text{A} (C_i, C_j) \}$，是由算法提取到的上下位关系概念对或实体概念对集合，C_i 为 C_j 的下位概念。

5.1.2 上下位关系学习

5.1.2.1 算法思想

上下位关系学习的基本思想是，首先利用三种符号学习方法学习领域概念上下位关系，然后融合这三种方法的上下位关系学习知识。假定同一条知识至少在语料中出现两次。可以从概念的外部特征（即上下文特征）和内部特征来学习概念的上位概念和下位概念。外部特征是指具有上下位关系的概念对所处的上下文，内部特征是指概念的内部构成规律。针对学习的特征，本节设计了三种领域概念上下位关系学习的方法：种子上下位关系概念对驱动的上下位关系学习、基于上下位关系语境的上下位关系学习、领域概念构词法驱动的上下位关系学习。前两种方法是根据上下位关系概念对所处的上下文语境来提取的。其中，第一种方法是给定具有上下位关系的种子概念对，在并列关系语境或模式的启发下，设法去获取其他更多的具有上下位关系的概念对。第二种方法是基于已构建的上下位关系语境或上下位关系模式进行上下位关系概念对提取的。由于领域概念构成的规律性，从领域概念的构成可以判定它的上位概念，第三种方法即根据概念的内部构成规律来提取具有上下位关系的概念对，如图 5.1 所示。

基于符号学习融合的上下位关系学习方法的输入是自由文本语料，输出是领域概念的上下位关系分层结构。该学习方法包括如下四个阶段。

- 阶段 1：利用基于种子驱动学习的方法提取候选上下位关系并进行验证，学习上下位关系集合 HR_1。

- 阶段 2：利用模式引导学习的方法提取候选上下位关系并进行验证，学习上下位关系集合 HR_2。

- 阶段 3：利用基于中文术语构成学习方法的方法提取候选上下位关系并进行验证，学习上下位关系集合 HR_3。

- 阶段 4：验证 $HR_1 \cup HR_2 \cup HR_3$ 中的上下位关系。

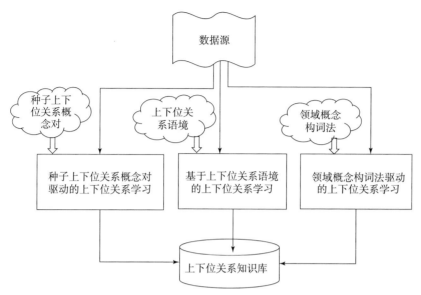

图 5.1　上下位关系学习方法示意图

5.1.2.2　种子上下位关系概念对驱动的学习

在实现上下位关系提取中，引入并列关系语境。引入并列关系语境的思想是，满足并列语境的变量项具有并列关系，通常具有相同的上位概念，进而提取上下位关系。

定义（并列关系语境）：若满足语境的多个概念具有并列关系，则将语境称为并列关系语境。例如，通过语境"$<T_0>$、$><T_1><$、$><T_2><$、$>$ $<$以及$><T_3>$"提取的概念 T_0，T_1，T_2，T_3 具有并列关系，因此该语境是并列关系语境。

基于种子上下位关系概念对驱动策略，上下位关系学习方法的基本思想可以描述为，给定概念 C_1 和 C_2，并列关系语境 PC，若 IS – A (C_1, C_2)，C_1'，C_2'，$\cdots$，C_n' 为由 PC 提取的概念，则形成假设：

$(\exists i)(C_i' = C_1)$

$\rightarrow \text{IS} - \text{A}(C_1', C_2) \wedge \text{IS} - \text{A}(C_2', C_2) \wedge \cdots \wedge \text{IS} - \text{A}(C_{i-1}', C_2) \wedge \text{IS} - \text{A}(C_{i+1}', C_2)$

$\wedge \cdots \wedge \text{IS} - \text{A}(C_n', C_2)$。

例如，对于句子"随着考古工作的推进，这座房屋周围又接连发现了中分发型的石跪坐人像、石虎、象牙、玉凿等礼仪性器物，专家判断，这一片可能还存在小型祭祀坑"，若 IS – A（石跪坐人像，器物），"石跪坐人像、石虎、象牙、玉凿"是通过并列语境"$<T_0><$、$><T_1><$、$><T_2><$、$><T_3>$"提取的概念，则形成候选领域概念上下位关系：

IS – A（石虎，器物），

IS – A（象牙，器物），

IS – A（玉凿，器物）。

因此，在方法上，利用并列关系语境抽取若干个并列概念，根据已知的至少一个并列概念的上下位关系，形成其他并列概念的候选上位概念或下位概念。算法步骤如下：

算法：种子上下位关系概念对驱动的上下位关系学习

输入：种子上下位关系概念对、并列关系语境；

输出：具有上下位关系的新领域概念对；

（1）读取以框架语言表示的种子领域本体文件，提取具有上下位关系的种子概念对 C 和 C'，不妨设 IS – A (C', C)，即 C' 继承 C；

（2）搜索包含领域概念 C 和 C' 的句子 s，判断句子 s 是否满足并列关系语境 PC（Paratactic Context）；

（3）如果 s 满足 PC，提取候选领域概念 C_1，C_2，...，C_k；

（4）构建 C 的候选下位概念；

a）强条件：若 $\exists i$（$i = 1$，2，$\cdots$，k），$C_i = C'$，则构成假设

$$IS – A(C_1, C) \wedge IS – A(C_2, C) \wedge \cdots \wedge IS – A(C_{i-1}, C) \wedge IS – A(C_{i+1}, C)$$
$$\wedge \cdots \wedge IS – A(C_k, C)。$$

b）弱条件：若 $\exists i$（$i = 1$，2，$\cdots$，k），$C_i \supseteq C'$，则构成假设

$$IS – A(C_1, C) \wedge IS – A(C_2, C) \wedge \cdots \wedge IS – A(C_{i-1}, C) \wedge IS – A(C_{i+1}, C) \wedge \cdots$$
$$\wedge IS – A(C_k, C)。$$

（5）构建 C' 的候选上位概念；

a）强条件：若 $\exists i$（$i = 1$，2，$\cdots$，k），$C_i = C$，则构成假设

$$IS – A(C', C_1) \wedge IS – A(C', C_2) \wedge \cdots \wedge IS – A(C', C_{i-1}) \wedge IS – A(C', C_{i+1})$$
$$\wedge \cdots \wedge IS – A(C', C_k)。$$

b）弱条件：若 $\exists i$（$i = 1$，2，$\cdots$，k），$C_i \supseteq C'$，则构成假设

$$IS – A(C', C_1) \wedge IS – A(C', C_2) \wedge \cdots \wedge IS – A(C', C_{i-1}) \wedge IS – A(C', C_{i+1})$$
$$\wedge \cdots \wedge IS – A(C', C_k)。$$

种子上下位关系概念对驱动的上下位关系学习算法中的学习过程是由学习 Agent 完成的，它由三部分构成：已知知识、学习条件和获取知识。

```
def_ontology_learning_Agent
{
```

已知知识：$\text{IS} - \text{A}(C', C)$

学习条件：并列关系语境

获取知识：$(\exists i)(C_i = C') \rightarrow \text{IS} - \text{A}(C_1, C) \wedge \text{IS} - \text{A}(C_2, C) \wedge \cdots \wedge \text{IS} -$
$\quad\quad\quad\quad \text{A}(C_{i-1}, C) \wedge \text{IS} - \text{A}(C_{i+1}, C) \wedge \cdots \wedge \text{IS} - \text{A}(C_k, C)$

}

种子上下位关系概念对驱动的上下位关系学习算法中用到的并列关系语境为：" ? C "表示 C 为提取的候选领域概念。下面给出并列关系语境。

defContext 并列关系语境

{

     < 并列关系语境 1 > :: = < 并列串 > * < ? C >

     < 并列关系语境 2 > :: = < 并列串 > * < ? C > < 等 >

     < 并列关系语境 3 > :: = < 并列串 > * < ? C > < , > < 还有 > < 并列
              串 > * < ? C >

     < 并列关系语境 4 > :: = < 并列串 > * < ? C > < 及其他 | 以及其他 |
              以及其他 | 及其他 > < 并列串 > * < ? C >

     < 并列串 > :: = < C > < 、 | 和 | 或 | 及 | 以及 >

}

在种子上下位关系概念对驱动的上下位关系学习方法中，设句子 s 满足并列关系语境 PC，概念 C_0，C_1，...，C_k 是从句子 s 中提取的有序概念序列，可能存在错误识别的候选概念及其上下位关系。候选领域概念可能包含冗余字符串，候选上下位关系在某些条件下可能准确或不准确。因此，需要验证候选概念及其关系。

需要注意的是，领域概念构成遵循一般术语构成规律，特定领域的字符、语素、词语的使用规律，并且并列模式明确概念出现的上下文语境。因此，通过学习具有上下位关系的种子概念对的相邻边界特征来验证候选概念。

基于种子上下位关系概念对的概念边界特征学习方法可以描述为：给定句子 s，概念 C 及其下位概念 SC_1，SC_2，$\cdots$，SC_m，若 $(C \subseteq S) \wedge (|\{SC_i | SC_i \subseteq S, i = 1, 2, \cdots, m\}| \geq 1)$，则提取 C，SC_1，SC_2，$\cdots$，SC_m 的边界信息 BI，构成如下：

概念的边界信息 BI（Boundary Information）是一个五元组（Bs，Ct，Di，Ty，Fr），其中

■ Bs（Boundary Information String）是边界信息字符串；

■ Ct（Concept Type）是边界信息所属的概念类型，取 0 或 1；0 表示 Bs 为上位概念的边界信息，1 表示 Bs 为下位概念的边界信息；

■ *Di*（Direction）是边界信息所在的方向，取 *L* 或 *R*。*L* 表示 *Bs* 位于概念的左边，*R* 表示 *Bs* 位于概念的右边；

■ *Ty*（Boundary Information Type）是边界信息的类型，包括标点符号、数量语义类和词典词汇；

■ *Fr*（Frequency）是边界信息 *Bs* 在 *Ct*，*Di*，*Ty* 完全相同情况下出现的频率。

进一步，若 C_i 为上位概念，其左邻字符串 *LS* 为数量语义类，右邻字符串 *RS* 为副词，则构建如下边界信息：

■（*LS*，上位概念，数量语义类，左边界，freq（*LS*））；

■（*RS*，上位概念，副词，右边界，freq（*RS*））。

其中，*LS* 和 *RS* 是边界信息字符串。上位概念表示概念类型。数量语义类和副词表示边界信息的类型。左边界和右边界表示方向。freq（*LS*）和 freq（*RS*）表示边界的频率。

基于边界特征，具有上下位关系的领域概念对验证方法的基本思想是，学习领域概念的左边句子上下文和右边句子上下文；同时，对于通过并列关系语境提取的候选领域概念，利用学习的上下文的词法特征来验证候选概念。算法步骤如下。

算法：基于边界特征的具有上下位关系的领域概念对验证方法

输入：具有上下位关系的领域概念对；

输出：验证后的上下位关系的领域概念对；

（1）对于领域候选概念 C_1，C_2，…，C_k，设它们的权值分别为：Weight（C_1），Weight（C_2），…，Weight（C_k）；

（2）读入边界信息特征库；

（3）若 C_i 为从句子中提取的第一个候选概念，则按照从右向左的方向，判断 C_i 中是否包含左边界信息，如图 5.2 所示。若 $C_i = S_1 + LBI + S_2$，S_1 和 S_2 为字符串，*LBI* 满足下述条件，则构建 $C_i = S_2$；

a）*LBI* 为 C_i 中从右向左的第一个左边界信息；

b）freq（*LBI*）> α，α 为阈值，即 *LBI* 在边界信息特征库中的频率大于 α；

c）*LBI* 不是区别词、领域词、方位词和未登录词。

（4）若 C_i 为从句子中提取的最后一个候选概念，则按照从左向右的方向，判断 C_i 中是否包含右边界信息，如图 5.2 所示。若 $C_i = S_1 + RBI + S_2$，S_1 和 S_2 为字符串，*RBI* 满足下述条件，则构建 $C_i = S_1$；

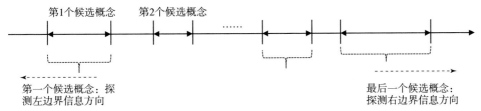

图 5.2　候选概念验证示意图

a) LBI 为 C_i 中从左向右的第一个右边界信息；

b) freq（LBI）$> \alpha$，α 为阈值；

c) LBI 不为代词、领域词、动词和未登录词。

5.1.2.3　语境驱动的上下位关系学习

语境驱动的上下位关系提取方法的核心思想是，利用上下位关系语境提取具有上下位关系的领域概念。基本技术思路是：给定句子 s，上下位关系语境集合 HCS，若存在 HC_1，HC_2，$\cdots$，HC_k 与 s 匹配（$HC_i \in HCS$，$i = 1$，2，$\cdots$，k），通过匹配冲突消解策略选择匹配结果，从 s 中提取候选上下位关系概念对 C_1 和 C_2。基于语境驱动的具有上下位关系的领域概念对获取方法的步骤如下。

算法：语境驱动的上下位关系的领域概念对提取

输入：上下位关系语境；

输出：具有上下位关系的领域概念对；

（1）构建上下位关系语境集合 HCS，语境的项有三种类型：常量、常量类和变量；

（2）读取句子 s，在 HCS 中搜索 s 所满足的上下位关系语境；

（3）设 s 满足上下位关系语境 HC_1，HC_2，$\ldots$，HC_k，分别得到匹配结果 R_1，R_2，$\ldots$，R_k；

（4）对于 R_i（$i = 1$，2，$\ldots$，k），若下述条件至少有一个成立，则去掉 R_i；

a) 若存在变量项 $t_j \in HC_i$，t_j 在 R_i 中对应的值为 V_j，则 V_j 含有句中点号；

b) 若存在常量项 $t_m \in HC_i$，t_m 在 R_i 中与其相邻的字构成词语；

（5）对于同一上下位关系语境的多个匹配结果，选取匹配的常量项长度之和最大的上下位关系语境对应的匹配结果；

#分类验证概念

（6）对于 HC_i 和 R_i，若 $t_0 \in HC_i$，t_0 为 HC_i 的第一个项，并且为变量项，t_0

在 R_i 中对应的匹配字符串为 V_0，则采用如下方法验证候选概念 V_0；

（7）若 V_0 不为空，首先基于标点符号验证 V_0。也就是，若 T 为 V_0 中最后一个标点符号后面的字符串，并且 T 不是虚词，$\alpha_1 \le \mathrm{Length}(T) \le \alpha_2$，则 $V_0 = T$。进一步，提取 V_0 中包含的领域词汇 A_1，A_2，…，A_n，

- 情形 1：$n = 1$，则 $V_0 = A_1$；
- 情形 2：$n > 1$，若 $\mathrm{Length}(A_1) \ge \mathrm{Length}(A_2)$，则 $V_0 = A_1$，否则 $V_0 = A_2$；
- 情形 3：不存在领域词汇，提取 V_0 中包含的名词词汇 N_1，N_2，…，N_p；若不存在名词词汇，则 $V_0 = A_0$；否则 $V_0 = N_1$。

（8）若 V_0 为空，计算 R_i 中匹配 HC_i 的开始小句索引 $start\_index$ 和结束小句索引 end_index；

- 若 $start\_index = 1$，即为第 1 个小句，则 V_0 取第 2 个小句的概念；
- 若 $start\_index = 2$，即为第 2 个小句，如果第 1 个小句含有概念，则 V_0 取其概念；否则 V_0 取第 3 个小句的概念；
- 若 $start\_index > 2$，即为第 3 个以后的小句，设第 1 个含有概念的小句索引为 $goal\_index$，则 V_0 取该小句的概念；

（9）对于 HC_i 和 R_i，若 $t_q \in HC_i$，t_q 为最后一个项，并且为变量项，t_q 在 R_i 中对应的值为 V_q，则采用如下方法验证候选概念 V_0；

（10）基于标点符号验证概念；若 U 为 V_q 中第一个标点符号前面的字符串，并且 U 不是虚词，则 $V_0 = U$，否则 V_0 不变；

\#提取概念对

（11）对于 R_i，提取具有上下位关系的候选概念对 C 和 C'，其中 C 和 C' 不含有标点符号，不能为虚词；

（12）设在语料中共有 m 个句子 s_1，s_2，…，s_m，分别匹配语境 HC_{i_1}，HC_{i_2} …，HC_{i_m} 提取到具有上下位关系的候选概念对 C 和 C'；

（13）计算概念对 $CP = <C, C'>$ 的匹配可信度 $\mathrm{Conf}(CP)$；

$$\mathrm{Conf}(CP) = m/N$$

其中，N 为语料中分别满足语境 HC_{i_1}，HC_{i_2}，…，HC_{i_m} 的句子数目之和；

（14）若 $\mathrm{Conf}(CP) > \beta$，则形成假设概念 C 和 C' 具有上下位关系，其中 β 为一个算法参数。

5.1.2.4 领域概念构词法驱动的上下位关系学习

领域概念构词法驱动的上下位关系学习的核心思想是，通过领域概念的构词特征来学习具有上下位关系的领域概念。领域概念在内部构成方面遵循一定的规律。例如，对于考古领域中古文化的命名，主要命名方法包括以下两种形

式。其一，"＜地名＞文化"，以首次发现的典型遗址所在的小地名作为考古学文化名称的做法，例如，周口店文化、丁村文化。其二，"＜流域＞文化"，以地区或流域来命名的，例如，多瑙河文化。这些命名的文化大都基于古文化的下位概念。因此，可以根据概念的构词法来推测概念的上位概念和下位概念。

再如，在计算机科学中，图命名的方法包括＜性质＞图，例如，平面图、完全图、对偶图、欧拉图、哈密顿图、简单图、多重图。格命名的方法包括＜性质＞格，例如，子群格、五角格、分配格、有补格、有界格、幂集格。

领域概念的前缀和后缀的形式可能为词语或汉字字符串，其长度不受限制。采用第 4 章领域概念获取中的概念学习模块，构建前缀概念、后缀概念和混合缀概念。根据候选领域的三种类型，即前缀概念、后缀概念和混合缀概念，进一步可给出不同的候选概念验证方法。对于前缀概念，其冗余字符串或多余字符串位于候选概念的右端。对于后缀概念，其冗余字符串或多余字符串位于候选概念的左端。在种子上下位关系驱动的上下位关系概念对提取方法中，对于满足并列关系语境的句子，从句子中提取的最后一个候选概念的多余字符串位于候选概念的右端。因此可以采用该思路来验证前缀概念。同时，提取的第一个候选概念的多余字符串位于概念的左端时，可以进行相应的后缀概念验证。对于混合缀概念，可根据前缀、后缀、以及前后缀之间的字符串的词性信息来进行验证。

基本技术思想可以总结如下：首先，根据前缀后缀词法特征抽取具有上下位关系的候选领域概念；然后，根据候选概念的类型和动词词法特征，对不同类型候选概念采用不同的验证方法。以下算法给出了具体步骤。

算法：领域概念构词法驱动的上下位关系提取

输入：领域概念的前缀和后缀集合；

输出：具有上下位关系的领域概念对；

（1）通过词法驱动的概念学习方法提取候选领域概念 C_1，C_2，$\cdots$，C_k；

（2）设概念前缀集合为 $PreS$，概念后缀集合为 $PostS$：

$PreS = \{Pe_1, Pe_2, \cdots, Pe_m\}$，$PostS = \{Po_1, Po_2, \cdots, Po_n\}$，$Pe_i$ 为前缀，Po_j 为后缀。

（3）对概念进行聚类，构建概念聚类集合 T_1，T_2，$\ldots$，T_{m+n}；

$$T_i = \begin{cases} \{C_{ij} | \text{Prefix}(Pe_i, C_{ij})\}, i=1,2,\ldots,m; \\ \{C_{ij} | \text{Postfix}(Po_{i-m}, C_{ij})\}, i=m+1,\ldots,m+n; \end{cases}$$

其中，$\text{Prefix}(Pe_i, C_{ij})$ 表示 C_{ij} 以 Pe_i 为前缀，$\text{Postfix}(Po_{i-m}, C_{ij})$ 表示

C_{ij} 以 Po_{i-m} 为后缀；

（4）构建种子领域本体中类或概念 C_1，C_2，$\cdots$，C_k 的词法构成，形式为：＜#非空字符串＞＜后缀＞，或＜前缀＞＜#非空字符串＞；

（5）对于概念聚类集合 T_i（$i = 1$，2，$\ldots$，m），若存在类 C_p，其词法构成为：＜Pe_i＞＜#非空字符串＞，则形成假设：C_{ij} 为 C_p 的下位概念；对于 T_i（$i = m+1$，$m+2$，$\ldots$，$m+n$），若存在类 C_q，其词法构成为：＜#非空字符串＞＜Po_i＞，则形成假设：C_{ij} 为 C_q 的下位概念。

#验证候选概念：

（6）若 C_i 为前缀概念，则采用种子上下位关系驱动的上下位关系学习方法中最后一个候选概念的验证方法；

（7）若 C_i 为后缀概念，则采用种子上下位关系驱动的上下位关系学习方法中第一个候选概念的验证方法；

（8）若 C_i 为混合缀概念，采用如下方法进行验证；

a）情形 1：$C_i = PePo$，$Pe \in PreS$，$Po \in PostS$，C_i 不改变；

b）情形 2：$C_i = PeSPo$，$Pe \in PreS$，$Po \in PostS$，$S = S_0 P_0 S_1 P_1 \ldots S_k$，$S_0$，$S_1$，$\cdots$，$S_k$ 为字符串，P_0，P_1，$\ldots$，P_{k-1} 为标点符号，构建候选概念 PeS_0 和 $S_k Po$，对于 PeS_0，采用前缀概念的验证方法，即转入步骤（6）；对于 $S_k Po$，采用后缀概念的验证方法，即转入步骤（7）；

c）情形 3：$C_i = PeSPo$，S 不含有标点符号，判断 Po 是否为动词；

（9）若 Po 不是动词，判断 S 是否包含动词；

（10）若 Po 不是动词，S 包含动词，设 $S = R_0 V_0 R_1 V_1 \ldots R_k$，$R_0$，$R_1$，$\ldots$，$R_k$ 为字符串，V_0，V_1，$\ldots$，V_{k-1} 为动词。如果 Length（V_0）$\geqslant 4$，或（Length（V_0）< 4）$\bigwedge$（freq(V_0,BI)$> \alpha$），freq（V_0，BI）$> \alpha$ 表示 V_0 作为边界信息的出现频率大于阈值 α，则构建如下概念：

a）$k = 1$，构建候选概念 PeR_0，$R_1 Po$，对于 PeR_0，采用前缀概念的验证方法，即，转入步骤（6）；对于 $R_1 Po$，采用后缀概念的验证方法，即，转入步骤（7）；

b）$k \geqslant 2$，构建候选概念 PeR_0，$R_k Po$，对于 PeR_0，采用前缀概念的验证方法，即，转入步骤（6）；对于 $R_k Po$，采用后缀概念的验证方法，即，转入步骤（7）；

（11）若 Po 不是动词，S 不包含动词，则判断 S 是否包含介词，采用上一步同样的方法进行构建和验证概念；

（12）若 Po 是动词，判断 S 是否包含动词；

a）若 S 为动词，则 $C_i = Pe$；

b）若 S 包含动词，$S = R_0 V_0 R_1 V_1 \ldots V_{k-1} R_k$，$R_0$，$R_1$，$\ldots$，$R_k$ 为字符串，V_0，V_1，$\ldots$，V_{k-1} 为动词，则 $C_i = R_0$；

c）若 S 不包含动词，采用前缀概念的验证方法，即转入步骤（6）。

5.1.3　实验结果与分析

选用准确率和召回率作为实验结果的评价方法。首先定义如下参数：

- N_{ks}：由上下位关系抽取系统和知识工程师同时提取到的领域概念上下位关系个数；

- N_k：仅由知识工程师提取的领域概念上下位关系个数；

- N_s：仅由上下位关系抽取系统提取的领域概念上下位关系个数；

准确率和召回率分别定义为：Precision $= N_{ks}/N_s$，Recall $= N_{ks}/N_k$。

（1）种子概念对驱动的上下位关系提取方法的实验结果分析。

测试的语料为《中国大百科全书考古卷》。提取了 13759 组上下位关系概念对。对语料按照大小平均分为十组，从每组语料提取的结果中随机抽取了一百组上下位关系概念对进行评估，平均准确率为 94.96%，召回率为 49.39%。能够达到这一正确率的主要原因是：①从并列关系语境提取的多个领域概念往往具有相同的上位概念，或者它们通常处于概念体系中相同或相近的层数。②通过学习种子上下位关系概念对的边界信息或边界特征来验证候选领域概念。

上下位关系提取错误的原因主要包括两个方面。第一，句子表达的上下位关系层次超越了已知知识表达的上下位关系层次。学习到的上下位关系与已知的上下位关系，在概念体系上发生歧义。例如，某两个上下位关系应该处于概念体系的相同层数，但是上下位关系学习算法输出不同层数。

形式上，假设句子表达了 C_1，C_2，$\cdots$，C_k 之间的并列关系，它们具有同一上位概念 C。而已知知识为：IS－A（C_i，D），则可以学习到的新知识：IS－A（C_1，D）$\wedge \cdots$ IS－A（C_{i-1}，D）$\wedge$ IS－A（C_{i+1}，D）$\wedge \cdots \wedge$ IS－A（C_k，D）。但是，可能存在 IS－A（C_j，D）不成立，而 IS－A（D，C）成立。

产生错误的第二个原因是，句子隐含地包含了多个并列关系。有些句子可能包含多个并列关系。对于显式的多个并列关系包含的情形，可以通过切分小句的方法来区分为单个并列关系。而对于隐含的多个并列关系包含的情形，则没有处理。

对于句子"西藏地区除较早的细石器传统外，还在藏南林芝、墨脱等地发现以磨制石器和陶器为代表的晚期遗存。"，已知知识为"IS－A（陶器，文化遗物）"，学习到的新知识为"IS－A（南林芝，文化遗物）$\wedge$ IS－A（墨脱等地发现以磨制石器，文化遗物）"。错误的原因在于，没有把"还在藏南林芝、墨脱等地"和"以磨制石器和陶器为代表的晚期遗存"两个并列关系区分开来。

（2）语境驱动的上下位关系提取方法的实验结果分析。

上下位关系抽取语境或抽取模式根据表达形式或句法特征可以分为两种类型：

- 单句式语境。单句式语境是指以单句形式表达的上下位关系语境。

例如，"$< ? \ C_2 >$ $<$ 就是 | 也是 | 是 | 为 | 作为 | 成为 | 又是 $>$ 一 $<$! 量词 $>$ $< ? \ C_1 >$，提取的知识为：IS – A（C_2，C_1）。

- 短语式语境。短语式语境是指以短语形式表达的上下位关系语境。

例如，$< ? \ C_1 >$，其中 $< ? \ C_2 >$ $<$! 比例前接动词 $>$ $<$! 部分修饰词 $>$ $<$! 比例标识词 $>$"，提取的知识为：IS – A（C_2，C_1）。

上下位关系抽取语境根据提取的知识可以分为三种类型：

（a）原子式语境。原子式语境提取的知识为一组具有上下位关系的概念对。提取的知识类型为：IS – A（C_2，C_1）。例如，从句子"三星堆遗址是一座由众多古文化遗存分布点所组成的一个庞大的遗址群"，抽取上下位关系"IS – A（三星堆遗址，遗址群）"。

（b）组合式语境。组合式语境提取两组以上具有上下位关系的概念对，它们的上位概念是相同的。提取的知识类型为：IS – A（C_2，C_1）∧ IS – A（C_3，C_1）。

例如，"$< ? \ C_1 >$，多见于 $< ? \ C_2 >$，以 $< ? \ CS_3 >$ 最多，也有 $< ? \ CS_4 >$"，提取的知识为：IS – A（C_2，C_1）∧ IS – A（C_3，C_1）∧ IS – A（C_4，C_1）。

例如，从句子"一号坑共出土各类器物 567 件，其中青铜制品 178 件，黄金制品 4 件，玉器 129 件，石器 70 件，象牙 13 根，海贝 124 件，骨器 10 件（雕云雷纹），完整陶器 39 件以及约 3 立方米左右的烧骨碎渣。"，抽取上下位关系"IS – A（青铜制品，器物），IS – A（黄金制品，器物），IS – A（玉器，器物），IS – A（石器，器物），IS – A（象牙，器物），IS – A（海贝，器物），IS – A（骨器，器物）"。

（c）复合式语境。复合式语境提取两层以上的上下位关系的概念对。提取的知识类型为：IS – A（C_2，C_1）∧ IS – A（C_3，C_2）。例如，"$< ? \ C_1 >$ 类型以 $< ? \ C_2 >$ 居多，其中 $<$! 部分修饰词 $>$ $<$ 是 | 为 $>$ $< ? \ C_3 >$"，提取的知识为：IS – A（C_2，C_1）∧ IS – A（C_3，C_2）。

按照上述方法，构建了近一百个上下位关系语境，测试的语料为《中国大百科全书考古卷》。通过算法提取到 46 095 组上下位关系概念对。对语料按照大小平均分为十组，从每组中随机抽取了一百个句子进行评估，平均准确率为 68.82%，召回率为 65.64%。另外，中文上下位关系语境比英文复杂，同时也需要处理语境匹配冲突问题。

本节语境驱动的上下位关系学习方法的主要特点是：第一，针对上下位关系抽取的句型类型，建立了跨小句的概念上下位关系提取的方法。第二，针对空候选概念问题，建立了面向句子上下文的空候选概念的处理方法。也就是，如果句子匹配上下位语境，其候选概念可能为空，本节介绍通过句子的其他部分来填充相关候选概念。第三，针对候选概念的不同获取方法，建立了对概念进行分类的验证方法。根据候选概念在上下位语境中的不同位置采用不同的概念验证方法。第四，有效地解决了上下位关系语境匹配冲突的问题，建立了单个上下位关系语境匹配歧义和多个上下位关系语境匹配冲突的解决方法。

产生上下位关系提取错误的原因主要有两点：第一，语境表达的歧义性或多义性。对于同一上下位关系抽取语境 c，可能表示多种概念之间的关系，比如，上下位关系、部分－整体关系以及存在关系等。因此，可能将表示非上下位关系的概念对错误识别为具有上下位关系的概念对。

上下位关系提取错误的第二个原因是存在句子充当候选概念的情形，造成短语提取错误。一般情形下，表示候选概念的是名词短语。但是，某些情况下，句子充当候选概念。因此，可能错误地将句子提取为短语。例如，对于句子"历史唯物主义认为，历史现象之所以不同于自然现象，是由于有'社会的人'这一因素的存在。"，匹配语境"$< ?\ C_1 >$ 是 $< ?\ C_2 >$"，应提取的概念为："历史现象之所以不同于自然现象"和"由于有'社会的人'这一因素的存在"。这种情况下，可能错误地提取了名词短语，而不是整个句子。

（3）领域概念构词法驱动的上下位关系提取方法的实验结果分析

以考古学词典作为领域概念提取领域概念的候选前缀和后缀。考古学词典共含 9 953 条词条。测试的语料为《中国大百科全书考古卷》。实验中一共提取了 60 891 个概念。对提取的概念按照前缀进行了排序，并将概念集合平均分为十组，从每组中随机抽取了一百组上下位关系概念对进行评测，平均准确率为 96.17%，召回率为 86.1%。

对于领域概念构词法驱动的上下位关系提取方法，其优势是正确率高。主要有两个原因。其一是从概念的内部词法特征来提取概念；其二是基于边界特征的概念验证方法将候选概念的冗余成分或多余成分均被过滤掉了。

提取上下位关系错误的原因主要有：边界信息辨别错误。将概念中的词汇错误地识别为边界信息。例如，由前缀"磨光"和后缀"石锛"提取了混合缀概念"磨光，出现了扁平长条石锛"，然后经过验证得到"磨光"和"条石锛"。而应该是"扁平长条石锛"。这是由于将"长"错误地识别为边界信息。

前面分析了三种上下位关系学习方法：种子上下位关系概念对驱动的学习、语境驱动的学习和领域概念构词法驱动的学习的实验结果。下面将综合比较分析这三种上下位关系学习方法的实验结果。

设 HCS_i 为上下位关系语境，PC_j 为并列关系语境，HCS_i 包含 PC_j。对于句子 s，若 S 匹配 HCS_i，则 S 也匹配 PC_j。设 S 由 PC_j 提取到概念：C_1，C_2，$\cdots$，C_n，则 S 可由语境驱动的上下位关系学习方法提取到知识：$\text{IS} - \text{A}\,(C_1,\ C) \wedge \text{IS} - \text{A}\,(C_2,\ C) \wedge \cdots \wedge \text{IS} - \text{A}\,(C_n,\ C)$，$C$ 为从 S 中提取的概念。若在种子上下位关系概念对集合中，C_i（$i = 1,\ 2,\ \cdots,\ n$）存在 i_m 个上位概念 C_{i_1}，C_{i_2}，$\cdots$，C_{i_m}，那么通过种子上下位关系概念对驱动的学习方法，可以学习到知识：

$$\text{IS} - \text{A}(C_1,\ C_{i_1}) \wedge \text{IS} - \text{A}(C_1,\ C_{i_2}) \wedge \cdots \wedge \text{IS} - \text{A}(C_1,\ C_{i_m}) \wedge$$

$$\cdots$$

$$\text{IS} - \text{A}(C_{i-1},\ C_{i_1}) \wedge \text{IS} - \text{A}(C_{i-1},\ C_{i_2}) \wedge \cdots \wedge \text{IS} - \text{A}(C_{i-1},\ C_{i_m}) \wedge$$

$$\text{IS} - \text{A}(C_{i+1},\ C_{i_1}) \wedge \text{IS} - \text{A}(C_{i+1},\ C_{i_2}) \wedge \cdots \wedge \text{IS} - \text{A}(C_{i+1},\ C_{i_m}) \wedge$$

$$\cdots$$

$$\text{IS} - \text{A}(C_n,\ C_{i_1}) \wedge \text{IS} - \text{A}(C_n,\ C_{i_2}) \wedge \cdots \wedge \text{IS} - \text{A}(C_n,\ C_{i_m}).$$

对于 $\text{IS} - \text{A}\,(C_j,\ C)$（$j = 1,\ 2,\ \cdots,\ n$），若该式子作为上述式子中的一个合取项，则 $\text{IS} - \text{A}\,(C_j,\ C)$ 是由这两种方法均可以学习到的上下位关系。

本节以《中国大百科全书考古卷》为语料，共 34 684 个句子。匹配并列关系语境的句子有 1 158 个，匹配上下位关系语境的句子有 10 221 个，同时匹配这两种语境的句子有 461 个句子。对于同时匹配这两种语境的句子逐一分析，分别计算前两种方法中学习到的相同知识占各自学习的知识的比例。设 K 和 K' 分别为前两种方法从这 461 个句子中学习的上下位关系概念对集合，$|K \cap K'| / |K'| = 17/274 = 6.204\%$。对于由前两种方法学习到的上下位关系概念对，可以根据第三种方法来进一步验证它们的正确性。设 K_1，K_2，K_3 分别为三种方法从《中国大百科全书考古卷》学习到的上下位关系概念对集合，$K = K_1 \cup K_2 \cup K_3$。

- 由三种方法均学习到的概念比例为：$|K_1 \cap K_2 \cap K_3| / |K| = 0.33\%$；
- 由两种方法均学习到的概念比例为：$|(K_1 \cap K_2) \cup (K_1 \cap K_3) \cup (K_2 \cap K_3)| / |K| = 3.14\%$；
- 只由第一种方法学习到的概念比例为：$|(K_1 - (K_1 \cap K_2)) \cup (K_1 - (K_1 \cap K_3))| / |K| = 10.44\%$；
- 只由第二种方法学习到的概念比例为：$|(K_2 - (K_1 \cap K_2)) \cup (K_2 - (K_2 \cap K_3))| / |K| = 52.55\%$；

■ 只由第三种方法学习到的概念比例为：$|(K_3 - (K_3 \cap K_2)) \cup (K_3 - (K_1 \cap K_3))| / |K| = 33.71\%$。

5.2　实体对齐关系识别

本体的语义异构问题严重阻碍了本体在信息提取、文本分类、问答系统和机器翻译等领域的广泛应用，已经成为语义 Web 系统之间互操作和协作的瓶颈。本体对齐技术能够用于解决本体和语义 Web 的语义异构问题，也是实现知识共享和重用的关键技术[62,63,64,65]。另外，本体对齐是本体共享、本体互操作和本体集成的基础。本体对齐是为了发现两个本体的构成要素之间的语义关系。构成要素可以是概念、属性、关系、实例、规则、谓词、公理和事件等。语义关系包括等价、部分 - 整体、因果、包含、目的以及用户自定义关系等[62,66]。本体对齐是一项复杂、耗时且易错的任务。

实体对齐是本体对齐、语义计算和计算智能领域中的重要研究问题。其任务是识别文档或网页中表示的实体是否指向现实世界中的相同实体[64,65,67]。实体对齐的主要挑战在于缺乏训练数据和背景知识以及背景知识匹配问题[62]。例如，文本中同名实体可能表示现实世界中的不同实体。另外，很难获得关于两个本体中实体对齐关系的训练数据[68]。背景知识匹配问题是指，如何获取和使用上下文或背景知识来完成实体对齐任务[62]。

本节将描述一种基于多视图融合的实体对齐关系识别方法[69]。其目标是识别多种百科网站中词条或页面的对齐关系。该方法包括两种视图：基于信息盒的视图和基于自由文本的视图。一方面，通过提取基于信息盒的词条视图和基于自由文本的词条视图中的共同特征词，来最大化两种视图的共同性。另一方面，遵循互补原则，集成基于信息盒的词条视图的独有词语和基于自由文本的词条视图的独有词语。该方法提供一种有效且便捷的视图构建、视图集成和实体对齐的方法。实验结果表明，其有效性优于基于单视图的实体对齐方法。

5.2.1　问题定义

定义（实体对齐）：实体对齐任务可以定义为函数 $f(E_1, E_2) = \{ < t_{1p}, t_{2q} > \}$：

（a）不失一般性，E_1 和 E_2 分别是两个百科网站中网页或词条的集合。

（b）$E_1 = \{ t_{11}, t_{12}, \cdots, t_{1m}, \}$，$t_{1j}$ 是集合 E_1 中描述实体 e_{1j} 的词条或网页，

$j=1$，2，$\cdots$，m。$E_2 = \{t_{21}, t_{22}, \cdots, t_{2n},\}$，$t_{2j}$是集合 E_2 中描述实体 e_{2j} 的词条或网页，$j=1$，2，$\cdots$，n。

（c）$t_{ij} = <word_{ij}, text_{ij}, infobox_{ij}>$，$infobox_{ij} = \{<a_{ij1}, v_{ij1}>, <a_{ij2}, v_{ij2}>, \cdots, <a_{ijr}, v_{ijr}>\}$，$t_{ij}$ 包含表示实体 e_{ij} 的词语 $word_{ij}$、自由文本 $text_{ij}$、以及信息盒 $infobox_{ij}$。属性值对 $<a_{ijk}, v_{ijk}> \in infobox_{ij}$ 表示实体 e_{ij} 属性 a_{ijk} 的属性值是 v_{ijk}。

（d）M 是映射关系集合，$M = \{<t_{1p}, t_{2q}>\}$，其中，$p=1$，2，$\ldots$，m，$q=1$，2，$\ldots$，n。函数 $f(t_{1p}) = t_{2q}$ 表示 t_{1p} 表示的实体 e_{1p} 等价于 t_{2p} 表示的实体 e_{2p}。

例如，对于维基百科中的一个词条或网页 x，百度百科中的一个词条或网页 x，如果 x 和 y 描述同一个实体，那么在 x 和 y 之间构建一个等价的对齐关系。

可见，实体对齐任务是指识别来自不同百科网站中词条或网页集合之间的实体等价对齐关系。另外，每个词条由三部分构成，包括表示实体的词语或短语、自由文本或非结构化文本以及信息盒组成。信息盒由属性和属性值对构成。例如，百科网站中"中国"词条的信息盒包括如下属性和属性值对"<首都，北京>"和"<最长河流，长江>"。

本体对齐也称为本体匹配或本体映射[68]。本体对齐的方法包括元素级对齐和结构级对齐。元素级本体对齐方法根据元素自身特征来识别不同本体中元素之间的关系。结构级本体对齐方法是利用本体元素之间的相邻关系等来识别对齐关系[70,71]。元素级本体对齐方法可以划分为基于字符、基于词法（Morphology）、基于语义和基于属性的对齐方法。

基于字符的本体对齐方法根据实体名称的字符特征，计算表示实体的词语或短语之间的相似度。基于词法的本体对齐方法根据实体的词法特征来计算实体的相似度，通常需要对文本进行词干提取和词形还原。另外，基于语义的本体对齐方法通常借助于词典或知识库，并利用本体要素之间的语义关系来识别本体对齐关系。例如，蒋湛等[72]引入了一种基于特征的自适应策略来解决本体映射问题，该方法利用语言、实例、结构以及概念的属性特征。

结构级本体对齐方法大致分为基于图的对齐方法和基于分类体系的对齐方法。基于图的本体对齐方法利用本体的图表示模型识别本体构成要素之间的对齐关系。基于分类体系的本体对齐方法利用本体的树表示模型来识别对齐关系。

实体对齐方法主要包括基于翻译模型的实体对齐方法和基于图神经网络的实体对齐方法[64,65]。Yang 等[73]设计一种协同训练框架学习实体嵌入来解决实体对齐问题。该框架利用 TransE 学习实体的结构嵌入，利用包含联合注意力机制的伪孪生神经网络（Pseudo – Siamese Network）来集成结构信息和属性信息实现实体对齐。Liu 等[74]首先将知识图谱切分为四个子图，包括属性名称、文字属性、数字属性和结构知识。然后，分别设计图神经网络通道来学习实体表示，进而输出实体对齐结果。

另外，实体对齐也称为实体消解或实体映射[68]。李广一等[75]采用多阶段聚类方法来解决问题命名实体识别和消歧任务，该方法使用两轮聚类来发现文档和知识库中实体定义的映射关系。

5.2.2 实体对齐

基于多视图融合的实体对齐算法的框架如图 5.3 所示。该算法包括三个阶段。第一，构建基于自由文本的视图以及基于信息盒的视图；第二，构建多视图融合模型；第三，基于 Birch 聚类方法识别实体的等价对齐关系。

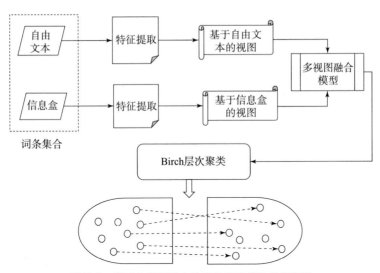

图 5.3 基于多视图融合的实体对齐算法的框架图

对于百科全书网站中的每个词条或网页，首先分别从词条网页中的自由文本和信息盒提取特征词。词条中自由文本的特征词包含停用词之外的词语。词条中信息盒的特征词包括实体的属性和属性值中的词语。

设 F_1 是两个百科网站词条集合 E_1 和 E_2 中自由文本的特征词，F_2 是两个百科网站词条集合 E_1 和 E_2 中信息盒的特征词。对于每个词条，基于特征集 F_1 构建特征向量 v_t；同时，基于特征集 F_2 构建特征向量 v_b。其中，利用词频文档逆频率 TF – IDF（Term Frequency – Inverse Document Frequency）模型计算词特征。另外，特征向量 v_t 和特征向量 v_b 可以看作词条或网页的自由文本视图和信息盒视图。

构建多视图融合模型过程具体如下。每个词条或网页的基于自由文本的视图可视为网页所描述实体的上下文描述视图。相对应地，基于信息盒的视图可视作实体的知识视图。

事实上，基于自由文本的视图与基于信息盒的视图具有相同类型的特征空间。在这里，特征空间由与实体相关的词语构成。另外，同时出现在词条的自由文本和信息盒中的词语与实体，比网页中其他词语具有更强的关联性。因此，通过突出网页中基于自由文本视图和基于信息盒视图的共同特征词，可最大化两种视图的实体的共同特征[76]。

另一方面，只出现在网页的自由文本中的特征词与只出现在网页的信息框中的特征词，对于反映实体的属性或性质是必不可少的。特别地，这两种特征词与实体具有不同的关联强度。因此，构建了一个多视图融合模型，通过集成基于自由文本视图的独有特征词和基于信息盒视图的独有特征词来达到互补目的[76]。在此基础上，构建了三个特征词集合 U_1、U_2、U_3，如公式（5.1）所示：

$$
\begin{aligned}
U_1 &= F_1 - F_1 \cap F_2, \\
U_2 &= F_2 - F_1 \cap F_2, \\
U_3 &= F_1 \cap F_2.
\end{aligned}
\tag{5.1}
$$

进一步，为每个词条 t_{ij} 构建了多视图融合模型 v_{ij}，如公式（5.2）和图 5.4 所示。其中，α，β，γ，δ 是参数，v_{ij1} 和 v_{ij2} 是基于特征词集合 U_1 和 U_3 构建的词条中自由文本的特征向量，v_{ij3} 和 v_{ij4} 是基于特征词集合 U_3 和 U_2 构建的词条中信息盒的特征向量。事实上，$v_t = (v_{ij1}, v_{ij2})$，$v_b = (v_{ij3}, v_{ij4})$。

$$
v_{ij} = (\alpha v_{ij1}, \beta v_{ij2} + \gamma v_{ij3}, \delta v_{ij4}).
\tag{5.2}
$$

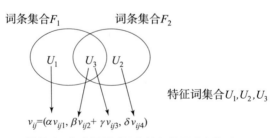

图 5.4　每个网页后词条的多视图融合模型图

实体对齐关系识别方法具体如下。根据 E_1 和 E_3 中词条或网页的多视图融合模型，使用 Birch 聚类算法对词条进行聚类。如果同一类簇中包含词条 t_{1p} 和 t_{2q}，则可以在这两个词条之间构建对齐关系，$M = \{ < t_{1p}, t_{2q} > \} = \{ < t_{1p}, t_{2q} > \}$。也就是，该公式表示，$t_{1p}$ 和 t_{2q} 所描述的两个实体 e_{1p} 和 e_{2q} 是等价的。

5.2.3　实验结果与分析

实验数据集来自三个中文百科全书。每个数据集均包括 100 个国家词条、100 个明星词条、100 个保护动物词条。实体对齐任务是识别这三个集合（D_1，D_2，D_3）之间的实体等价关系或对齐关系。

将本节方法与下面两种方法进行比较：基于自由文本的方法和基于信息盒的方法。在这两种方法中，首先构建表示词条内自由文本或信息盒的特征向量，然后使用 Birch 聚类方法对词条进行聚类。设 m 和 n 分别是基于自由文本的方法和基于信息盒的方法的特征向量的维度。本节方法中特征向量的维数为 $m + n - p$，其中 p 是集合 U_3 中的特征词数量，如图 5.4 所示。

表 5.1 给出了基于词条摘要的数据集 D_2 和 D_3 的实体对齐关系识别的实验结果。其中，基于自由文本的方法和本节方法利用了从词条摘要中提取的关键词。从表 5.1 可以看出，本节方法的实验结果优于基于自由文本的方法 M_1 和基于信息盒的方法 M_2 的实验结果。表 5.2 给出了基于词条全文的数据集 D_2 和 D_3 的实体对齐关系识别的实验结果。其中，基于自由文本的方法和本节方法利用了从词条所有段落中提取的关键词。

表 5.1　基于词条摘要的在数据集 D_2 和 D_3 上的识别性能

方法序号		方法 M_1	方法 M_2	方法 M_3
方法		基于自由文本的方法	基于信息盒的方法	本节方法
国家 （Country）	Precision（%）	92.31	88.68	98.02
	Recall（%）	96.00	94.00	99.00
	F – measure（%）	94.12	91.26	98.51
明星 （Star）	Precision（%）	92.16	81.25	97.98
	Recall（%）	94.00	91.00	97.00
	F – measure（%）	93.07	85.85	97.49
保护动物 （Protected animal）	Precision（%）	78.95	93.07	94.12
	Recall（%）	90.00	94.00	96.00
	F – measure（%）	84.11	93.53	95.05

表 5.2　基于词条全文的在数据集 D_2 和 D_3 上的识别性能

方法序号		方法 M_4	方法 M_2	方法 M_5
方法		基于自由文本的方法	基于信息盒的方法	本节方法
国家（Country）	Precision（%）	96.08	88.68	100.00
	Recall（%）	98.00	94.00	100.00
	F－measure（%）	97.03	91.26	100.00
明星（Star）	Precision（%）	96.08	81.25	96.08
	Recall（%）	98.00	91.00	98.00
	F－measure（%）	97.03	85.85	97.03
保护动物（Protected animal）	Precision（%）	93.14	93.07	96.08
	Recall（%）	95.00	94.00	98.00
	F－measure（%）	94.06	93.53	97.03

图 5.5 给出了采用 Birch 聚类方法在数据集 D_1，D_2 和 D_3 的实体对齐关系识别的实验结果。图 5.6 给出了采用 K－means 聚类方法在数据集 D_1，D_2 和 D_3 的实体对齐关系识别的实验结果。从图 5.5 和图 5.6 可以看出，本节方法的实验结果优于基于自由文本的方法 M_1 和基于信息盒的方法 M_2 的实验结果。

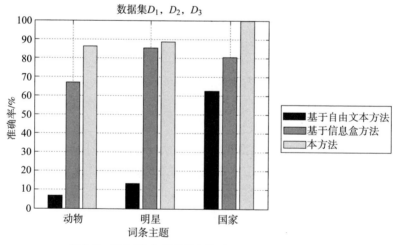

图 5.5　基于 Birch 聚类的实体对齐关系识别实验结果

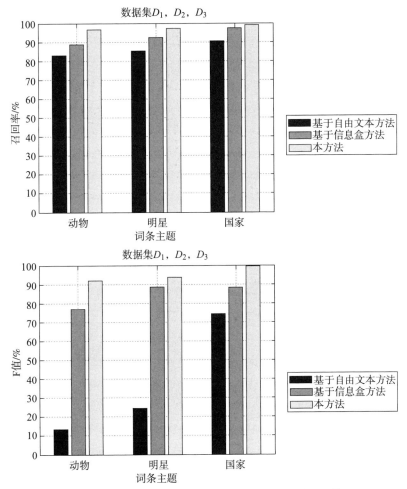

图 5.5　基于 Brich 聚类的实体对齐关系识别实验结果（续）

性能能够得到提升的主要原因在于以下三个方面。第一，本节方法构建了词条或网页的两种视图，可融合基于自由文本的视图和基于信息盒的视图来描述实体。第二，遵循共识原则，突出了自由文本视图和信息盒视图的共同特征词对实体对齐关系的辨别能力。第三，遵循互补原则，可计算自由文本视图和信息盒视图的独有特征词的不同辨别能力。

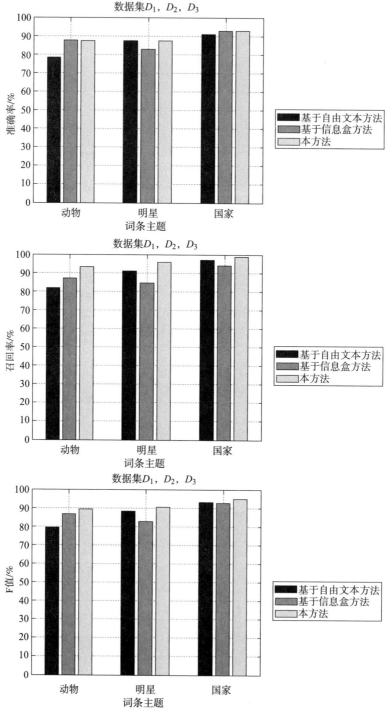

图 5.6　基于 K－means 聚类的实体对齐关系识别实验结果

|5.3 本章小结|

本章介绍了实体上下位关系抽取和实体对齐关系识别。实体上下位关系抽取包括问题定义、上下位关系学习方法以及实验结果与分析。实体对齐关系识别包括问题定义、实体对齐识别方法以及实验结果与分析。

第 6 章

实体属性知识获取

实体属性知识包括实体相关的性质或属性知识，是知识图谱的重要组成部分。本章首先论述实体显式槽和隐式槽的属性知识获取方法，然后论述非结构化文本作者属性识别方法、博客作者属性识别方法以及源代码作者属性识别方法。

|6.1　领域实体属性知识获取|

领域知识的基本研究对象是领域实体或领域个体。领域实体知识或领域个体知识包括两个方面。其一是关于领域个体的基本性质知识；其二是领域个体与其他个体之间的关系知识。本节将给出实体知识获取任务与 MUC（Message Understanding Conference）评测任务的异同点。实体知识获取任务与 MUC 评测任务中的模板元素任务、模板关系任务和脚本模板任务相关。

下面给出实体知识获取任务与 MUC 评测任务中的模板元素任务、模板关系任务和脚本模板任务的异同点。模板元素任务是从文本中提取地理实体、组织机构、人的基本信息，而实体知识获取任务之一是从文本中提取尽可能多的领域实体及其基本信息。模板关系任务是从文本中提取给定的实体关系，包含地理位置关系（Location_of）、雇佣关系（Employee_of）、生产关系（Product_of）。实体知识获取任务是从文本中提取尽可能多的实体关系。脚本模板任务是从文本中提取发射事件（Launch Event）相关的七个槽的槽值，它们是运载工具、有效载荷、任务类型、任务状态、任务目的、发射地点和发射日期。实体知识获取任务提取的事件是不限定的，比如包括发掘事件和调查事件等。本节论述实体显式槽和隐式槽的属性知识获取方法[8]。

6.1.1　研究任务

领域实体知识获取任务是从自由文本语料中获取结构化的领域实体知识。

形式化地，领域实体知识获取任务可以描述如下：

定义（领域实体知识获取任务）：领域实体知识获取是一个六元组（Co，Ca，A，Kn，Su，Ga），

- Co 是语料；
- $Ca = \{C, A_1, A_2, \cdots, A_k\}$，$C$ 为类别或概念，A_1，A_2，$\cdots$，A_k 为 C 的属性；
- A 是算法；
- Kn 是所用的语境知识，包括本体层语境和领域槽语境；
- $Su = \{A_i (E, V_i) | IS - A (E, C), i = 1, 2, \cdots, k\}$ 是系统输出结果，其中，$A_i (E, V_i)$ 表示实体 E 的属性 A_i 的属性值为 V_i。
- $Ga = \{A_j (E, V_j) | IS - A (E, C), j = 1, 2, \cdots, k\}$ 是目标输出结果，其中，$A_j (E, V_j)$ 表示实体 E 的属性 A_j 的属性值为 V_j。

例如，属性或槽"分布区域"为类或概念"古文化"的属性。又如，实体或个体"西侯度文化"的槽"分布区域"的槽值为"中国华北地区"，表示为：（西侯度文化，分布区域，中国华北地区）。

根据槽的名称词汇是否出现在文本中，将槽分为三类：显式槽、隐式槽和混合槽。将领域实体的属性槽划分为显式槽、隐式槽和混合槽的目的在于，根据槽的名称词汇的显式或隐式出现方式，设计不同的领域个体知识获取方法。

定义（显式槽，Explicit Slot）：将槽的名称词汇出现在文本中的槽称为显式槽。例如：槽"面积"。

定义（隐式槽，Implicit Slot）：将槽的名称词汇不出现在文本中的槽称为隐式槽。例如：槽"分布区域"。

定义（混合槽，Hybrid Slot）：将既为显式槽又为隐式槽的槽称为混合槽。例如，槽"年代"。

6.1.2　知识获取方法

基于显式槽和隐式槽的特点，相应地设计三种不同的领域实体知识获取方法：本体层级语境与槽驱动的显式槽的知识获取、本体层级语境与槽值驱动的隐式槽的知识获取、语言层语境驱动的隐式槽的知识获取。

本体层语境和语言层语境的相同点是二者均包括词类变量项、句法成分变量项、字符串变量项和常量项。不同点是本体层语境还包括个体变量项、槽变量项、关系动词变量项。构建本体层语境和语言层语境的基本思想是，本体层语境能够抽取不同领域实体和属性槽的领域实体知识，为领域实体属性槽的槽值获取提供统一的语境。

定义（本体层级语境，Ontological Context）：本体层级语境是指由下列类型的项构成，包括个体变量项、槽变量项、槽值变量项、关系动词变量项、词类变量项、句法成分变量项、字符串变量项和常量项。

- 个体变量项 t 是指匹配 t 的字符串为个体 I；
- 槽变量项 t 是指匹配 t 的字符串为某类别的槽 S；
- 关系动词变量项 t 是指匹配 t 的字符串为关系动词；
- 词类变量项 t 是指匹配 t 的字符串满足某种词性；
- 句法成分变量项 t 是指匹配 t 的字符串在句子中充当某种句法成分，例如主语、宾语或状语。

需要指出的是，槽值变量项是获取的知识目标。其含义是，若句子匹配本体层语境 C 中除槽值变量项以外的其他项，则将对应于槽值变量项的字符串标注为个体 I 的槽 S 的槽值。

例如，"< 个体变量 >< 槽变量 >< 关系动词变量 >< 槽值变量 >"为本体层语境。对于句子"仰韶文化遗存的年代为公元前 3900 年左右。"，当匹配这个语境时，由于"仰韶文化遗存"匹配"个体变量"，"年代"匹配"槽变量"，"为"匹配"关系动词变量"，则将槽值变量对应的字符串"公元前 3900 年左右"识别为实体 E 的槽 S 的槽值。

定义（语言层级语境，Linguistic Context）：语言层级语境是指由下列类型的项构成，包括词类变量项、句法成分变量项、字符串变量项和常量项构成。

为了区分本体层语境的必要项和可选项，进一步需要对本体语境层进行分类。根据是否包含修饰成分，本体层语境可以分为骨架本体语境和扩展本体语境。为了获取自然语言文本中领域个体缺省情形下的领域知识，根据个体变量的缺省情况，本体层语境可以分为骨架本体语境和个体缺省本体语境。

定义（骨架本休语境）：骨架本体语境由个体变量项、槽变量项、关系动词变量项和槽值变量项构成。

定义（扩展本体语境）：扩展本体语境由个体变量项、槽变量项、关系动词变量项、槽值变量项和修饰成分变量项构成。

定义（个体缺省本体语境）：缺省本体语境由槽变量项、关系动词变量项、槽值变量项和修饰成分变量项构成。

6.1.2.1　显式槽的知识获取

对于领域实体的显式槽的槽值获取，主要利用了显式槽的本体层语境。因此，首先介绍显式槽的本体层语境。

定义（关系动词）：关系动词是指表示判断关系、所属关系、比较关系或称呼关系的动词。

例如，"是、为、即"为表示判断关系动词；"属、属于、具有"是表示所属关系的动词；"像、犹如、等于"为表示比较关系的动词；"姓、叫、称"表示称呼关系的动词。

显式槽的本体层级语境主要包括三种骨架本体语境：

- 显式槽骨架本体语境Ⅰ：＜个体变量＞＜槽变量＞＜关系动词变量＞＜槽值＞
- 显式槽骨架本体语境Ⅱ：＜个体变量＞＜属性槽变量＞＜槽值变量＞
- 显式槽骨架本体语境Ⅲ：＜个体变量＞＜关系槽变量＞＜槽值变量＞

每一种显式槽骨架本体语境对应一种缺省本体语境：

- 显式槽个体缺省本体语境Ⅰ：＜槽变量＞＜关系动词变量＞＜槽值变量＞
- 显式槽个体缺省本体语境Ⅱ：＜属性槽变量＞＜槽值变量＞
- 显式槽个体指代和缺省语境Ⅲ：＜关系槽变量＞＜槽值变量＞

显式槽骨架本体语境Ⅰ包含一种扩展本体语境：

- 显式槽扩展本体语境：＜个体变量＞＜槽变量＞＜状语变量＞＜关系动词变量＞＜槽值变量＞

显式槽骨架语境Ⅲ包含一种扩展本体语境：

- 显式槽扩展本体语境：＜个体变量＞＜状语变量＞＜关系槽变量＞＜槽值变量＞

例如，对于句子"新石器时代遗存跨越的时间相当长，据放射性碳素断代并经校正，年代约为公元前3390～前2390年。"，匹配显式槽"年代"的显式槽语境Ⅰ的扩展语境，因为"年代"为槽，匹配槽变量，"约"为副词，匹配状语变量，"为"为关系动词，匹配关系动词变量，"公元前3390～前2390年"为槽值。

对于显式槽骨架语境Ⅰ，根据句子的谓语可以分为动词谓语句和兼语动词谓语句。例如，对于句子"图案有几何形和动植物形象。"为动词谓语句。再如句子"放射性碳素断代并经校正，年代约为公元前2780～前2100年。"和句子"葬式分屈肢葬和仰身直肢葬两种。"为动词谓语句。

兼语动词谓语句特点是前一动词用"有"等表示领域有或存在等。例如，对于句子"其重要收获是在于家沟遗址找到了华北地区极为难得的更新世末至全新世中期的地层剖面和文化堆积。"，为兼语动词谓语句。

对于类 C 的显式槽 S，根据显式槽的本体层语境来提取隶属于类 C 的个体的槽 S 的槽值，而不需要对每个显示槽构建本体层语境。下面给出本体层级语境与槽驱动的显式槽的知识获取算法。

算法：本体层级语境与槽驱动的显式槽的领域实体知识获取

输入：类 C 及其显式槽 ES；

输出：类 C 的实体 E，E 的槽 ES 的槽值 SV，即 ES（E，SV）；

（1）基于知识获取本体构建显式槽 ES 的槽词汇场；

（2）提取包含显式槽 ES 的槽词汇场中词汇的句子；

（3）检测句子的描述流是否包含描述子 d，并且 $d = C.ES$；若包含，则转入下一步，否则退出程序；

（4）对句子进行单复句识别；

（5）对句子进行主动词识别；

（6）对句子进行虚词识别；

（7）如果句子不含有主动词，则提交显式槽骨架语境 Ⅱ 及其缺省语境进行匹配；若匹配成功，则提取槽值；否则，结束；

（8）如果句子含有主动词，并且主动词为关系动词，则提交显式槽骨架语境 Ⅰ 及其扩展语境和缺省语境进行匹配；若匹配成功，则提取槽值；否则，结束；

（9）如果主动词为关系槽，则提交显式槽骨架语境 Ⅲ 及其扩展语境和缺省语境进行匹配；若匹配成功，则提取槽值；否则，结束。

6.1.2.2 隐式槽的知识获取

对于类 C 的隐式槽 S，根据槽 S 的槽值特征和槽值所处的上下文来提取类 C 中槽 S 的槽值。设计了两种方法来提取领域实体的隐式槽的槽值。第一种是本体层级语境与槽值驱动的隐式槽知识获取方法，第二种是语言层语境驱动的隐式槽知识获取方法。前者根据槽值的语义约束来提取槽 S 的槽值，而后者根据槽值所处的句子上下文来提取槽 S 的槽值。

隐式槽的本体层级语境包括如下骨架语境：

- 隐式槽骨架本体语境 Ⅰ：＜个体变量＞＜槽值语义类变量＞
- 隐式槽骨架本体语境 Ⅱ：＜个体变量＞＜关系动词变量＞＜槽值语义类变量＞
- 隐式槽骨架本体语境 Ⅲ：＜关系变量＞＜个体变量＞＜槽值语义类变量＞
- 隐式槽骨架本体语境 Ⅳ：＜关系动词变量＞＜槽值语义类变量＞＜个体变量＞
- 隐式槽骨架本体语境 Ⅴ：＜个体变量＞＜关系动词变量＞＜槽值变量＞

■ 隐式槽骨架本体语境Ⅵ：＜领有或存在关系变量＞＜个体变量＞＜关系动词变量＞＜槽值变量＞。其中，领有或存在关系是指包含"有""存在"等表示存在关系的动词。

■ 隐式槽骨架语境Ⅰ的缺省本体语境为：＜槽值语义类变量＞

■ 隐式槽骨架语境Ⅲ的缺省本体语境为：＜个体变量＞＜槽值语义类变量＞

■ 隐式槽骨架语境Ⅳ的缺省本体语境为：＜槽值语义类变量＞＜个体变量＞

隐式槽骨架本体语境Ⅱ的扩展语境包含三种扩展语境：

■ 隐式槽扩展本体语境Ⅰ：＜个体变量＞＜状语变量＞＜关系动词变量＞＜槽值语义类变量＞

■ 隐式槽扩展本体语境Ⅱ：＜个体变量＞＜状语变量＞＜关系动词变量＞＜状语变量＞＜槽值语义类变量＞

■ 隐式槽扩展本体语境Ⅲ：＜个体变量＞＜关系动词＞＜状语变量＞＜槽值语义类变量＞。

例如，句子"出土陶器、石器、骨器等数千件。"，匹配隐式槽"数量"的隐式槽骨架语境Ⅲ，因为"出土"为关系，匹配＜关系变量＞，"陶器、石器、骨器等"为个体，匹配＜个体变量＞，"数千件"为槽值，匹配＜槽值语义类变量＞

对于隐式槽的槽值获取，根据语境的类型设计了两种不同的方法。

算法：本体层级语境与槽值驱动的隐式槽的知识获取

输入：类 C 的隐式槽 IS 及其槽值语义类；

输出：类 C 的实体 E 的隐式槽 IS 的槽值 SV；

（1）提取含有槽值语义类元素的句子；

（2）检测句子的描述流是否包含描述子 d，并且 $d = C. IS$；若包含，则转入下一步；否则，结束；

（3）对句子进行主动词识别；

（4）若句子含有主动词，则提交隐式槽骨架本体语境Ⅱ、Ⅲ、Ⅳ，判断是否匹配；若匹配成功，则提取槽值；否则，结束；

（5）若句子不含有主动词，则提交隐式槽骨架本体语境Ⅰ；若匹配成功，则提取槽值；否则，结束。

算法：语言层语境驱动的隐式槽的知识获取

输入：类 C 的隐式槽 IS 及其槽语境；

输出：类 C 的个体 I 的隐式槽 IS 的槽值 SV；

（1）提取含有隐式槽 IS 的槽词汇场中词汇的句子；

（2）检测句子的描述流是否包含描述子 d，并且 $d = C.IS$，若包含，则转入下一步，否则，结束；

（3）对句子进行主动词识别；

（4）对于 IS 的槽语境中的语境 C_1，C_2，$\cdots$，C_k，判断是否存在 i，S 匹配 C_i；若存在，则转入下一步；否则，结束。

（5）设句子与槽 S 的槽语境中的语境 C_{i_1}，C_{i_2}，$\ldots$，C_{i_p} 同时匹配；

（6）判断 C_{i_1}，C_{i_2}，$\ldots$，C_{i_p} 之间的蕴含关系；若 $C_{i_1} \rightarrow C_{i_2} \rightarrow \cdots \rightarrow C_{i_p}$（即若 C_{i_1} 蕴含 C_{i_2}，C_{i_2} 蕴含 C_{i_3}，$\cdots$，$C_{i_{p-1}}$ 蕴含 C_{i_p}），则选择 C_{i_1} 的匹配标注结果，否则匹配正确率最大的语境所对应的匹配标注结果。

6.1.3　实验结果与分析

以《中国大百科全书考古卷》中的古文化类文本和遗址类文本为例，给定 48 个属性，进行知识获取。古文化类文本共 183 篇，遗址类文本共 212 篇，提取 3250 条知识。对从遗址类文本中提取的 1702 条知识进行了评估，平均准确率为 97.18%，错误率为 2.82%。获得这样准确率的原因是，领域文本具有三个特点：使用的句式比较单一、句式往往严整而少变化和多用主谓句。

本节所阐述的领域实体属性知识获取方法的特点在于：

（1）采用了槽驱动的多层语境的知识获取方法。

其一，基于不同槽类型的知识在文本中的表达特点，明确地将槽分为显式槽、隐式槽和混合槽三类。由于自然语言表达的复杂性和灵活性，以一种方法提取不同类型的知识是很困难的。

其二，构建了本体层骨架语境、本体层扩展语境和本体层缺省语境。本体层扩展语境是对骨架语境的扩展。为此，本节引入了修饰成分。而本体层缺省语境是本体层骨架语境个体缺省的情形。这是因为，即使槽值表示方式是多样的，仍可通过构建本体层语境去寻找其中的规律。

（2）语境的构成从语言层语境抽象到本体层语境。

目前，知识获取的语境主要是基于语言层次的。例如，图 6.1 给出语言语境示例[77]。该语言层语境包括词类变量、语法成分变量和关键字变量。每个语境仅能提取一个槽或几个的槽值。语言层语境的构成元素，如词类变量和关键词常量等，均是构建在语言层次上的。但是，本体层语境除包括语言层语境的元素外，还引入了槽变量，从而能够抽象和概括语言层语境。因此，一个语言层语境只能提取一个或多槽的槽值，而一个本体层语境可以提取一类槽的槽值。

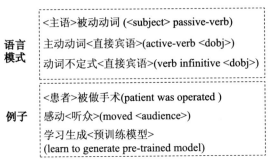

图 6.1　语言语境示例

例如，对于显式槽"面积"存在语言层语境（Lingusitic Context，LC）和本体层语境（Ontological Context，OC），如下：

"LC = <个体变量> <面积> <状语变量> <是> <面积槽值变量>"，

"OC = <个体变量> <槽变量> <状语变量> <关系动词变量> <槽值变量>"。

从中可以看出，基于语言层语境 LC 只能提取槽"面积"的槽值，而基于本体层语境 OC 则能提取所有显式槽的槽值，如"年代""面积""地质时代"等。

（3）基于语境的分类体系所构建的语境有效地解决了语境爆炸和人工构建费时费力等问题。

根据不同分类依据，对语境作了三种分类，如图 6.2 所示。复合语境可由原子语境构成。类属语境、领域公共语境、公共语境具有重用和继承关系。由于庞杂繁多的语境被有机地组织和分类，大大减少了构建语境的数量，从而有助于解决语境爆炸和人工构建费时费力问题。

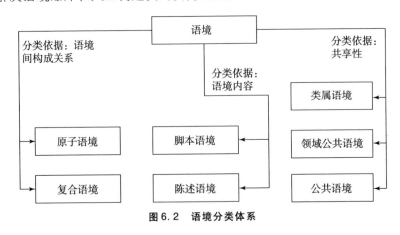

图 6.2　语境分类体系

实验结果表明,下列槽的槽值提取正确率高:汉语拼音、英文名称、作者、发现时间、发掘时间、参考书目、主持发掘者、公布时间、公布者、公布对象、调查者、研究对象、年代、是否校正、面积、揭露面积、名称由来、主要分布区域、命名名称、命名原因、考古学专刊、调查对象、发现者。槽分布区域、地理位置、发掘次数、地质时代、研究依据、研究意义的正确率较高。但是,对于槽编写者和发掘者的正确率较低。其中的一个主要原因是,描述流识别错误和槽值验证错误。

6.2 非结构化文本作者属性识别

作者身份识别任务是指,根据给定的候选作者集合的作品或著作样例来识别匿名文本作者[78,79,80,81]。早期研究工作包括鉴别文学作品十九世纪莎士比亚戏剧的作者。近年来,在线论坛消息、电子邮件、博客和源代码等匿名文本迅速增长,作者身份识别研究更为紧迫。作者身份识别已应用于越来越多的领域中,包括文学作品、情报分析、刑法、民法和计算机取证[78,79,80,81,82]。另外,作者身份识别在信息检索、信息提取和问答系统等许多领域发挥着重要作用。在文学领域中,识别作者不明或有争议的文学作品的作者。在情报分析领域,识别在线消息的作者。特别地,在刑法应用领域,识别攻击性或威胁性信息的作者。在计算机取证领域,判别可能破坏计算机或数据的源代码程序员的身份[78]。本节论述非结构化义本作者属性知识抽取方法[83]。

作者身份识别主要集中于两个任务:如何提取文本的特征来表示不同作者的写作风格[80,84,85],以及如何选择方法来预测不受限义本的作者。文本表示特征即风格特征,应该是客观的、可量化的、独立于内容的,并具有明确的判别性。

当前,文本作品中使用的文体特征通常分为六种类型:字符、词汇、句法、结构、语义和特定应用特征[80]。字符和词汇特征使用字符、词语或标点符号的度量作为文本风格。句法特征则利用关于词语词性和句子短语的属性特征作为文档的风格特征[86]。结构特征则是关于文档结构的特征,例如词语长度、句子长度、缩进的使用特点等[78,87]。另外,面向应用的特征通常与特定领域、语言或应用相关[78]。在诸多研究工作中,主要使用三类语义特征。第一,二元语义特征和语义修饰关系;第二,同义词、上位词和因果动词;第三,功能特征。二元语义特征包括名词和代词的数字和人称特征、动词的时态、语态和子分类特征。语义修饰关系是指句子中词语之间的修饰关系。功能特征是基于功能语法表达单词或短语的语义功能的特征[78,80,88,]。事实上，二元语义特征只能捕获有关名词、代词和动词的句法或语义信息。语义修饰关系是通过关于修饰关系的词语的词性序列来表示的。同义词和上位词包括具有同义关系和继承关系的词语。功能特征是对词语或短语的修饰关系。然而，这些字符、词汇、句法和语义特征受到特定单词、短语或词性的约束。

识别文本作者身份属性需要考虑如下问题：第一，哪些特征能够表示句子的基本语义结构；第二，哪些特征独立于特定的词语、短语和词性；第三，哪些特征是独立于不同的文本内容；第四，哪些特征在同一作者的不同文档中基本保持稳定。

为此，本节论述一种关于词语依赖关系、语态和非主题风格词的语义关联模型，以捕捉作者的写作风格。词语依赖关系使用统一的二元依赖关系来表达句子中词语之间的关系[89]。同时，词语依赖关系提供了谓词–论元结构的关系。谓词–论元结构构成句子的语义骨架，句子中的大多数词均构成该骨架的辅助成分。因此，词语依赖关系提供句子的句法和语义级的特征。通常作者以无意识的方式使用这些抽象的结构语义模式。这种依赖关系往往隐含在作者不同主题的著作之中。

语态特征反映句子动词和参与动词所描述动作的主语之间的关系。由于主题词是反映文本的主题和内容，主题词集合与非主题词集合之间的交集通常为空。因此，非主题风格特征往往表达文本中与内容关联度弱的词语特征。因此，词语依赖特征、语态特征和非主题词语特征与文档内容无关，且不受限于特定的词语、词组和词性。词语依赖关系特征可以捕捉到句子的基本语义框架或模式。

作者身份识别可以看作是一个多分类问题，其中作者作为类标签。因此，作者身份识别任务的第二个问题是分类方法的设计。支持向量机是作者身份识别相关工作中的主要分类器[80,87,90,91,92]。其他分类方法包括线性判别分析、决策树、神经网络和遗传算法[87]。通常，在作者身份识别中，主成分分析用于缩减从高频词出现频率中获得的特征维度。另外，线性判别分析用来学习面向数字犯罪和登记的作者身份识别任务的特征子空间[93]。

事实上，主成分分析尽可能地保持数据的原始信息，能够捕获降维的描述性特征。线性判别分析作为一种有监督的子空间学习方法，能够生成一个线性函数，该函数最大化类间差异，并最小化类内差异。因此，线性判别分析的目标是提取用于分类的判别特征[87]。

本节将描述一种基于语态、词依赖关系和非主题式风格词语的语义关联模型来表示不同作者的非结构化文本的写作风格。同时，设计一种无监督方法来提取风格特征，采用主成分分析和线性判别分析来识别文本作者身份。该方法提供了一种统一量化的方法来捕捉词语和短语之间的句法和语义风格特征，能够在一定程度上解决不同维度的独立性问题。

6.2.1　研究任务

作者身份属性识别的任务可以定义如下。设 A 是作者集合，T 是文本集合，其中每个文本均由集合 A 中的至少一个作者所撰写。身份识别任务是指，给定匿名文本 t，作者身份识别任务是在集合 A 中识别撰写匿名文本 t 的作者。

假设作者具有使用自然语言表达的个人特征，并且这些特征体现在作者的著作之中。Halteren[94]利用一组可测量的文本特征来识别给定的作者。然而，上下文文法无关的语言模型难以表达句子中词语之间的词汇、句法和语义关系。因此，本节使用向量空间模型来表示文本的写作风格。构建向量空间模型的目的是捕获文本特征的各种度量，从而可以采用量化方法对多种特征进行统一描述。

下面给出特征选择和作者身份识别的相关研究。字符特征包括字符级别的固定长度和可变长度的 N – gram 特征[85,90]。字符特征的特性往往与语言无关，不需要任何自然语言处理工具[78]。例如，Ramezani[95]采用一种独立于语言的作者识别方法，该方法不需要任何自然语言预处理工具。采用词频逆文档频率模型来计算匿名文本和基于 N – gram 表示的已知文档的相似度，进而识别匿名文本的作者。Houvardas 等[90]使用可变长度的高频 N – gram 字符序列作为文本表示特征。

在早期的作者身份识别研究中，主要使用词汇特征作为风格标记。词汇特征包含词频[84,96]、功能词频率、人称代词数量、短词和长词计数、词汇丰富度以及词语级别 Bi – grams 和 Tri – grams 特征。词汇丰富度是指关于不同单词数量和文本总单词数的各种度量[78]。Kopple 等[96]选取 250 个高频词来表示 19世纪英语书籍的写作风格。Stamatatos[84]使用 1000 个高频词作为新闻的风格标记。

句法特征提取需要词性和短语解析器。Tas 等[79]使用 35 种风格标记来表示文章的写作风格，即词汇丰富度以及与词语数量、句子、标点符号和词性相关的度量。Luyckx 等[86]采用词性、动词形式、虚词和实词的频率分布特征。

为了提取语义特征，研究者利用 WordNet 提取词语的同义词和上位词，进一步用于构建特征[88]。例如，Argamon 等[97]构建词语或短语之间的功能特征作为文本风格特征。Gamon[98]使用 NLPWin 系统提取句子文法产生式、二元语义特征和语义修饰关系。结构特征包括句子长度、词语长度、短语长度、段落长度等。应用特定特征包括特点内容的关键字特征、与特定文本类型相关的特征（例如问候语）、与自然语言相关的特征。Zheng 等[87]选择特定内容的关键字作为在线消息的风格特征。

大多数关于作者身份识别的研究均采用分类方法来识别文档的作者[99,100]。例如，Jafariakinabad 等[81]设计自监督网络来解决作者识别任务。该网络包括词汇子网络和句法子网络。Suman 等[101]基于字符 N－gram 特征，采用基于胶囊的卷积神经网络来识别作者身份。另外，一些学者采用元学习、自动机方法和上下文无关语法的语言模型等来识别作者[80,92,96,102]。Lin 和 Zhang[102]开发一种随机有限自动机来识别作者身份。该自动机使用句子功能词的词性序列来表示作者的写作特征。这些词性包含副词、助动词、代词、介词、连词、感叹词等。Koppel 等[96]通过度量不同特征集之间准确度的差异性，提出了一种基于元学习的方法。

6.2.2　作者身份属性识别方法

6.2.2.1　作者身份属性识别方法框架

图 6.3 给出了作者身份识别方法的框架。该方法包括四个阶段：文本分析、特征提取、特征降维以及作者分类。测试文本由若干作者撰写的非结构化自然语言文本构成。文本分析阶段包括句子切分、标记化（Tokenizing）、词性标注、短语解析、词语依赖关系解析、代词识别、功能词识别、非主题风格词识别、语态提取和时态提取。

特征提取阶段是指从文档中提取结构特征、词汇特征、句法特征以及语义关联模型中特征。为此，每个非结构化文档均由一个特征向量表示。在特征降维阶段，采用主成分分析来减少特征向量的维数，并获得文档的主要风格特征。在作者分类阶段，使用线性判别分析来选择文档的最具区分性的文体特征，并使用 1－NN 分类器对文档的作者身份进行分类。

6.2.2.2　特征提取

作者身份属性识别使用的特征包括十个特征集，用 F_1，F_2，$\cdots$，F_{10} 表示，如表 6.1 所示。符号"√"表示是由本节构建对应的特征集，而"×"表示相关文献中使用对应的特征集。从表 6.1 可以看出，本节增加了关于语态、非主题风格词和词语依赖关系的三个特征集 F_8，F_9 和 F_{10}。下面给出构建这些特征集的具体过程。

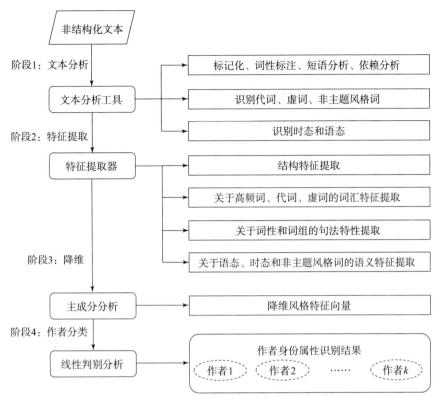

图 6.3 作者身份识别算法的框架

表 6.1 特征集的类型和含义

类别	特征集	功能性	是否在本章构建	特征
结构	F_1	句长和句内词语数量的度量	×	以字符数和 token 数度量的句子长度
词汇	F_2	高频词	×	高频词的频率分布
	F_3	代词	×	代词频率分布
	F_4	功能词	×	功能词频率分布
句法	F_5	词性	×	词性类型的频率分布
	F_6	短语	×	短语类型的频率分布
语义	F_7	时态	×	时态类型的频率分布
	F_8	语态	√	语态类型的频率分布
	F_9	非主题风格词	√	非主题风格词类型的频率分布
句法和语义	F_{10}	词语依赖关系	√	依赖关系类型的频率分布

定义（性质谓词）：设 T 是文本集合，W 是 T 中字符或词语的集合。在公式（6.1）中定义一个 n 元谓词来表示字符或词语 x_1，x_2，$\ldots$，x_n 之间的文本写作风格的性质，并将该谓词称为性质谓词：

$$p(x_1, x_2, \ldots, x_n), x_i \in W, i = 1, 2, \ldots, n. \tag{6.1}$$

定义（独立特征、关联特征）：如果 $p(x_1$，x_2，$\ldots$，$x_n)$ 是一元谓词，则它映射的特征称为独立特征。如果 $p(x_1$，x_2，$\ldots$，$x_n)$ 是 n 元（$n \geq 2$）谓词，则它映射的特征称为关联特征。

定义（显式特征、隐式特征）：如果 $p(x_1$，x_2，$\ldots$，$x_n)$ 表示关于字符或词语的性质，则它映射的特征称为显式特征。如果 $p(x_1$，x_2，$\ldots$，$x_n)$ 表示涉及文本解析的文本性质，则它映射的特征称为隐式特征。

根据上述定义，特征集 F_1，F_3，F_5，F_6，F_7，F_8，F_{10} 中的特征为关联特征，特征集 F_2，F_4，F_9 中的特征为独立特征。另外，特征集 F_2 和 F_4 中的特征是显式特征，特征集 F_1，F_3，F_5，F_6，F_7，F_8，F_9，F_{10} 中的特征是隐式特征。

（1）结构特征。

不同的作者在各自作品中对句子长度具有不同的偏好。对于作者撰写的文档，构建关于句子长度的结构特征集 F_1，句子长度由句子中的字符数和词语数来衡量。F_1 包括 22 种特征，即平均句子字符长度 lc_{avg}、平均句子词语长度 lw_{avg}、最大句子字符长度 lc_{max}、最大句子词语长度 lw_{max}、最小句子字符长度 lc_{min}、最小句子词语长度 lw_{min}、前 10%、20%、80%、90% 的平均句子字符长度，即 lc_{top10}，lc_{top20}，lc_{top80}，lc_{top90}，后 10%、20%、80%、90% 的平均句子字符长度，即 lc_{bot10}，lc_{bot20}，lc_{bot80}，lc_{bot90}，前 10%、20%、80%、90% 的平均句子字符长度，即 lw_{top10}，lw_{top20}，lw_{top80}，lw_{top90}，后 10%、20%、80%、90% 的平均句子字符长度，即 lw_{bot10}，lw_{bot20}，lw_{bot80}，lw_{bot90}。

特征集 F_1 中的特征，如公式（6.2）所示。

$$\begin{aligned} F_1 = \{ & lcavg, lcmax, lcmin, lctop10, lctop20, lctop80, lctop90, lcbot10, \\ & lcbot20, lcbot80, lcbot90, lwavg, lwmax, lwmin, lwtop10, lwtop20, \\ & \end{aligned}$$

$$\tag{6.2}$$

$$lwtop80, lwtop90, lwbot10, lwbot20, lwbot80, lwbot90 \}$$

（2）词汇级别特征。

词汇层面的特征集由高频词集、代词集和功能词集组成。将它们构建为集合 F_2，F_3，F_4，如公式（6.3）、（6.4）、（6.5）所示。因此，

$$F_2 = \{ x \mid \mathrm{FreqFn}(x) > \alpha \}, \tag{6.3}$$

$$F_3 = \{x \mid \text{PronounFn}(x) = 1\}, \tag{6.4}$$

$$F_4 = \{x \mid \text{FunctionFn}(x) = 1\}, \tag{6.5}$$

在公式（6.3）中，$\text{FreqFn}(x)$ 表示词语 x 在测试语料库中的出现频率，α 为阈值。在公式（6.4）和（6.5）中，函数 $\text{PronounFn}(x)$ 和 $\text{FunctionFn}(x)$ 均为布尔函数，其计算方法如下。

$$\text{PronounFn}(x) = \begin{cases} 1, & \text{若 } x \text{ 是代词；} \\ 0, & \text{若 } x \text{ 不是代词；} \end{cases} \tag{6.6}$$

$$\text{PronounFn}(x) = \begin{cases} 1, & \text{若 } x \text{ 是功能词；} \\ 0, & \text{若 } x \text{ 不是功能词；} \end{cases} \tag{6.7}$$

特征集 F_2 由语料库高频词构成。特征 F_2 的维数分别取 250，500，1000，1500，2000，2500，3000，3500，4000，4500，5000。因此，公式（6.3）中的参数 α 由特征集 F_2 的维数确定。代词是指代名词或名词短语的词语。功能词用于描述词之间的语法关系，不具有词汇或语义意义。功能词包括冠词、代词、助动词、小品词、语气助词等。特征集 F_3 和 F_4 中的特征数量分别约为 20 和 310。选择功能词和代词特征的原因解释如下：这些特征独立于内容，不受文本主题和体裁的限制，能够反映不同作者对虚词和代词的使用偏好。因此，构建了高频词集合、功能词集合以及代词集合；同时，计算这些词语在文档中的出现频率作为文档特征。

（3）句法级别特征。

句法特征集包括词性特征集 F_5 和短语类型特征集 F_6，如公式（6.8）和（6.9）所示，即

$$F_5 = \{\beta \mid \exists x \in t, \text{PosFn}(x) = \beta\}, \tag{6.8}$$

$$F_6 = \{\gamma \mid \exists p \in t, \text{PhrasetypeFn}(p) = \gamma\}. \tag{6.9}$$

其中，函数 $\text{PosFn}(x)$ 表示词语 x 的词性，函数 $\text{PhrasetypeFn}(p)$ 表示短语 p 的短语类型。具体地，短语的类型包括名词短语 NP、动词短语 VP、形容词短语 ADJP、副词短语 ADVP、介词短语 PP、连词短语 CONJP 等。以这些句法信息类型的出现频率作为文档的特征。这些特征独立于文档的自然语言，能够捕获作者对词语和短语类型的使用偏好[86]。

（4）语义关联模型。

本节阐述一种语义关联模型来表示文本的写作风格，包括语态特征、非主题风格词特征和词语依赖关系特征，旨在捕捉词语和短语的语义风格特征以及词语和短语之间的语义风格关系。为此，本节构建了四个语义特征集：时态特征集 F_7、语态特征集 F_8、非主题风格词的特征集 F_9、词语依赖的特征集 F_{10}，分别如公式（6.10）、（6.11）、（6.12）、（6.14）所示。具体地，

$$F_7 = \{\delta \mid \exists s \in t, \text{TenseFn}(s) = \delta\}, \tag{6.10}$$

$$F_8 = \{\varepsilon \mid \exists s \in t, \text{VoiceFn}(s) = \varepsilon\}, \tag{6.11}$$

$$F_9 = \{\eta \mid \text{NonSubjectFn}(x) = 1 \text{ 且 } \text{PosFn}(x) = \eta\}. \tag{6.12}$$

其中，函数 TenseFn（s）是句子 s 的时态，函数 VoiceFn（s）是 s 的语态，NonSubjectFn（x）是一个布尔函数。另外，NonSubjectFn（x）的计算方法如公式（6.13）所示：

$$\text{NonSubjectFn}(x) = \begin{cases} 1, & \text{若 } x \text{ 是非主题风格词}; \\ 0, & \text{若 } x \text{ 不是非主题风格词}; \end{cases} \tag{6.13}$$

时态特征集包括英语中的各种动词时态，如一般现在时、过去完成进行时、将来完成时。语态功能集包含两种类型的语态：主动和被动。选择特征集 F_7 和 F_8 作为风格特征的原因在于它们独立于特定的词语、短语和文本内容。

非主题风格词的作用是呈现描述词之间的性质、状态、语法关系，而不是对象和动作。因此，这些词语与文本的特定主题没有密切关系。在语言学中，它们可以是形容词、副词、代词、限定词、助词、介词、连词或感叹词，但不会是名词和动词。这些词性（不包括名词和动词）构成特征集 F_9。特征集 F_9 在形式上是 F_5 的子集。在统计上，特征集 F_9 中的特征频率反映了与主题和文本内容无关的非主题词的使用频率。也就是说，特征集 F_9 中特征的统计特征旨在捕捉不同主题文本中作者的写作风格。相比较而言，特征集 F_5 中的特征频率表示文本中词性分布。将特征集 F_7，F_8 和 F_9 中所有特征的出现频率识别为文档的特征。因此，特征集 F_7，F_8 和 F_9 能够反映作者对时态、语态和非主题风格词的使用偏好。

词语依赖关系为句子中任意两个词之间的多种关系构建了一个统一的关系模型[89]。特征集 F_{10} 包含句子中词语之间的所有依赖关系，如公式（6.14）所示：

$$F_{10} = \{r \mid \exists x_i, x_j \in W_s, \exists r \in R, r(x_i, x_j) \text{ 成立}\}, \tag{6.14}$$

其中，W_s 是句子中的词语集合，R 是词语依赖关系集合，即 $R = \{$nsubj, nsubjpass, csubj, csubjpass, agent, ..., attr, ccomp, xcomp, complm$\}$。使用各种依赖关系的出现频率作为文档的特征。因此，这些依赖特征与句子中的特定单词无关，独立于文本主题和内容，并且能够揭示作者对句子语义结构的使用偏好。

6.2.2.3 特征约简和作者身份识别

在特征构建之后，引入主成分分析来降低特征向量的维数，并采用线性判别分析来获取用于分类的判别特征。最后，采用 1 – 最近邻分类器来预测文档的作者身份。

6.2.3　实验结果与分析

在文本作者身份属性识别实验中，使用两个英语文本语料集，包括英语书籍和路透社语料库 RCV1。Koppel 等[96]使用 19 世纪出版的 21 部英文书籍。这些书籍是由十位不同的作者撰写。RCV1 语料库是关于新闻的公开文档集合[103]。它是文本分类任务的测试语料库，用于作者身份识别任务[90,91]。RCV1 语料库包括主要四个主题的文档：CCAT（企业和工业），ECAT（经济），CAT（政府和社会）和 MCAT（市场）。

作为一种文本分类任务，评估指标采用文本作者身份属性识别准确率来评估实验结果。利用 K – 近邻、支持向量机和线性判别分析来比较不同特征集的性能。对于支持向量机的正则化参数 C，使用五折交叉验证方法从候选集 $\{10^{-2}, 10^{-1}, \cdots, 10^4\}$ 中选择该正则化参数。

第一组实验数据是 21 本英文书籍。在实验中，每本书被拆分为大约 5000 字节长度的文件。其中，从每个作者的书籍文件中随机选择 50% 的文件进行训练，其余文件用于测试。基线方法是 N – gram 字符特征集 F_{cg} 与未进行主成分分析特征提取的支持向量机的组合，其中 n 是正整数，μ 是阈值。特征集 F_{cg} 表示为：

$$F_{cg} = \{x \mid FreqFn(x) > \mu, x\ \text{是 n – gram 字符序列}\}.$$

为了对比现有工作中使用的特征集 F_1, F_2, F_3, F_4, F_5, F_6, F_7 和本节中构建的特征集 F_8, F_9, F_{10} 的实验结果，构建如下三个组合特征集 CF_1, CF_2 和 CF_3：

- $CF_1 = \{F_1, F_2, F_3, F_4, F_5, F_6, F_7\}$,

- $CF_2 = \{F_1, F_2, F_3, F_4, F_5, F_6, F_7\} \cup \{F_8, F_9, F_{10}\}$,

- $CF_3 = \{F_1, F_2, F_3, F_4, F_5, F_6, F_7\} \cup \{F_8, F_{10}\}$.

表 6.2 列出了利用特征集 F_{cg1}, F_{cg2}, F_{cg3}, CF_1, CF_2 和 CF_3，使用 K 近邻、支持向量机和线性判别分析的识别准确率。其中，特征集 F_{cg1}, F_{cg2}, F_{cg3} 分别表示 3 – gram、4 – gram 和 5 – gram 字符特征集。从表 6.2 可以看出，使用支持向量机，使用特征集 F_{cg1} 的准确率为 97.52%，高于特征集 F_{cg2} 和 F_{cg3}。在特征集 CF_2 通过使用线性判别分析（Linear Discriminant Analysis，LDA）方法达到 98.48% 的准确率。在 K 近邻（K – NearestNeighbor，KNN）、支持向量

机和线性判别分析中，特征集 CF_2 和 CF_3 的识别准确度高于 CF_1。另外，利用未经主成分分析的支持向量机（Support Verctor Machine，SVM）的识别准确率分别为 97.02%、96.24% 和 95.18%。

表 6.2　在英语书籍数据集上的作者身份识别实验结果

	KNN（%）	SVM（%）	LDA（%）
F_{cg1}（3 – gram）	79.63 ± 1.15	97.52 ± 0.38	97.65 ± 0.50
F_{cg2}（4 – gram）	67.98 ± 1.32	96.79 ± 0.45	97.45 ± 0.34
F_{cg3}（5 – gram）	48.77 ± 3.05	95.78 ± 0.60	95.84 ± 0.50
CF_1	68.70 ± 1.30	95.76 ± 0.63	98.32 ± 0.18
CF_2（our）	71.29 ± 1.44	95.87 ± 0.71	98.48 ± 0.17
CF_3（our）	69.75 ± 1.32	95.96 ± 0.62	98.45 ± 0.15

对于特征集 CF_1，CF_2 和 CF_3，利用"主成分分析 + 支持向量机"的识别准确率高于未经主成分分析的支持向量机。表 6.2 的实验结果表明：第一，在六个特征集上，线性判别分析的识别准确率高于 K 近邻和支持向量机。第二，基于现有特征和本节构建的特征相融合，获得准确率高于现有特征的准确率。第三，利用本节构建特征和线性判别分析获得的准确率最高。

另外，本节介绍"leave – one – book – out"实验。也就是，对于 21 本英文书籍语料库中的每本书 B，利用除去书 B 之外的所有书籍用于训练，书籍 B 用于测试。为此，对每本书执行以下操作，以获得作者身份识别结果。第一，对于书籍 B，利用本节方法和特征集 F_{cg1}，F_2 和 CF_2 来识别该书籍 B 的作者。第二，对于类别为书籍 B 的测试样本，基于特征集 F_{cg1}，计算这些测试样本被识别为第一位作者、第二位作者直至第十位作者的样本数量。利用符号 $N_{1,1}$，$N_{1,2}$，…，$N_{1,10}$ 表示这些测试样本数量。类似地，根据特征集 F_2，计算测试样本数量表示为 $N_{2,1}$，$N_{2,2}$，…，$N_{2,10}$。利用特征集 CF_2，计算测试样本数量表示为 $N_{3,1}$，$N_{3,2}$，…，$N_{3,10}$。第三，计算 $N_i = N_{1,i} + N_{2,i} + N_{3,i}$。若 N_i 是最大者，则第 i 个作者被判别为该书的作者。

第二组实验在 RCV1 语料库上进行。在实验中，根据 CCAT 主题的文档数量选择前 50 名作者。在作者撰写的每组文档中，选择前 100 个文档，随机选择 50% 文档用于训练，其余用于测试。表 6.3 给出在 RCV1 语料库，分别使用特征集 F_{cg1}，F_{cg2}，F_{cg3}，CF_1，CF_2 和 CF_3，利用 K 近邻分类器、支持向量机和线性判别分析的识别准确率。另外，利用未经主成分分析的支持向量机，基于特征集 F_{cg1}，F_{cg2}，F_{cg3} 的识别准确率分别为 78.15%、76.42% 和 74.72%。对于特征集 F_{cg1}，F_{cg2}，F_{cg3}，利用支持向量机，特征集 F_{cg1} 获得最高准确率

78.67%。相对而言，利用本节提取的特征集 CF_2，本节利用线性判别分析获得最高准确率 84.80%。

表 6.3　在数据集 RCV1 上的作者身份识别实验结果

	KNN（%）	SVM（%）	LDA（%）
F_{cg1}（3 - gram）	67.30 ± 0.78	78.67 ± 0.59	78.44 ± 0.69
F_{cg2}（4 - gram）	64.00 ± 0.80	77.07 ± 0.76	77.23 ± 0.70
F_{cg3}（5 - gram）	61.56 ± 0.93	75.41 ± 0.74	75.95 ± 0.94
CF_1	29.76 ± 0.65	69.55 ± 0.75	84.06 ± 0.69
CF_2（our）	30.64 ± 0.65	67.94 ± 0.81	84.80 ± 0.72
CF_3（our）	30.56 ± 0.78	67.83 ± 0.77	84.76 ± 0.74

为了研究不同作者对识别准确率的影响，将五十位作者划分为 As_1，As_2，As_3，As_4，As_5 五个集合。为了减少不同作者文本规模大小的影响，采用如下划分准则：第一，每个集合 As_i（$i=1$，2，3，4，5）包括十位作者。第二，五个集合 S_1，S_2，S_3，S_4，S_5 的规模大小大致相等，其中 S_i 表示 RCV1 语料库中由作者 As_i 编写的 CCAT 主题的所有文档。另外，实验中 5000 个文档被划分为五个数据集 D_1，D_2，D_3，D_4，D_5，其中 D_i 中的文件由集合 As_i 中的作者撰写，进一步，D_i 是由 10 位作者的 1000 个文件构成。

表 6.4 给出使用特征集 F_{cg1}，F_{cg2}，F_{cg3}，利用 K 近邻、支持向量机和线性判别分析，在数据集 D_1，D_2，D_3，D_4，D_5 的实验结果。在数据集 D_1 上，利用未经主成分分析的支持向量机，特征集 F_{cg1}，F_{cg2}，F_{cg3} 的识别准确率分别为 91.35%、89.42% 和 89.28%。在数据集 D_2 上，利用未经主成分分析的支持向量机，特征集 F_{cg1}，F_{cg2}，F_{cg3} 的识别准确率分别为 87.86%、88.42%、85.86%。采用同一识别方法，数据集 D_3 上特征集 F_{cg1}，F_{cg2}，F_{cg3} 的识别准确率分别为 79.02%、79.09%、77.65%；数据集 D_4 上特征集 F_{cg1}，F_{cg2}，F_{cg3} 的识别准确率分别为 76.97%、76.62%、74.89%，数据集 D_5 上特征集 F_{cg1}，F_{cg2}，F_{cg3} 的识别准确率分别为 83.79%、83.86%、82.88%。

表 6.4　在五个数据集上利用 N - gram 字符特征集的作者身份识别实验结果

No. of Data Sets	Feature Sets	KNN（%）	SVM（%）	LDA（%）
D_1	F_{cg1}（3 - gram）	82.92 ± 1.77	91.82 ± 0.94	90.76 ± 1.52
D_1	F_{cg2}（4 - gram）	79.94 ± 1.16	90.16 ± 1.49	89.43 ± 1.64
D_1	F_{cg3}（5 - gram）	76.40 ± 1.57	89.84 ± 1.15	89.30 ± 1.44
D_2	F_{cg1}（3 - gram）	79.07 ± 1.50	88.37 ± 0.92	87.22 ± 1.98

续表

No. of Data Sets	Feature Sets	KNN（%）	SVM（%）	LDA（%）
D_2	F_{cg2}（4 - gram）	76.00 ± 3.02	88.99 ± 1.20	87.63 ± 1.47
D_2	F_{cg3}（5 - gram）	72.85 ± 2.18	86.53 ± 1.84	85.47 ± 1.94
D_3	F_{cg1}（3 - gram）	64.48 ± 1.98	79.64 ± 1.54	80.54 ± 1.96
D_3	F_{cg2}（4 - gram）	60.34 ± 2.84	79.73 ± 1.74	80.02 ± 1.83
D_3	F_{cg3}（5 - gram）	56.40 ± 1.94	78.31 ± 1.80	78.60 ± 2.09
D_4	F_{cg1}（3 - gram）	64.57 ± 2.61	77.68 ± 2.14	79.40 ± 2.49
D_4	F_{cg2}（4 - gram）	59.29 ± 2.64	77.34 ± 2.18	78.32 ± 2.44
D_4	F_{cg3}（5 - gram）	56.45 ± 3.08	75.64 ± 2.62	76.67 ± 2.77
D_5	F_{cg1}（3 - gram）	73.42 ± 3.62	84.53 ± 2.30	85.02 ± 2.73
D_5	F_{cg2}（4 - gram）	68.44 ± 3.70	84.62 ± 2.75	84.32 ± 2.63
D_5	F_{cg3}（5 - gram）	66.91 ± 4.78	83.61 ± 2.29	83.17 ± 3.12

表 6.5 给出在数据集 D_1，D_2，D_3，D_4 和 D_5 上，利用 K 近邻、支持向量机和线性判别分析，使用特征集 CF_1，CF_2，CF_3 的识别准确率。从表 6.5 可以看出，特征集 CF_2，CF_3 在五个数据集上使用 KNN 获得的性能高于特征集 CF_1 的性能。在数据集 D_1，D_2，D_4 和 D_5 上使用支持向量机，特征集 CF_2，CF_3 在的性能高于特征集 CF_1 的性能。在数据集 D_1，D_2，D_3 上使用线性判别分析获得的结果，特征集 CF_2，CF_3 在的性能高于特征集 CF_1 的性能。

表 6.5　在五个数据集上的作者身份识别实验结果

No. of Data Sets	Feature Sets	KNN（%）	SVM（%）	LDA（%）
D_1	CF_1	52.09 ± 1.53	84.12 ± 1.76	94.56 ± 1.13
D_1	CF_2（our）	53.00 ± 2.18	83.89 ± 2.22	95.26 ± 1.18
D_1	CF_3（our）	52.44 ± 2.00	84.50 ± 2.24	95.30 ± 1.19
D_2	CF_1	40.7 ± 2.31	73.97 ± 2.28	90.68 ± 1.58
D_2	CF_2（our）	42.27 ± 2.02	73.40 ± 2.40	91.14 ± 1.54
D_2	CF_3（our）	41.67 ± 2.01	74.06 ± 2.56	91.37 ± 1.56
D_3	CF_1	33.58 ± 1.63	66.35 ± 2.45	86.68 ± 1.45
D_3	CF_2（our）	33.79 ± 1.35	66.08 ± 2.67	87.05 ± 1.55
D_3	CF_3（our）	33.74 ± 1.37	66.07 ± 2.64	87.11 ± 1.64
D_4	CF_1	32.98 ± 2.09	54.03 ± 2.27	79.32 ± 2.46
D_4	CF_2（our）	33.89 ± 2.30	53.71 ± 2.29	78.06 ± 2.70
D_4	CF_3（our）	33.71 ± 2.52	54.22 ± 2.42	78.4 ± 2.7

No. of Data Sets	Feature Sets	KNN（%）	SVM（%）	LDA（%）
D_5	CF_1	33.51 ± 1.49	56.31 ± 3.07	83.02 ± 1.85
D_5	CF_2（our）	35.45 ± 1.75	56.23 ± 2.40	80.94 ± 1.84
D_5	CF_3（our）	34.79 ± 2.01	56.42 ± 2.61	81.48 ± 1.88

通过在数据集 D_1，D_2，D_3，D_4，和 D_5 上使用线性判别分析，本节构建的特征集性能分别获得95.30%、91.37%、87.11%、78.4%和81.48%的准确率，高于基线方法在数据集 D_1，D_2，D_3，D_4 上的准确度。其中，这些准确率在表5数据集 D_1，D_2，D_3 达到最高值。

综上所述，第一，本节描述一种基于词语依赖关系、语态和非主题风格词的语义关联模型来表示不同作者的写作风格。另外，开发一种无监督的方法来提取这些特征。词语依赖关系的特征捕捉句子基本语义结构模式，即谓词 – 论元结构及其从属语义成分的配置模式。提取这些特征的原因是，由不同词语组成或具有不同句法模式的句子可能具有相同的语义结构模式。同时，语态特征能够捕获谓词动词和与该动词相关的参与者的配置模式。非主题风格词的特征不反映文本内容。因此，这三种语义关联特征既不局限于特定的词典、短语和词性，也不局限于特定的领域、主题和文本内容。

第二，本节开发一个统一的向量空间模型来表示句子的抽象语义模式，在一定程度上解决了不同维度的独立性问题。基于上下文无关文法的语言模型是一组关于语法类别和特定单词的重写规则，它不能表示句子中词语之间的词汇和语义依赖关系[80]。然而，本节向量空间模型能够描述不同类型动词与不同类型助词之间语义搭配关系中的抽象模式。另外，词语依赖和语态特征能够捕捉词汇和句法特征之间的相关性。

|6.3 博客作者属性识别|

6.3.1 研究任务

作者画像识别是指识别文本信息的作者身份属性或特征。文本信息包括博客、微博以及社交网络平台或电子商务平台的评论。作者身份属性包括年龄、性别、地理位置、教育状况和母语等。作者画像识别是网络挖掘、网络舆情监测、社交网络分析和意见挖掘的重要研究内容。

作者画像识别技术可以应用到众多领域，包括数字取证、电子商务和信息安全[80,104,105,106]。例如，作者画像技术能够极大地帮助鉴别网络犯罪分子，他们可能通过社交媒体实施网络盗窃和欺诈、恐怖主义或儿童掠夺[107]。另外，作者画像技术对目标营销、产品和服务开发、产品和服务评论挖掘等具有潜在的应用价值[108]。然而，通过人工检测和识别很难实现作者画像识别任务[107]。因此，本节阐述博客作者的年龄、性别和教育状况的识别方法[109]。

博客作为社交媒体中的一种文档类型，博客主要具有两个特点。第一，博客中的句子可能包含很多非标准、非正式或口语词语、短语和语言用法。例如，博客可能包含有缩写词、网络俚语或表情符号。第二，不同于小说、书籍或其他传统文档，博客中的主题十分广泛，但博客条目相对较短，往往带有个人或主观想法和观点。

解决博客作者画像识别问题的难点包括以下两个方面。第一，提取哪些特征能够识别博客作者的不同属性，并且这些特征应独立于特定的博文主题；第二，如何设计博客表示的生成方式，建立统一的识别方法以识别不同作者的属性识别。下面给出本节作者画像识别任务的定义。

定义 1（作者画像识别任务）：给定博客作者集合及其博客，已知这些作者的年龄、性别、教育程度。作者画像识别任务是指识别匿名博客的作者属性包括年龄、性别和教育程度。换句话说，将匿名博客中的博文分类为：年龄类别集合 C_{age} 中的类别、性别类别集合 C_{gender} 中的类别、教育程度类别集合 $C_{education}$ 中的类别。其中，

C_{age} = {25 岁及其以下，26 ~ 40 岁，41 ~ 60 岁，60 岁以上}，

C_{gender} = {男性，女性}，

$C_{education}$ = {研究生，本科生，其他}。

本节将描述一种混合神经框架来实现作者画像识别任务。在该框架中，设计了基于文档向量模型 Doc2vec 和词频逆文档频率 TF - IDF 的分布式集成表示方法，并采用卷积神经网络（Convolutional Neural Network，CNN）识别博客作者的年龄、性别和教育状况。首先，利用文档向量模型 Doc2vec 生成博文的分布式表示。其次，基于词频逆文档频率（TF - IDF）构建博文表示。然后，根据这两种博文表示，构建博文的分布式集成表示。最后，采用卷积神经网络来预测博客作者的属性。实验结果表明，本节方法的性能优于基线方法。

在较多研究工作中，将作者画像识别任务看作二分类或多类别的文本分类问题。目前有许多研究工作实现博客、微博、新闻文本以及电子邮件等载体的

作者性别识别[104,110,111,112,113,114]。例如，Mukherjee[115]提出了一种关于词性序列模式的特征来表示文档，并使用支持向量机分类、支持向量机回归和朴素贝叶斯来识别博客作者的性别。Ansari et al.[111]首先构建三种相互独立的特征包括词语频率、基于 token 的 TF – IDF 和词性，然后利用 ZeroR 和 Naive Bayes 对博客作者的性别进行分类。

对于微博和新闻文本等，Ramnial et al.[110]首先提取如下特征作为博士论文的风格特征，包括组合词语、词尾、功能词、词性标注以及关于字符、词语、句子和标点符号的统计特征。然后，利用两个分类器或 k – 近邻和支持向量机预测作者性别。王晶晶等[112]首先设计了基于用户名称特征和基于微博文本特征的两个分类器；然后，采用贝叶斯规则集成这两种分类器来识别微博作者的性别。Cheng 等[104]构建字符特征、词语特征（包括心理语言学词语）、句法特征、结构特征、功能词（包括性别偏好词语）来表示文档。然后，利用三种机器学习方法包括支持向量机、贝叶斯逻辑回归以及 AdaBoost 决策树来识别新闻文本和电子邮件。

相对地，识别互联网文本作者的年龄和教育状况相关工作不多[114,116]。Nguyen 等[116]使用逻辑线性回归方法将 Twitter 用户分为三个年龄段。另外，Alvarez – Carmona 等[114]基于二阶属性和潜存语义分析来表示 Twitter 文本，并利用支持向量机预测作者的性别、年龄和个性特点。

6.3.2　博客作者属性识别方法

博客作者画像识别方法的基本思想是，首先利用文档向量和词频 – 逆文档频率生成博文的分布式集成表示，然后采用卷积神经网络识别匿名博文作者的用户画像。作者画像识别流程图包括四个步骤，如图 6.4 所示。第一，采集博客和对博客进行预处理，构建博客集合，包括这些博客作者的年龄、性别和教育程度。第二，基于文档向量 Doc2vec 和词频 – 逆文档频率 TF – IDF 构建文本表示，生成博文的分布式集成表示。第三，训练卷积神经网络构建分类模型。第四，训练卷积神经网络模型，识别匿名博文作者的用户画像，即识别博文作者的年龄、性别和教育程度。

本节生成博文向量的过程如下：首先，对于博文 x，基于文档向量模型 Doc2vec 生成博文 x 的分布式表示向量 u。其次，根据特征词的词频 – 逆文档频率 TF – IDF 值构建每篇博文的向量 w。最后，融合向量 u 和向量 w 来生成博文的分布式集成表示。

图 6.5 给出了博客作者属性识别的流程图。作者博客中的每篇博文均被视为一个文档。每一篇博文和博文中词语均对应于一个唯一的向量。图 6.5 中的

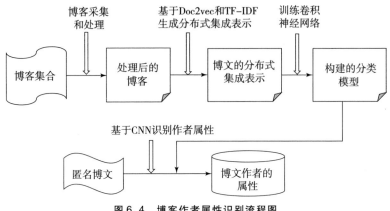

图 6.4　博客作者属性识别流程图

矩阵 B 由不同博文的向量构成，其中矩阵 B 中的每一列表示一篇博文的向量。图 6.5 中的矩阵 W 由不同词语的向量构成，其中矩阵 W 中的每一列表示一个词语的向量。

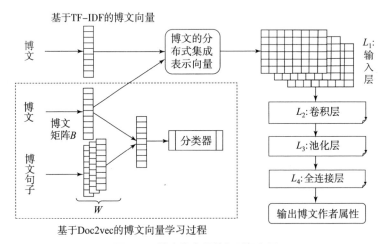

图 6.5　博客作者属性识别框架图

文档向量模型 Doc2vec 的核心思想是将词嵌入 Word2vec 扩展到文档嵌入，也就是词嵌入的扩展[117,118,119]。事实上，文档嵌入可以生成句子向量、段落向量或文档的向量。词嵌入旨在根据句子中词语的上下文构建词嵌入。换句话说，词嵌入的目标是根据句子中的上下文词语生成每个词语的向量。文档向量模型 Doc2vec 和词嵌入的区别在于前者中引入文档向量，旨在捕获文档的主题或当前上下文的缺失信息[117]。

本节使用文档向量模型 Doc2vec 和词频 – 逆文档频率 TF – IDF 生成博文的分布式集成向量的原因如下[117,118]。

a）文档向量模型 Doc2vec 采用无监督方法，能够为不同长度的博文生成向量表示。

b）博文的分布式表示能够捕获句子中词语之间的语义关联关系。

c）基于 TF – IDF 的博客表示能够突出带有作者个性特征的风格词语之间的差异。

d）由于文档向量模型 Doc2vec 基于未标记数据学习文档向量，因此，不需要对博客中的句子进行句法分析和语义分析。

当博文表示为分布式集成向量后，使用卷积神经网络 CNN 模型来预测博客作者的画像或特征。使用卷积神经网络模型的原因是：它具有良好的容错能力、自学习能力和局部感知能力，并且能够降低神经网络模型的复杂度[120,121]。

在输入层 L_1 中，基于 Doc2vec 和 TF – IDF 构建了每篇博文的分布式集成向量表示。通过输入层，作者的博文被映射到一个 $m{\times}n$ 矩阵，其中 m 是每篇博文向量的维数，n 是该作者的博文数目。图 6.6 中的 L_2 层是一个卷积层。通过卷积层提取博文的高级抽象特征[120,121]。例如，根据博文的一个窗口，可以生成一个特征 d_i，如公式（6.15）所示：

$$d_i = f(W * v_{i:i+h-1} + b).\qquad(6.15)$$

其中，$v_{i:i+h-1}$ 是 v_i，v_{i+1}，…，v_{i+h-1} 的链接，v_i 是第 i 个博文的向量，W 和 b 是卷积核参数，f 是非线性函数。进一步，通过在所有可能的博文窗口中进行卷积，构建公式（6.16）的特征图：

$$d = (d_1, d_2, \ldots, d_{n-h+1}).\qquad(6.16)$$

在池化层 L_3 中，通过在特征图上执行最大池化操作，获得博文的鉴别特征 v_{max}：

$$v_{max} = max(v_1, v_2, \ldots, v_n).\qquad(6.17)$$

进一步，这些鉴别特征被输入全连接层 L_4。该全连接层包含 dropout 和 softmax。最后，获得博文隶属于不同用户特征类别的概率分布。

6.3.3　实验结果与分析

在博客作者属性识别实验中，由 52 位名人博客共约有 8700 篇博文构成。每位作者博文从 15 篇到 675 篇不等。为建立尽可能平衡的数据集，选择三个不同的博文数据集作为性别、教育程度和年龄识别数据集。作者性别识别数据集包括 24 位作者共 5100 篇多博文，教育程度识别数据集包括 34 位作者的

4900 多篇博文，年龄识别数据集包括 32 位作者的 5200 多篇博文构成。

表 6.6 给出了使用 9 种方法进行性别、教育程度和年龄识别的准确率。这九种方法由三种博客表示方法和三种作者属性预测方法组成构成。其中，三种博文表示方法包括基于 TF - IDF 的表示方法、基于 Doc2vec 的表示方法，以及基于 Doc2vec 和 TF - IDF 的分布式集成表示方法。三种作者属性预测方法包括决策树（Decision Tree，DT）、随机森林（Random Forest，RF），以及支持向量机序列最小优化（Sequential Minimal Optimizatio，SMO）。例如，表 6.6 中第五种方法"Doc2vec⊕SMO"表示基于文档向量模型 Doc2vec 生成博文向量表示，利用序列最小优化方法识别博文作者属性。

表 6.6　作者性别、教育程度和年龄识别准确率

序号	准确率（%）	性别	教育程度	年龄
1	Baseline（TF - IDF⊕DT）	90.637 1	87.004 0	90.066 1
2	TF - IDF⊕SMO	86.158 3	82.489 9	89.065 2
3	TF - IDF⊕RF	85.386 1	83.583 0	87.686 5
4	Doc2vec⊕DT	83.957 5	61.842 1	66.081 2
5	Doc2vec⊕SMO	98.204 6	90.060 7	96.336 2
6	Doc2vec⊕RF	94.498 1	83.178 1	94.032 1
7	Doc2vec⊕TF - IDF⊕DT	89.420 8	82.267 2	91.123 7
8	Doc2vec⊕TF - IDF⊕SMO	98.030 9	97.672 1	98.394 7
9	Doc2vec⊕TF - IDF⊕RF	95.231 7	94.149 8	95.505 2
10	Our Approach（Doc2vec⊕TF - IDF⊕CNN）	99.967 6	97.747 3	96.319 7

表 6.6 的实验结果表明，对于作者属性性别和教育程度，混合式的博客作者属性识别方法的性能优于其他 9 种识别方法。对于年龄，混合式的博客作者属性识别方法的性能优于其他 7 种识别方法。对于作者属性年龄和教育程度，基于 Doc2vec 和 TF - IDF 的分布式集成表示方法的性能优于基于 TF - IDF 或 Doc2vec，利用随机森林和序列最小优化的识别方法。

对于参数敏感性实验，分析不同博文向量维度对作者属性识别性能的影响。基于 Doc2vec 的博文向量设置 50、100、200、300、500、800 和 1 000 维度。基于 TF - IDF 的博文向量设置从 301 维度到 5 003 维度。图 6.6 ～图 6.8 给出了基于 Doc2vec 的博文表示方法、基于 TF - IDF 的博文表示、基于 Doc2vec 和 TF - IDF 的博文分布式集成表示方法。

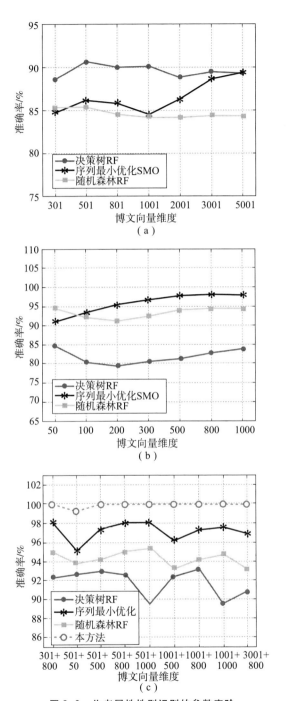

图 6.6　作者属性性别识别的参数实验

（a）基于 TF – IDF 的博文向量；（b）基于 Doc2vec 的博文向量；

（c）基于 Doc2vec 和 TF – IDF 的博文向量

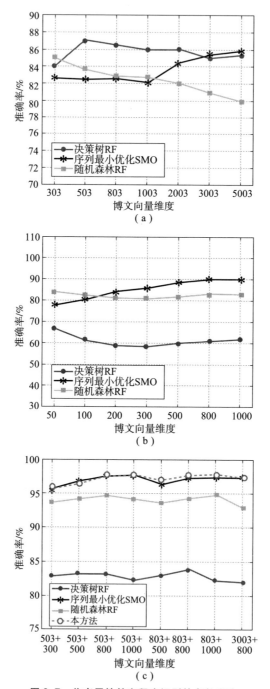

图 6.7 作者属性教育程度识别的参数实验

（a）基于 TF – IDF 的博文向量；（b）基于 Doc2vec 的博文向量；

（c）基于 Doc2vec 和 TF – IDF 的博文向量

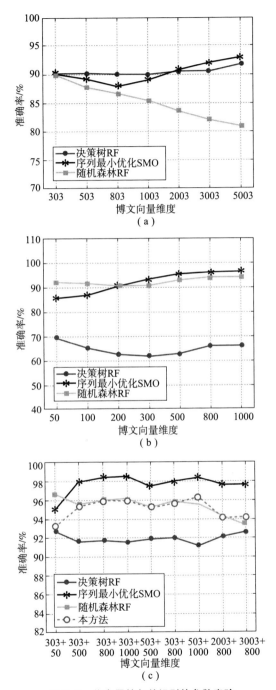

图 6.8　作者属性年龄识别的参数实验

（a）基于 TF－IDF 的博文向量；（b）基于 Doc2vec 的博文向量；

（c）基于 Doc2vec 和 TF－IDF 的博文向量

进一步，图 6.6（b）和图 6.6（c）表明基于序列最小优化的性别预测性能优于决策树和随机森林的性能，它们分别采用基于 Doc2vec 的表示方法、基于 Doc2vec 和 TF－IDF 的博文分布式集成表示方法。图 6.7（b）、图 6.7（c）、图 6.8（b），以及图 6.8（c）表明基于序列最小优化的教育程序和年龄预测性能优于决策树和随机森林的性能。总结起来，图 6.6 和图 6.7 表明本节的混合式作者属性识别方法取得更优性能。

总结起来，本节阐述了一种面向博客的分布式集成表示方法。该方法不依赖于对博文的语法和语义解析，可以捕获博文主题和句子词语之间的语义关联关系。另外，该表示方法是一种无监督学习方法，能够根据未标记数据学习博文向量。总体上，本节提供了一种有前途的能够同时识别博客作者的年龄、性别和教育状况的方法。实验性的结果表明，本节方法优于基于 TF－IDF 或 Doc2vec 的博客表示方法，以及采用决策树、随机森林或序列最小优化的博客作者属性识别方法。

6.4　源代码作者属性识别

6.4.1　研究任务

作者身份属性识别是指识别文本的作者身份。文本类型包括文学作品、论文、作业、电子邮件、博客、源代码和在线论坛消息等[78,80,122]。其中，源代码的作者身份属性识别任务是作者身份识别的重要研究内容。源代码作者身份属性识别任务是指，根据给定候选程序员集合的代码样本，识别源代码或程序的作者[83,123]。另外，源代码的作者身份识别任务也是计算机软件取证领域的重要研究内容。计算机软件取证领域是通过分析软件源代码或可执行代码，来识别软件的作者或者软件作者的个性特点。本节论述源代码作者属性识别方法[124]。

源代码作者身份识别任务本质上是一个分类问题。给定一个程序员集合 $\{P\}$ 以及这些程序员撰写的源代码样本，源代码作者身份识别任务是指，对于未知作者的源代码 $\{C\}$，在程序员集合 $\{P\}$ 中识别哪位程序员是源代码 $\{C\}$ 的作者。

源代码的作者身份识别技术广泛应用于软件知识产权侵权、恶意代码检测、软件维护和更新[125,126,127,128]。首先，软件知识产权侵权包含软件版权或专利侵权。源代码的作者身份识别能够用于解决未知源代码的所有权争议[127,128]。其次，恶意代码检测是检测计算机病毒、计算机蠕虫、间谍软件和广告软件等[128]。作者身份识别有助于识别恶意代码的作者或开发人员。最后，源代码的作者身份识别能够用于识别以前程序或程序模块的作者、跟踪软件维护和更新过程中程序变体的作者。

然而，以人工方式识别源代码作者费时费力，效率低[125,127]。因此，本节阐述研究如何自动地识别源代码的作者或程序。与面向自然语言文本的作者身份识别任务相比，源代码的作者身份识别有其自身特点[128,129]。第一，自然语言是一种开放而复杂的语言。但是，编写源代码的编程语言是一种形式化的限制性语言。第二，源代码灵活性主要体现在程序的布局、风格、结构、逻辑等方面，且与程序员个人的经验和习惯紧密相关。

源代码的作者身份识别方法包括排序方法和机器分类器方法[128,129,130,131]。另外，机器分类方法可以进一步分为三种类型：统计分析方法、机器学习方法和相似度计算方法[128]。例如，Abuhamad 等[132]设计基于深度学习的方法来识别源代码作者。该方法利用递归神经网络进行特征学习和提取，利用随机森林来识别作者身份。Mateless 等[133]设计分层的深度神经网络框架来识别代码作者身份。该框架包括 token 层编码器、函数层编码器以及全连接层。

源代码作者身份识别的主要挑战在于以下三个方面。第一，所提取的特征应独立于源代码的功能或用途以及标识符名称，例如变量和方法的名称。第二，所提取的特征在同一个程序员的不同程序中应相对稳定，且应在其随后的编程演化中相对稳定[83]。第三，所提取的特征应能够突出不同程序员的鉴别特征[126,127]。

为此，本节论述一种识别源代码作者身份属性，即识别程序员作者画像的方法。该方法包含连续词段级 N – gram 模型、离散词段级 N – gram 模型以及基于循环结构、数组和方法的多级上下文模型。另外，利用支持向量机序列最小优化来识别源代码的作者身份。通过两个开源网站程序的实验结果表明，源代码作者身份识别方法优于基线方法。

6.4.2　源代码作者属性识别方法

本节构建基于连续和离散词段级 N – gram 模型的逻辑特征、以及基于操作数组方法等的多粒度上下文的源代码作者属性识别方法。源代码作者身份属性识别方法包括两个阶段：源代码作者画像构建和源代码作者识别，如图 6.9 所示。其中，源代码作者画像构建阶段包括四个步骤：源代码布局特征提取、源代码编程风格特征提取、源代码结构特征提取、源代码逻辑特征提取。另外，逻辑特征提取模型包括连续词段级 N – gram 模型、离散词段级 N – gram 模型、基于字符级 N – gram 模型。另外，采用序列最小优化方法来识别源代码或程序的作者身份。

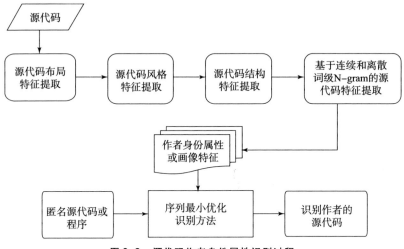

图 6.9　源代码作者身份属性识别过程

源代码作者画像特征提取的准则是，第一，源代码特征与程序的具体功能或目的无关；第二，能够展现程序员编写代码的个人偏好和使用习惯等，这些特征在程序员不同代码中呈现相对稳定的特点。具体地，主要包含四类源代码作者画像特征：源代码布局特征、源代码风格特征提取、源代码结构特征以及源代码逻辑特征。

表 6.7 给出相关研究工作中使用的源代码特性集合。表 6.8 给出了本节构建的源代码特征。表 6.7 和表 6.8 给出了源代码特征类别、特征 ID、特征焦点（Feature focus）和特征描述。其中，特征焦点是指源代码主题或特征所关联的源代码对象。源代码行分为四种类型：代码行、注释行、空白行以及源代码和注释组成的混合行。一个源代码和注释的混合行是指该行既包括源代码，也包括注释。另外，源代码的非注释行包括代码行和空行。

表 6.7　相关工作采用的源代码特征

源代码特征类别	特征 ID	特征描述
源代码布局类特征	tl_1	运算符左右相邻的空白总数/运算符的总数
	tl_2	大括号"｛"与 if（条件）在同一行的频率大于大括号"｛"在 if（条件）下一行的频率时，赋值 1。否则，赋值 0
	tl_3	空白行数/总行数
	tl_4	每行开头空白总数/总行数

源代码 特征类别	特征 ID	特征描述
源代码风格类 特征	ts_1	混合行数大于纯注释行数时，赋值 1。否则，赋值 0
	ts_2	总注释行数/非注释行数
	ts_3	所有变量名的字符总数/总变量名的个数
	ts_4	for 循环出现的频率大于 while 循环出现的频率时，赋值 1。相等时，赋值 2。小于时，赋值 0
	ts_5	If 语句出现的频率大于 switch 语句出现的频率时，赋值 1。相等时，赋值 2。小于时，赋值 0
	ts_6	Static 型全局变量的总数/非注释行数
	$ts_7 - ts_9$	"Public""Private""Protected" 三类成员各自出现的频率/三者出现的频率总和
	ts_{10}	运算符种类数
	ts_{11}	运算符总数/非注释行数
	$ts_{12} - ts_{15}$	"int""char""string""void" 四类方法各自出现的频率/四类方法出现的频率总和
	ts_{16}	方法出现总数/非注释行数
	$ts_{17} - ts_{19}$	若变量名包含 "_"，则赋值 1，反之赋值 0。若变量名包含数字，则赋值 1，反之赋 0。若变量名包含大写字母，则赋值 1，反之赋 0
	ts_{20}	变量出现的总数/非注释行数
	ts_{21}	变量出现的总数
	ts_{22}	若源代码使用了 goto 语句，则赋值 1。否则，赋值 0
源代码 结构类特征	tr_1	所有行的字符总数/总行数
源代码 逻辑类特征	tg_1	基于字符型 n - gram 模型特征的特征

表 6.8　本节构建的源代码特征

源代码 特征类别	特征 ID	特征描述	特征焦点是否 本节构建 （特征焦点）	特征度量方法 是否本节构建
源代码 布局类特征	fl_1	若最后一个 "import" 和后续第 1 个代码行或混合行有空行，赋值 1。否则，赋值 0	是（import）	是
	fl_2	形如 "for（…）" 小括号里的空白总数/for 循环的总数	是（format of for loop）	是
	fl_3	若形如 "for（…）" 小括号里含有空白，赋值 1。否则，赋值 0	是（format of for loop）	是

源代码 特征类别	特征 ID	特征描述	特征焦点是否 本节构建 （特征焦点）	特征度量方法 是否本节构建
源代码风格 类特征	fs_1	总注释行数/总行数	否（注释比例）	是
	fs_2	Java 关键字出现的总数/非注释 行数	否（关键词比例）	是
	fs_3	循环结构（for、while、do – while） 出现的总数/非注释行数	否（loop 比例）	是
	fs_4	循环结构中循环变量定义总数/循 环结构出现的总数	是（loop 变量 定义）	是
	fs_5	若源代码中使用了二维数组，赋 值 1。否则，赋值 0	是（二维数组）	是
	fs_6	若存在数组的下标用算式表示， 赋值 1。否则，赋值 0	是（数组下标）	是
	fs_7	i + = j 形式出现的总数/（i + = j 形式出现的总数与 i = i + j 形式出现 的总数之和）	是（additon 操作）	是
	fs_8	若代码中出现了"return 0"，赋 值 1。否则，赋值 0	是（返回语句）	是
	fs_9	"import"的出现总数/总行数	是（import 比例）	是
	fs_{10}	"interface"的出现频率大于"class" 出现频率时，赋值 1。否则，赋值 0	否（class 和 interface 比例）	是
源代码结构 类特征	fr_1	定义的方法总数/非注释行数	否（定义方法比例）	是
	fr_2	总注释行的总字符数/总注释行数	否（注释平均长度）	是
	fr_3	所有方法行数总和/总的方法数	否（方法平均长度）	是
源代码逻辑 类特征	fg_1	基于词段型连续 n – gram 模型的 特征	是（词段级 n – gram）	是
	fg_2	基于词段型离散 n – gram 跳跃 m 词段模型的特征	是（词段级 n – gram）	是

（1）源代码布局特征。

定义（源代码布局特征）：源代码布局特征是指能够反映程序布局或程序的源代码和注释的布局的特征。

在表 6.7 和表 6.8 中，源代码布局特征的特征焦点集合为：｛import，if statement，format of operator，format of loop，leading whitespaces of lines，percentage of blank lines｝。例如，表 6.8 中特征 fl_1 的特点焦点是"import"，它表示导

入包操作。另外，fl_1 表示在包含关键词"import"的最后一行与包含源代码的下一行之间，是否至少存在一个空白行。

进一步，对所引入的三个源代码布局特征解释如下。首先，引入特征 fl_1 的目的是描述包含导入包的行与其他源代码行之间的布局特征。其次，fl_2 和 fl_3 均用于表示在"for loop statements"循环语句中空格的布局安排特点。实际上，这三种特征是独立于具体程序的，展现了程序员对导入包代码行和循环语句 for loops 的布局设计的偏好。源代码作者身份识别实验中源代码布局特征集合包括表6.7和表6.8中的布局特征，即 tl_1，tl_2，tl_3，tl_4，fl_1，fl_2，fl_3。

（2）源代码布局特征。

定义（源代码风格特征）：源代码风格特征是指能够反映程序员对编程风格特点的偏好，例如变量名称或变量长度。

本节采用表6.8中风格特征 fs_1，fs_2，$\cdots$，fs_{10} 的原因在于以下三个方面。第一，fs_1，fs_2，fs_3，fs_7 主要反映程序员在注释、关键字、循环语句和 add 操作语句的使用方面的个人特点。特别地，特征 fs_4 是指开发者在 for 循环语句中是否经常定义循环变量。第二，特征 fs_5 和 fs_6 则主要反映程序员如何定义数组下标、程序员在程序中是否使用二维数组。第三，特征 fs_8 主要描述开发者在 void 方法的末尾是否写语句"return 0；"的习惯。第四，引入特征 fs_9 和 fs_{10} 的目的是为了捕获程序员使用 import、interface 和 class 的频率特征。在实验中，使用一组源代码风格特征，由表6.7和表6.8中的风格特征组成，即 fs_1，fs_2，$\cdots$，fs_{10}，ts_1，ts_2，$\cdots$，ts_{22}。

（3）源代码结构特征提取。

定义（源代码结构特征）：源代码结构特征是指能够反映程序结构的特征。例如，方法的平均长度，该特征通常与程序员的经验相关。

本节引入特征 fr_1，fr_2 和 fr_3 的原因是，这三种特征体现了开发人员对方法和注释的使用偏好。在实验中，使用的源代码结构特征包括表6.7和表6.8的特征 fr_1，fr_2，fr_3，tr_1。

（4）基于连续和离散的词语级 N-gram 模型的逻辑特征提取。

定义（连续词段级 N-gram 源代码模型）：连续词段级 N-gram 源代码模型是指，程序中一个连续的长度为 N 的词项序列（或语段序列），也就是，包括 N 个连续语段的序列。其中，源代码的语段定义为：任意被空格分隔的字符串。语段可以为：关键词、运算符、用户定义的标识符、标点符号和语句等。

对于一个源代码的语段序列 t_1，t_2，$\cdots$，t_p，根据连续的词段级 N-gram 模型，可以获得如图6.10所示的语段序列。图6.10给出了两个源代码逻辑特征示例，包括基于连续词段级 N-gram 模型的源代码逻辑特征，基于离散的词段级 N – gram 模型的源代码逻辑特征。

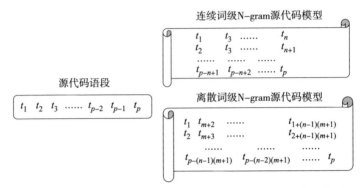

图 6.10 连续词段级 N – gram 和离散词段级 N – gram 源代码模型

例如，对于下面程序"from util import print_time_info，set_random_seed，get_hits，getResult"，根据连续词语级 3 – gram 模型，可以构建长度为 3 个语段的序列，如下所示。

- from util import
- util import print_time_info
- ......

get_hits，getResult

定义（离散词段级 N – gram 源代码模型）：对于程序的语段序列 t_1，t_2，$\cdots$，t_p，含有 m 个间隔语段的离散词段级 N – gram 模型是指，一个包括 n 个语段的离散序列，即 t_k，t_{k+m+1}，$\cdots$，t_p，其中，$1 \leq k \leq p - (n-1)(m+1)$。

例如，对于上述程序，基于含有 1 个跳跃语段的离散词语级 2 – gram 模型，可以构建带有 1 个跳跃语段的离散词语级 2 – gram 模型，如下所示：

- from util import print_time_info，set_random_seed，get_hits，getResult
- from import
- ......
- get_hits getResult

首先，从数据集的程序中提取一组前 k 个高频连续词段级 N – gram 序列、一组前 k 个高频的离散词段级 N – gram 序列，以及一组字符级 N – gram 序列。程序的特征 fg_1，fg_2，tg_1 分别是这三个集合中序列的出现频率。

本节引入基于连续性和离散性词段级 N – gram 模型的源代码逻辑特征提取方法的原因在于以下四个方面。第一，基于连续和离散词段级 N – gram 模型所提取的特征反映了程序员对关键字、标识符、运算符和语句的使用偏好。第二，连续词段级 N – gram 模型能够捕获程序员隐含的编程模式，即关键字与用户自定义的标识符之间的搭配模式。其中，用户自定义的标识符包括变量名称、方法名称、类名称等。然后，对于字符级的 N – gram 模型难以挖掘隐含的关键字与用户自定义的标识符之间的搭配模式。第三，基于离散词段级 N – gram 模型能够发现程序员潜在的、关键字自身之间、用户自定义标识符自身之间、关键词和运算符之间的搭配模式。第四，基于连续和离散的词段级 N – gram 模型的特征，易于从源代码中提取，并且不需要任何预处理。因此，基于这两个模型提取的特征与程序的具体功能或目的无关，能够展现程序员无意识的、相对稳定的个人编程特点。

语料库中的源代码经过特征提取阶段，生成特征向量。进一步，将源代码作者识别问题转化为多类别的分类问题。利用序列最小优化方法进一步识别源代码的作者。

6.4.3　实验结果与分析

源代码作者身份属性识别实验数据包括两个数据集。第一个数据集包括八位程序员的 8 000 个程序，每位程序员 1 000 个程序，第二个数据集由 502 位程序员的程序构成，是一个不平衡的数据集。利用十折交叉验证来评估本节方法的性能。

在源代码作者身份属性识别实验中，本节方法的性能与下面方法的性能进行比较。具体地，在特征集 B_1、B_2、B、F_1、F_2、F_3、F 上，采用基于决策树、随机森林和序列最小优化的识别方法。

$B_1 = \{tg_1\}$，

$B_2 = \{tl_1, \cdots, tl_4, ts_1, \cdots, ts_{22}, tr_1\}$，

$B_1 = B_1 \cup B_2$，

$F_1 = \{fl_1, \cdots, fl_3, fs_1, \cdots, fs_{10}, fr_1, fr_2, fr_3\}$，

$F_2 = \{fg_1\}$，

$F_3 = \{fg_2\}$，

$F = F_1 \cup F_2 \cup F_3.$

表 6.9 和表 6.10 给出了采用决策树、随机森林和序列最小优化，利用不同特征集的识别性能。特征集 B_1 是字符集 6 – gram 特征集，特征集 F_2 是连续词段级 3 – gram 特征，特征集 F_3 是离散词段级 2 – gram 跳跃 1 词段特征集。

表 6.9　数据一的源代码作者身份属性识别性能

	B_1	B	F	$F \cup B_1$	$F \cup B$
决策树（%）	95.95	96.03	96.45	97.61	97.54
随机森林（%）	97.74	97.66	98.08	98.00	98.05
序列最小优化（%）	97.68	97.73	98.40	99.03	99.08

表 6.10　数据二的源代码作者身份属性识别性能

	B_1	B	F	$F \cup B_1$	$F \cup B$
决策树（%）	71.31	70.52	72.71	73.31	72.51
随机森林（%）	72.91	74.30	81.27	75.70	74.70
序列最小优化（%）	72.31	75.50	80.28	82.47	83.47

从表 6.9 和表 6.10 可以看出以下事实。第一，在两个数据集上，利用决策树、随机森林和序列最小优化，在特征集 F，$F \cup B_1$ 和 $F \cup B$ 上准确率高于特征集 B_1 和 B。因此，对于本节构建的特征集 F，不论是否集成 B_1 和 B 均优于特征集 B_1 和 B 的性能。第二，在两个数据集上，利用特征集 $F \cup B$ 和序列最小优化的识别性能最高。

表 6.11 和表 6.12 给出在特征集 B_1，B_2，B，F_1，F_2，F_3，采用决策树、随机森林和序列最小优化的识别性能。表 6.11 和表 6.12 的实验结果表明，在数据集一上，采用决策树、随机森林和序列最小优化，特征集 F_2，F_3 的识别性能优于特征集 B_1，B_2 和 B；在数据集二上，采用随机森林和序列最小优化，特征集 F_3 的识别性能优于特征集 B_1，B_2 和 B。因此，实验结果表明特征集 F_2，F_3 的有效性。另外，在表 6.11 的数据集一上，基于特征集 F_2 利用序列最小优化的识别性能最高；在表 6.12 的数据集二上，基于特征集 F_3 利用序列最小优化的识别性能最高。

表 6.11　数据一的单个特征集的源代码作者身份属性识别性能

	B_1	B	B_2	F_1	F_2	F_3
决策树（%）	95.95	96.03	62.44	54.00	96.60	96.58
随机森林（%）	97.74	97.66	76.23	65.59	98.15	97.83
序列最小优化（%）	97.68	97.73	54.90	48.04	98.13	98.06

表 6.12 数据二的单个特征集的源代码作者身份属性识别性能

	B_1	B	B_2	F_1	F_2	F_3
决策树（%）	71.31	70.52	51.20	45.82	71.12	69.32
随机森林（%）	72.91	74.30	71.51	57.57	77.89	77.49
序列最小优化（%）	72.31	75.50	51.79	24.30	74.30	80.28

图 6.11 和图 6.12 展示不同特征维度的源代码作者身份属性识别准确率。特征集 F_2，F_3 的维度设置为 1 000，2 000，3 000，4 000，5 000。图 6.11 和图 6.12 的实验曲线图表明，在两个数据集上，利用特征集 $F \cup B_1$ 或 $F \cup B$，支持向量机的识别性能高于决策树和随机森林。整体上，利用特征集 B 和本节构建的特征集 F，采用支持向量机获得最高性能。

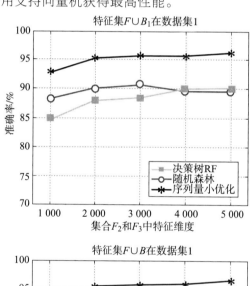

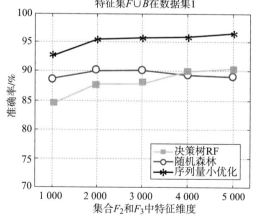

图 6.11 数据集一的不同特征维度的
作者身份属性识别性能

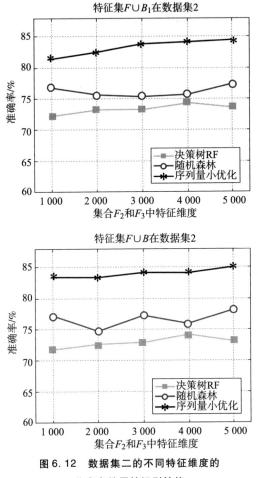

图 6.12 数据集二的不同特征维度的
作者身份属性识别性能

综上所述，本节阐述了一种面向程序员的作者画像识别方法。该方法包含连续词段级 N - gram 模型、离散词段级 N - gram 模型、基于数组和方法等的多级上下文模型。作者画像捕获了不同程序员在关键字、标识符、运算符、语句、方法和类以及程序不同粒度构成要素之间的搭配模式方面的显式和隐式的个人编程特征。此外，作者画像中提取的特征独立于程序的功能或目的，不受限于特定用户定义的标识符名称，例如变量、方法、类和接口的名称。本节提供关于源代码作者身份识别的一种有前途的方法。

|6.5　本章小结|

本章阐述论实体属性知识获取，包括实体的显式槽和隐式槽的属性知识获取、非结构化文本作者属性知识抽取、博客作者属性知识获取、源代码作者属性知识获取。

第 7 章

描述流抽取

随着多源异构数据的迅猛增长，人们跟踪和定位所需要的信息已经变得越来越困难了。通过信息检索、文本分类、主题识别、主题检测和跟踪等文本处理和分析等任务，能够了解文本的内容。但是，仍然难以捕获文本描述主题的细粒度内容和其中蕴含的描述顺序。因此，本章引入文本分析任务：描述流提取。

描述流提取通过识别文本的主题、主题的描述方面以及它们的顺序来反映文本的内容。这对信息检索、知识获取和信息提取将起重要的作用。本章阐述领域本体驱动的描述流提取方法。描述流对关注概念描述的完整性。对概念的描述一般遵循一定的规律，例如从具体到抽象、从整体到部分、从表层到里层等。人们在学习新知识认识新事物的过程中也遵循一定的规律，例如由里到外、由上到下、从现象到本质、时空关系等。通过刻画文本中描述事物的规律，描述流可以反映和指导概念描述的有序性和完整性，同时也可以引导并提升人们学习的有序性和完整性。

|7.1　描述流基本概念|

对于各种实体或事物，可以用描述子（Descriptor）和描述子的取值（Descriptor Value）来描述实体的性质，刻画实体。一个描述子描述实体的一个方面，而一个实体通常需要由若干描述子来描述。领域实体概念的性质可由描述子及其取值来描述。例如，遗址类实体通常是从分布区域、时期、地质时代、地理位置、年代、断代方法等描述子来刻画的。若描述子 d_1 所描述的内容包含描述子 d_2 所描述的内容，则称 d_1 语义包含 d_2。例如，对于遗址类实体，其描述子"简介"包含描述子"分布区域"和"时期"。因此，在遗址实体的简介中，一般均需介绍遗址的分布区域和时期。本节介绍描述流基本概念[134]。

定义（描述流，Descriptive Stream）：描述流是一个三元组 $DS = <D, \subseteq, \leqslant>$，

- D 为描述子集合；
- "$\subseteq$"表示描述子之间的语义包含关系；
- "$\leqslant$"表示描述子之间的出现偏序关系。

定义（描述类，Descriptive Category）：描述类指文本描述的个体所属的类。用符号"DC"表示。

例如，对于句子"丁村的文化遗物既具有其他中国旧石器时代文化的共同特点，如以石片石器为主等，又具有独特的打制技术和石器类型。"，描述的个体为丁村的文化遗物，所属的类为"文化遗物"，因此，这句话的描述类为

"文化遗物"。

定义（描述子的直接包含关系、间接包含关系）：若描述子 $d_1 \subseteq d_2$，$d_2 \subseteq d_3$，则称 d_2 与 d_1 的包含关系为直接包含关系，d_3 与 d_1 的包含关系为间接包含关系，d_1 为 d_2 的孩子描述子，d_2 为 d_3 的孩子描述子。

对于主题为同一类的不同文本，通常会有多个描述流。例如，图7.1为一个主题为考古领域中遗址类的文本的描述流，包括描述子："简介""地层与年代""发现遗迹""文化遗物""生态遗物""研究意义"。描述子"文化遗物"包含"石制品"和"陶器"。

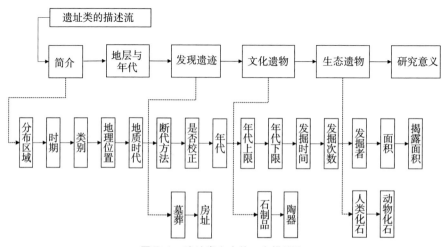

图 7.1　遗址类文本的一个描述流

例如，对于文本："中国东北地区旧石器时代早期洞穴遗址。位于辽宁省本溪县庙后山南坡。该遗址是迄今中国最北的旧石器时代早期遗址。1978年发现，随后至1982年间，由辽宁省博物馆和本溪市博物馆联合进行多次发掘。洞穴堆积由下往上分为8层。上部的第7、8两层的时代为晚更新世，铀系法断代和放射性碳素断代为距今10万至1.7万年。发现人类化石和文化遗物的第4、5、6层，伴出有三门马、中国缟鬣狗、肿骨大角鹿等华北中更新世典型动物，地质时代为中更新世晚期，铀系法断代及古地磁断代为距今40万至14万年（摘自庙后山遗址）"，它的描述流为：

- 遗址 . 分布区域，和　遗址 . 时期，和　遗址 . 类别
- 遗址 . 地理位置
- 遗址 . 是一个
- 遗址 . 发现时间，和　遗址 . 发掘时间，和　遗址 . 发掘者，和　遗址 . 发掘次数

- 遗址⇒文化堆积层，和　文化堆积层．分层顺序，和　文化堆积层．层数
- 文化堆积层．地质时代，和　文化堆积层．年代，和　文化堆积层．年代→断代方法
- 文化堆积层⇒文化遗物，和　文化堆积层⇒人类化石，和　文化堆积层⇒动物化石⇒子类，和　动物化石．分布区域，和　动物化石．时期，和　文化堆积层．地质时代，和　文化堆积层．年代，和　文化堆积层．年代→断代方法

第一项为第一句的描述流，依次类推。第一个句子描述了遗址的三个方面："中国东北地区"为遗址的分布区域，"旧石器时代早期"为遗址．时期，"洞穴遗址"为个体庙后山遗址所属的类，即，它是一个洞穴遗址。

定义（叶子描述子）：给定描述流 $DS = <D, \subseteq, \leqslant>$，如果该描述子不含有孩子描述子，则其中存在描述子称为叶子描述子。

为了识别文本的描述流，进一步定义了领域知识获取本体词汇类型，包括类词汇、类的名称词汇、类的语境词汇、类的子类词汇、类的部分类词汇、类的又称词汇、类槽值词汇、槽词汇、槽的名称词汇、槽的语境词汇、槽的同义词词汇、槽的近义词词汇、槽值域词汇、槽值的同义词词汇、槽值的近义词词汇、聚类槽词汇、聚类槽元素词汇。类 C 的类词汇是指词汇 C，类 C 的子类词汇是指 C 的所有子类词汇，其他词汇类型的含义依此类推。例如，类"房址"的"类的名称词汇"有"房基，房子，房屋"。槽"制作材料"的"槽的同义词词汇"有"质料，材料，原料，原材料"。

定义（槽词汇场，Slot Vocabulary Field）：将与槽 S 关联的词汇集合称为槽词汇场，包括槽词汇、槽的名称词汇、槽的同义词词汇、槽的近义词词汇、槽的语境词汇、聚类槽词汇、聚类槽元素词汇。记为 SVF（S）。

例如，地质时代的槽词汇场为：SVF（地质时代）＝｛地质时代，地质年代｝，SVF（制作材料）＝｛质料，材料，原料，原材料，制作，制成｝。

定义（类词汇场，Category Field）：将与类 C 关联的词汇集合称为类词汇场，包括类词汇、类的名称词汇、类的语境词汇、类的子类词汇、类的部分类词汇、类的又称词汇、类槽值词汇。记为：CF（C）。

定义（槽值词汇场，Slot Value Field）：将与槽 S 的槽值关联的词汇集合称为槽值词汇场，包括槽值域词汇、槽值的同义词词汇、槽值的近义词词汇。

例如，槽值词汇场（地质时代）＝｛早更新世，上更新世，中更新世，下更新世，晚更新世｝。

下面给出类石制品的各种词汇类型。

defcategory 石制品

{

    子类：石器，和　石片，和　石核

    类内槽继承属性：代表石制品

    类内槽继承属性：主要石制品

    类内槽继承属性：主要石制品所占比例

    属性：主要石制品长度

    属性：个别石制品长度

    属性：器形

        ：槽的名称词汇型式，和类型

        ：值域斧，和　锛，和　铲，和　，刀，和　镰，和　镞，和　矛，和　矛头，和　凿，和　石磨盘，和　石磨棒

    属性：器型

    属性：形制

    属性：制作材料

        ：槽的名称词汇原料，和　质料，和　材料，和　原材料

        ：槽的语境词汇制作，和　制成

    属性：制作情况

    属性：制作方法

    属性：制作地点

  聚类属性：加工情况

        ：元素加工情况，和　有无加工痕迹，和　加工方式

    属性：加工情况

    关系：有无加工痕迹

    属性：加工方式

    聚类属性：修理情况

        ：元素有无修理痕迹，和　是否修整

    关系：有无修理痕迹

    关系：是否修整

}

（1）描述子的类型。

根据描述子所刻画的个体、类、槽之间的关系，本节给出五种描述子类型，具体描述如下。

defcategory 描述子类型

类型：类间关系

　　：文法类 $C_1 \Rightarrow$ 类 C_2

　　：注释表示两个以上的类之间的关系

　　：例子　句子"发现人类化石和文化遗物的第 4、5、6 层，伴出有三门马、中国缟鬣狗、肿骨大角鹿等华北中更新世典型动物，地质时代为中更新世晚期，铀系法断代及古地磁断代为距今 40 万至 14 万年"的描述子为"文化堆积层⇒文化遗物，和文化堆积层⇒人类化石，和　文化堆积层⇒动物化石，和　文化堆积层．地质时代，和　文化堆积层．年代，和　文化堆积层．年代→断代方法"

类型：类等价

　　：文法类 $C_1 \Leftrightarrow$ 类 C_2

　　：注释表示两个类等价

　　：例子"遗址．发掘事件遗物⇔遗物⇒子类"

类型：类个体

　　：文法类→个体名称

　　：注释表示类的个体名称

　　：例子　句子"1954 年中国科学院古脊椎动物研究所和山西省文物管理委员会由贾兰坡主持进行发掘，材料由裴文中等编写成《山西襄汾县丁村旧石器时代遗址发掘报告》"的描述子为"遗址．发掘时间，和　遗址．发掘者，和　遗址．发掘主持者，和　研究报告→个体名称，和　研究报告．编写者"

类型：类槽

　　：文法类．槽

　　：注释表示类的槽

　　：例子　句子"中国东北地区旧石器时代早期洞穴遗址"的描述流为"遗址．分布区域，和　遗址．时期，和　遗址．类别"

类型：类槽侧面

　　：文法类．槽→侧面

　　：注释表示类的槽以及槽的侧面

　　：例子　句子"上部的第 7、8 两层的时代为晚更新世，铀系法断代和放射性碳素断代为距今 10 万至 1.7 万年"的描述子为

> "文化堆积层．地质时代，和　文化堆积层．年代，和　文化堆积层．年代→断代方法"

　　}

构建描述流的准则有：扩展性和完整性。扩展性通过描述子之间的包含关系来描述。

设文本存在两个描述流 $DS_1 = <D_1，\subseteq，\leqslant>$ 和 $DS_2 = <D_2，\subseteq，\leqslant>$。若 $\forall d_1 \in D_1$，均存在 $d_2 \in D_2$，并且 $d_1 \subseteq d_2$，则称 DS_2 比 DS_1 的扩展性强。

例如，对于这个句子"发现人类化石和文化遗物的第 4、5、6 层，伴出有三门马、中国缟鬣狗、肿骨大角鹿等华北中更新世典型动物，地质时代为中更新世晚期，铀系法断代及古地磁断代为距今 40 万至 14 万年（庙后山遗址）。"，可以构建如下所示的两种描述流 DS_1 和 DS_2。

■ $DS_1 =$（文化堆积层⇒文化遗物，文化堆积层⇒人类化石，文化堆积层⇒动物化石，动物化石⇒三门马，文化堆积层⇒中国缟鬣狗，动物化石⇒肿骨大角鹿，动物化石．分布区域，动物化石．时期，文化堆积层．地质时代，文化堆积层．年代，文化堆积层．年代→断代方法）。

■ $DS_2 =$（文化堆积层⇒文化遗物，文化堆积层⇒人类化石，文化堆积层⇒动物化石，动物化石⇒子类，动物化石．分布区域，动物化石．时期，文化堆积层．地质时代，文化堆积层．年代，文化堆积层．年代→断代方法）。

选择 DS_2，因为 DS_2 的"动物化石⇒子类"比 DS_1 的"动物化石⇒三门马、动物化石⇒中国缟鬣狗、动物化石⇒肿骨大角鹿"具有更强的扩展性。

完整性包括类间关系的完整性和同类描述子的完整性。类间完整性是指文本的描述流是否给出了文本中不同类之间的关联关系。

例如：对于这个句子"遗址中出土有属早期智人阶段的丁村人牙齿化石、以及以三棱大尖状器为突出特征的文化遗物。"，可以构建如下所示的两种描述流 DS_1 和 DS_2。

■ $DS_1 =$（人类化石⇒部分类，人类化石⇒部分类．人种，文化遗物．特征）。

■ $DS_2 =$（遗址⇒人类化石，人类化石⇒部分类．，人类化石⇒部分类．人种，文化遗物．特征）。

选择 DS_2，因为 DS_2 包含"遗址⇒人类化石"，描述了隐含的类之间的关系，即"遗址"与"人类化石"之间的关系。

（2）描述流的结构。

描述流的结构为二重偏序结构。其中，一种结构是由描述子之间的包含关系构成的偏序结构，而另一种结构是由描述子之间的出现顺序关系所构成的偏序结构。

例如，对于遗址类的描述流 DS（遗址），描述子之间的包含关系所构成的偏序结构如下：

- DS（遗址）包括描述子："简介"、"地层与年代"、"发现遗迹"、"文化遗物"、"生态遗物"、"研究意义"。
- 描述子"简介"包含描述子"分布区域"、"时期"、"类别"、"地理位置"、"地质时代"、"断代方法"、"是否校正"、"年代"、"年代上限"、"年代下限"、"发掘时间"、"发掘次数"、"发掘者"、"面积"、"揭露面积"。
- 描述子"发现遗迹"包含描述子"墓葬"、"房址"。
- 描述子"文化遗物"包含描述子"石制品"、"陶器"。
- 描述子"生态遗物"包含描述子"人类化石"、"动物化石"。

DS（遗址）的描述子的描述顺序关系所构成的偏序结构。DS（遗址）的描述子的描述顺序关系可以为如下三种：

- 地层与年代 ≤ 发现遗迹 ≤ 文化遗物 ≤ 生态遗物 ≤ 研究意义
- 地层与年代 ≤ 文化遗物 ≤ 发现遗迹 ≤ 生态遗物 ≤ 研究意义
- 地层与年代 ≤ 文化遗物 ≤ 生态遗物 ≤ 发现遗迹 ≤ 研究意义

基于描述子的包含关系，描述流的结构可以分为线性结构和树结构。

（3）描述流的表示语言。

下面给出描述流的表示语言。

defcategory 描述流　实现　描述流出现概率

{

　　属性：孩子描述子

　　：类型　字符串数组

　　：例子"遗址.分布区域，和　遗址.时期，和　遗址.发掘事件，和　遗址.地质年代"

　　：注释"表示描述流包含的孩子描述子"

　　属性：孩子描述子顺序

　　：类型　二元组数组

　　：文法（d_1，d_2；P（d_1，d_2）$=?$），和…，和（d_{n-1}，d_n；P（d_{n-1}，d_n）$=?$）

　　：例子"（遗址.分布区域，遗址.时期；$P=1$），和（遗址.时期，遗址.发掘事件；$P=0.8$）"

　　：注释"孩子描述子顺序表示描述流包含的 n 个描述子的顺序关系，其中 P（d_i，d_j）（$1 \leqslant i$，$j \leqslant n$）表示 d_i 和 d_j 共现的概率。如果描述流只有一个描述子，那么该槽的槽值为空"

}

defcategory 描述流出现概率

{

属性：出现概率（描述子 d_1，描述子 d_2，…，描述子 d_k）

: 类型　数值

: 计算公式 $P(d_1, d_2, \cdots, d_k) = P(d_1) \times P(d_2 \mid d_1) \times \cdots \times P(d_k \mid d_1 d_2 \cdots d_{k-1}) = \text{freq}(d_1, d_2, \cdots, d_k)/N$

: 注释"计算描述流中 k 个描述子出现的联合概率的公式，其中 N 表示语料样本的大小"

属性：出现概率（叶子描述子 d）

: 类型　数值

: 计算公式 $P(d) = \text{freq}(d)/N$

: 注释"计算描述流中叶子描述子 d 的出现概率的公式，其中 N 表示语料样本的大小，$\text{freq}(d)$ 表示 d 出现的频率"

属性：出现概率（非叶子描述子 d）

: 类型　数值

: 计算公式 $\text{pr}(d) = \text{pr}(d_1 \cup d_2 \cup \ldots \cup d_k)$

: 注释"计算描述流中非叶子描述子 d 的出现概率的公式。例如，$\text{pr}(d_1 \cup d_2 \cup d_3) = (\text{freq}(d_1) + \text{freq}(d_2) + \text{freq}(d_3) - \text{freq}(d_1, d_2) - \text{freq}(d_1, d_3) - \text{freq}(d_2, d_3) + \text{freq}(d_1, d_2, d_3))/N$，$N$ 表示语料样本的大小"

}

7.2　描述流定性分析和定量分析

下面分析描述流的性质。

性质 5.1：若描述子 $d_1 \leqslant d_2$，$\{d_{11}, d_{12}, \cdots, d_{1m}\} \subseteq d_1$，$\{d_{21}, d_{22}, \cdots, d_{2n}\} \subseteq d_2$，$m$，$n$ 为整数，则 $d_{1i} \leqslant d_{2j}$（$i = 1, 2, \cdots, m, j = 1, 2, \cdots, n$）。

证明：若 $d_1 \leqslant d_2$，$d_{1i} \subseteq d_1$，则 $d_{1i} \leqslant d_2$。又 $d_{2j} \subseteq d_2$，则 $d_{1i} \leqslant d_{2j}$。

该性质表明：对于满足描述偏序关系的两个描述子，它们的孩子保持该序关系。依此推广，可以得到性质 5.2。

性质 5.2：若描述子 $d_1 \leqslant d_2 \leqslant \ldots \leqslant d_{n-1} \leqslant d_n$，$d_1 = \{d_{11}, d_{12}, \cdots, d_{1m_1}\}$，$d_2 = \{d_{21}, d_{22}, \cdots, d_{2m_2}\}$，$\cdots$，$d_n = \{d_{n1}, d_{n2}, \cdots, d_{nm_n}\}$，$m_1$，$m_2$，$\cdots$，$m_n$ 为整数，则 $d_{1i_1} \leqslant d_{2i_2} \leqslant \ldots \leqslant d_{n-1i_{n-1}} \leqslant d_{ni_n}$（$i_1 = 1, 2, \cdots, m_1$，$i_2 = 1, 2, \cdots, m_2$；$\cdots$；$i_n = 1, 2, \cdots, m_n$）。

下面给出描述流的定性分析。描述流可以分为必要描述流和可选描述流。进一步，可选描述流可以分为主描述流和辅描述流。

定义（必要描述流）：给定语料 Ct，设 Ct 包含 n 篇文本，其中，n 为正整数。如果每篇文本均采用描述流 DS 的叙述方式，则描述流 DS 称为相对于该语料的必要描述流。

定义（可选描述流）：给定语料 Ct，设 Ct 包含 n 篇文本，其中，n 为正整数。如果存在 k（$k < n$）篇文本采用描述流 DS 的叙述方式，其中，k 为正整数，则描述流 DS 称为相对于该语料的可选描述流。

定义（主描述流、辅描述流）：给定语料 Ct，设 Ct 包含 n 篇文本，其中，n 为正整数。如果存在 k（$k/m \geqslant \alpha$）篇文本采用描述流 DS 的叙述方式，其中，k 为正整数，α 为阈值，则描述流 DS 称为相对于该语料的 α – 主描述流，否则称为相对于该语料的 α – 辅描述流。

下面给出描述流的定量分析。描述流按照其相似性可分为三类：相同描述流、相似描述流和相异描述流。

定义（相同描述流）：给定两个描述流 $DS_1 = \langle D_1, \subseteq, \leqslant \rangle$ 和 $DS_2 = \langle D_2, \subseteq, \leqslant \rangle$，如果

（1）$D_1 = D_2$；

（2）描述子的包含关系结构和偏序结构均相同；

则将 DS_1 和 DS_2 称为相同描述流。也就是，这两个描述流的描述子以及描述子的序关系均完全相同。

定义（相异描述流）：给定两个描述流 $DS_1 = \langle D_1, \subseteq, \leqslant \rangle$ 和 $DS_2 = \langle D_2, \subseteq, \leqslant \rangle$，如果 $D_1 \cap D_2 = \varnothing$，则将 DS_1 和 DS_2 称为相异描述流。也就是，这两个描述流不含有相同的描述子。

定义（弱相似描述流）：给定两个描述流 $DS_1 = \langle D_1, \subseteq, \leqslant \rangle$ 和 $DS_2 = \langle D_2, \subseteq, \leqslant \rangle$，如果 $D_1 \cap D_2 \neq \varnothing$，则将 DS_1 和 DS_2 称为弱相似描述流。也就是，这两个描述流含有相同的描述子。

定义（强相似描述流）：给定两个描述流 $DS_1 = \langle D_1, \subseteq, \leqslant \rangle$ 和 $DS_2 = \langle D_2, \subseteq, \leqslant \rangle$，如果

（1）$CD = D_1 \cap D_2 \neq \varnothing$；

（2）$\forall d_{1i_1}, d_{1i_2}, d_{2j_1}, d_{2i_2} \in CD$，若 $d_{1i_1}, d_{1i_2} \in D_1$，$d_{2j_1}, d_{2i_2} \in D_2$，$d_{1i_1} = d_{2j_1}$，

$d_{1i_2} = d_{2j_i}$, $d_{1i_i} \leqslant d_{1i_2}$, 则 $d_{2j_i} \leqslant d_{2j_i}$ 。

则将 DS_1 和 DS_2 称为强相似描述流。也就是，这两个描述流含有相同的描述子并且描述子的序关系均完全相同。

定义（描述子的路径段）：给定描述流 $DS = <D$, $\subseteq$, $\leqslant >$, 设 d_i , $d_j \in D$, 将结点 d_i 到结点 d_j 的由出现关系决定的路径称为描述子 d_i 到描述子 d_j 的路径段，记作 Path (d_i , d_j) 。

定义（描述子距离，Descriptor Distance）：给定结构描述流 $DS = <D$, $\subseteq$, $\leqslant >$, 设 d_i , $d_j \in D$, 定义描述子 d_i 和 d_j 的距离为：| Path (d_i , d_j) | 。

性质 5：给定线性结构描述流 $DS = <D$, $\subseteq$, $\leqslant >$, 设 d_i , $d_j \in D$, $d_i \leqslant d_j$, 描述子 d_i 和 d_j 的距离为：DD $(d_j - d_i)$ $= j - i$ 。

证明：因为 d_i , $d_j \in D$, 所以 DD $(d_j - d_i)$ $=$ | Path (d_i , d_j) | $= j - i > 0$.

定义（描述子对距离，Descriptor Pair Distance）：给定两个线性结构描述流 $DS_1 = <D_1$, $\subseteq$, $\leqslant >$ 和 $DS_2 = <D_2$, $\subseteq$, $\leqslant >$, 设 $d_{1i_1} = d_{2j_1}$, $d_{1i_2} = d_{2j_2}$, ..., $d_{1i_n} = d_{2j_n}$, n 为正整数，定义相同描述子对 $< d_{1i_k} , d_{2j_k} >$ 和 $< d_{1i_{k-1}} , d_{2j_{k-1}} >$ 的距离为：

$$\text{DPD}(< d_{1i_{k-1}} , d_{2j_{k-1}} > , < d_{1i_k} , d_{2j_k} >) = \text{DD}(d_{1i_k} - d_{1i_{k-1}}) - \text{DD}(d_{2j_k} - d_{2j_{k-1}}).$$

定义（偏移距离，Excursion Distance）：给定两个线性结构描述流 $DS_1 = <D_1$, $\subseteq$, $\leqslant >$ 和 $DS_2 = <D_2$, $\subseteq$, $\leqslant >$, 它们的偏移距离定义为：

$$ED(DS_1 , DS_2) = \begin{cases} \sum_{k=2}^{n} \text{DPD}(< d_{1i_{k-1}} , d_{2j_{k-1}} > , < d_{1i_k} , d_{2j_k} >), & k \geqslant 2 \\ \infty, & 1 \leqslant k < 2 \end{cases}$$

其中，$d_{1i_1} = d_{2j_1}$, $d_{1i_2} = d_{2j_2}$, ..., $d_{1i_n} = d_{2j_n}$, n 为正整数。

7.3 描述流提取方法

定义（描述子关联词汇场，Associated Vocabulary Field）：将刻画或者反映描述子的词汇的集合，称为描述子的关联词汇场。将描述子 d 的关联词汇场记作 AVF (d) 。根据描述子的类型，给出了描述子的关联词汇场的构成。

- 若描述子 d 为类，AVF (d) = |类词汇，类的名称词汇，类的语境词汇，类的子类词汇，类的部分类词汇，类的又称词汇，类槽值词汇|。
- 若描述子 d 为槽，AVF (d) = |槽词汇，槽的名称词汇，槽的语境词汇，槽的同义词词汇，槽的近义词词汇，槽值域词汇，槽值的同义词词汇，槽值的

近义词词汇⎱。

例如，描述子"石制品"的关联词汇场的元素有"原料、石器、石片、石片石器、石核、石核石器、锤击法、碰砧法、砸击法、砧击法、砍斫器、刮削器、尖状器"等。

定义（描述子密度，Descriptor Density）：设 d 为语段 TS 的描述子，d 的密度 DD(d) 有两种定义：

（a）TS 中映射为 d 的所有特征项 FT_1，FT_2，$\ldots$，FT_n 的出现次数之和，即

$$DD(d) = \sum_{k=1}^{n} freq(FT_k)，其中 f(FT_k) = d，k = 1，2，\ldots，n；$$

（b）TS 中映射为 d 的不同特征项 FT_1，FT_2，$\ldots$，FT_k 的个数，即

DD(d) = k，其中 $f(FT_i) = d$，$i = 1$，2，$\ldots$，n。

在描述流提取中，首先进行特征项提取，并以概念作为特征项。这是因为概念比词语更能忠实地表达文章的内容。然后，采用逐层构建的方法生成篇章的描述流。共分三个层级。第一层构建特征项映射的描述子。基于特征项的描述子，第二层提取句子映射的描述流。基于句子的描述流，第三层构建篇章的描述流。

在生成特征项映射的描述子时，本节采用三种方法。其一，根据特征项所关联的类的属性或关系名称。其二，根据特征项在描述子关联词汇场中所对应的描述子。在这里，描述子关联词汇场是一个关于特征项词汇及其对应描述子的二维矩阵，并根据训练文本进行创建。其三，基于特征项之间的互信息。

由特征项映射的描述子构成了句子的描述流。本节进一步引入基于描述子的密度对其进行排序。对一个篇章，会存在许多种不同的候选描述流。问题是如何选择最优描述流。基于训练文本构建的训练描述流，本节采用动态规划从候选描述流中提取一种与训练描述流相似度最大的描述流，并将该描述流作为篇章的描述流[134]。

描述流提取系统包括如下模块，如图7.2所示。

■ 模块1：提取文本的特征项模块，采用方法：基于领域知识获取本体和领域词典的特征项提取方法；

■ 模块2：构建训练描述流模块，采用方法：知识获取本体引导的训练描述流构建方法；

■ 模块3：构建关联词汇场模块，采用方法：贡献度驱动的描述子的种子关联词汇场构建方法；

■ 模块4：生成特征项的描述子模块，采用方法：基于关联词汇和互信息

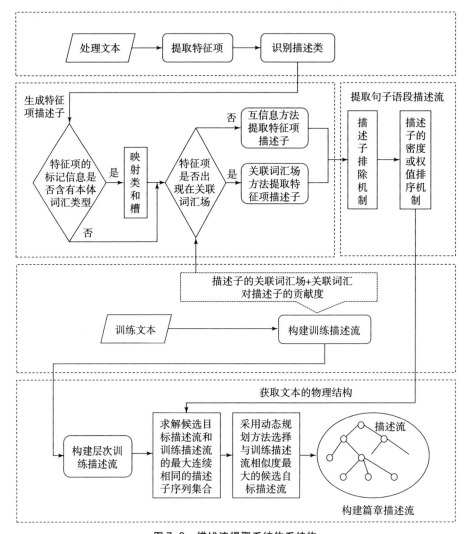

图 7.2　描述流提取系统体系结构

的特征项描述子提取生成方法；

　　■ 模块 5：提取句子级语段的描述流模块，采用方法：排序和剔除机制混合驱动的句子语段描述流提取方法；

　　■ 模块 6：生成篇章级语段的描述流模块，采用方法：基于动态规划和有序聚类的篇章语段描述流生成方法；

　　■ 模块 7：验证描述流模块。

　　（1）提取特征项。

　　对于输入的文本字符流，首先识别文本的物理结构，然后基于领域知识获取本体和领域词典提取句子的特征项。采用最大前向匹配法，从句子中提取领域本体和领域词典中的词汇特征项。

构建了领域词典和领域知识获取本体词汇库的两级索引结构。第一级为词目首字索引，第二级为词目索引。特征项的词汇类型标记包括：词典词汇类型和领域知识获取本体词汇类型。这种标记信息结构具有两个特点：第一，可有效地解决交叉匹配的问题；第二，标注信息不是显式地标注在文本中，而是隐式地存储在标记信息结点中，因此能够快速方便地读取标记信息。

对以下情形同时出现：①若句子的特征项集合中含有 FT_1 和 FT_2，②FT_1 包含 FT_2，③FT_1 的标记类型含有从领域知识中获取的本体词汇类型，④FT_2 的标记类型为词典词汇类型，则从特征项集合中去掉 FT_2。

（2）构建训练描述流。

随机选择训练文本，自动提取训练文本的特征项，然后由知识工程师构建各个训练文本的描述流。目前，随机选择了 m 个文本作为训练文本，人工构建 m 个训练文本中每个句子的描述流，构成训练文本的篇章描述流。设训练文本 T_i 的描述流为 $DS_i = <D_i，\subseteq，\leqslant>$，$i = 1，2，\cdots，n$，构建描述子集合 $D_1，D_2，\ldots，D_n$ 的顺序矩阵。

顺序矩阵满足如下条件：第一，对于一个描述类，同一个描述子仅出现一次，除非该描述子在同一文本中出现多次；第二，一篇文本的顺序矩阵元素对应的描述子的顺序，尽量按照描述子在文本中的出现顺序排列。

基于顺序矩阵，构建训练描述流 $TDS = <TD，\subseteq，\leqslant>$，$TDS$ 满足如下条件：

- $\forall d_i \in D_i，d_i \in TD$，$TD$ 是训练描述子集合。
- $\forall d_{i_1}，d_{i_2} \in D_i$，若 $d_{i_1} \leqslant d_{i_2}$，则 $\exists d_{m_1}，d_{m_2} \in TD$，$d_{i_1} = d_{m_1}$，$d_{i_2} = d_{m_2}$，$d_{m_1} \leqslant d_{m_2}$。
- $\forall d_p，d_q \in D_i$，若 $d_i \subseteq d_j$，则 $\exists d_{n_1}，d_{n_2} \in TD$，$d_p = d_{n_1}$，$d_q = d_{n_2}$，$d_{n_1} \subseteq d_{n_2}$。

（3）构建描述子的关联词汇场。

采用贡献度驱动的描述子种子关联词汇场构建方法，其目的是为构建特征项的描述子做准备。首先，读取训练文本的描述流；然后，提取训练文本的特征项；接着，构建特征项词汇对描述子的贡献度矩阵。设训练文本含有特征项 FT_1，FT_2，$\cdots$，FT_n，含有描述子 d_1，d_2，$\cdots$，d_m，构建 FT_i 对 d_j 的贡献度 Contributing_Degree（FT_i，d_j）。设贡献度的初始值为 0。若存在句子含有特征项 FT_i，其映射的描述流中含有 d_j，则 Contributing_Degree（FT_i，d_j）加 1。将那些对描述子 d_j 的贡献度大于零的特征项称为 d_j 的关联词汇，这些特征项构成的

集合称为 d_j 的关联词汇场。

（4）生成特征项的描述子。

生成特征项的描述子模块包含识别描述类和构建特征项映射的描述子两个步骤。识别文本中句子的描述类，即识别句子描述的个体所属的类，进而可确定句子的描述子所属的类。例如，若句子 s 的描述类为古文化，则描述子 d "遗址．时期"不是 S 的描述子。因为 d 所属的类为遗址，而不是古文化。

识别句子描述类的方法如下：首先判断句子 s 是否含有类，设 s 中出现类 C_1，C_2，$\cdots$，C_n；

情形 1：$n = 1$，则设句子的描述类为 C_1；

情形 2：$n > 1$，采用如下方法分别计算 n 个类的权值 Weight（C_i），（$i = 1$，2，$\cdots$，n），选择权重最大的类作为句子的描述类；

■ 若 C_i 位于句子的开始位置，则 Weight（C_i）$+ \alpha$；

■ 对于 s 的特征项集合，若存在特征项为类 C_i 的名称词汇或实例，则 Weight（C_i）$+ \beta$；

情形 3：若 s 中不存在类，则利用篇章的邻近原则选择句子的描述类，即提取与 s 相隔句子个数最少的句子的描述类作为 s 的描述类。

由文本的特征项，可以构建特征项映射的描述子，这是构建篇章描述流的基础。

定义（描述流映射函数）：描述流映射函数定义为：dmf：$V \rightarrow DS$，其中 V 为语段或特征项，$DS = <D, \subseteq, \leqslant>$ 为 V 的描述流。

采用基于关联词汇和互信息的方法来构建特征项映射的描述子。对于特征项 FT_i，

情形 1：判断 FT_i 的词汇类型标记信息是否含有本体词汇类型；

若含有 FT_i，根据 FT_i 的词汇类型标记所属的词汇场类型，将其映射到对应的类和槽上。此时，存在如下可能的情形：

■ 如果特征项 FT_i 为类 C 中槽 S 的类槽值词汇，则 dmf（FT_i）= $C.S$；

■ 如果特征项 FT_i 为类 C 中除类槽值词汇以外的类词汇场词汇，则 dmf（FT_i）= C；

■ 如果特征项 FT_i 为类 C 中槽 S 的槽词汇场词汇，则 dmf（FT_i）= $C.S$；

■ 如果特征项 FT_i 为类 C 中聚类槽 CS 的槽词汇场词汇，则 dmf（FT_i）= $C.CS$；

■ 如果特征项为类 C 中槽 S 的槽值词汇场词汇，则 dmf（FT_i）= $C.S$；

情形 2：否则，判断 FT_i 是否出现在描述子的关联词汇贡献度矩阵中；

若 FT_i 对描述子 d_j 的贡献度大于阈值 α，则 d_j 构成 FT_i 映射的候选描述子，

即，$f(FT_i) = d_j$；

情形 3：否则，采用互信息的方法构建 FT_i 映射的候选描述子。统计与 FT_i 在句子中所有共现的特征项的频数。设 FT_j 为与 FT_i 共现频率最高的特征项。若 FT_j 映射的候选描述子为 $\{d_1, d_2, \cdots, d_k\}$，则形成假设 $\mathrm{dmf}(FT_i) = \{d_1, d_2, \cdots, d_k\}$，否则 $\mathrm{dmf}(FT_i) = \varnothing$。

（5）提取句子级语段的描述流。

基于句子的特征项映射的描述子，进一步构建句子映射的描述流。在特征项构建的描述子集合中，可能存在错误的描述子。本节采用句子的描述类来排除错误的描述子。下面给出提取句子层级的描述流的算法步骤。

算法：提取句子层级的描述流

输入：含有特征项映射的候选描述子的文本；

输出：构建句子语段的描述流；

方法：排序和剔除机制混合驱动的句子语段描述流提取方法。

①若句子语段 STS 含有一个特征项 FT，则形成假设 $\mathrm{dmf}(STS) = \mathrm{dmf}(FT)$；

②若 STS 含有多个特征项 FT_1，FT_2，$\cdots$，FT_n，设这些特征项映射的描述子集合 D 构成 STS 的候选描述子，判断 D 中描述子的类型；

■ 情形 1：D 中所有描述子的类型均为类；

■ 情形 2：D 中存在一个描述子的类型为类槽，则从 D 中去掉满足下述条件的描述子 d_k：（a）STS 的描述类为：C_1，C_2，$\cdots$，C_m；（b）d_k 为 FT_1，FT_2，$\cdots$，FT_n 映射的描述子；（c）d_k 的类型为类槽；（d）$d_k = C.S$；（e）$C \notin \{C_1, C_2, \cdots, C_m\}$；

③对 D 中的描述子基于描述子的密度或权值排序。

对于 D 中的描述子 d，设描述子映射为 d 的特征项为 FT_{i1}，FT_{i2}，$\cdots$，FT_{ip}，d 的权值定义为这些特征项的权值之和。即：

$$\mathrm{Weight}(d) = \sum_{k=i_1}^{i_p} \mathrm{Weight}(FT_k),$$

$$\mathrm{Weight}(FT_k) = \frac{\mathrm{freq}(FT_k) + \alpha_1 \times \mathrm{freqsfc}(FT_k) + \alpha_2 \times \mathrm{freqslc}(FT_k)}{\sum\limits_{k=i_1}^{i_p} \mathrm{freq}(FT_k)\,\mathrm{Weight}(FT_k)},$$

其中，$\mathrm{Weight}(d)$ 为 d 的权值，$\mathrm{Weight}(FT_k)$ 为 FT_k 的权值，$\mathrm{freq}(FT_k)$ 为 FT_k 在句子语段 STS 中出现的频率。$\mathrm{freqsfc}(FT_k)$ 表示 FT_k 在句子中作为第一个概念出现的频率，如果出现则为 1，否则为 0。$\mathrm{freqslc}(FT_k)$ 表示 FT_k 在句子中作为最后一个概念出现的频率，如果出现则为 1，否则为 0。α_1 和 α_2 为系

数（不妨设 $\alpha_1 = 1$，$\alpha_2 = 0$）。

④若 D 为空，也就是，STS 不存在候选描述子，提取该句所在的句群和段落语段的描述子。其中，特征项权值 Value（d_j）的计算公式如下：

$$\text{Value}(d_j) = \sum_{j=1}^{k} \text{Value}(t_j),$$

$$\text{Value}(t_j) = \frac{A}{B},$$

$$A = \text{freq}(t_j) + \beta_1 \times \text{freqsfc}(t_j) + \beta_2 \times \text{freqslc}(t_j) + \alpha_1 \times$$
$$\text{freqsfc}(t_j) + \alpha_2 \times \text{freqslc}(t_j),$$

$$B = \sum_{j=1}^{k} freq(t_j) \sum_{j=1}^{k} Value(t_j),$$

其中，freq（t_j）为 t_j 在语段中出现的频率，freqsfs（t_j）表示 t_j 在语段中的第一个句子中出现的频率，如果出现则为 1，否则为 0。freqsfs（t_j）表示 t_j 在语段中的最后一个句子中出现的频率，如果出现则为 1，否则为 0。β_1 和 β_2 为系数。

（6）生成篇章级语段的描述流。

基于已构建的句子描述流，可以提取篇章的描述流。假定同一条知识在一篇文本中只出现一次。本节利用动态规划方法从候选描述流集合中选取一种与训练描述流相似度最大者作为篇章的描述流。

算法：提取篇章层级语段的描述流

输入：含有句子语段映射的候选描述子的文本；

输出：构建篇章的描述流；

方法：基于动态规划和有序聚类的篇章语段描述流生成方法；

①读取训练描述流；

②根据描述子的类型提取训练描述流中描述子的一级类。例如，若描述子 d 的类型为类槽 "$C.S$"，则 d 的一级类为 C。若描述子 d 的类型为类实例 "$C.I$"，则 d 的一级类为 C。若描述子 d 的类型为类槽侧面 "$C.S \rightarrow F$"，则 d 的一级类为 C。若描述子 d 的类型为类间关系 "$C_1 \Rightarrow C_2$"，则 d 的一级类为 "$C_1 \Rightarrow C_2$"。若描述子 d 的类型为类间关系 "$C_1 \Leftrightarrow C_2$"，则 d 的一级类为 "$C_1 \Leftrightarrow C_2$"。

③构建描述子的二级类；

■ 情形1：描述子不含有 "子类" 或者 "部分类" 关键字，取描述子的最后一个类。比如：遗址⇒人类化石，取 "人类化石"；

■ 情形2：描述子中的 "子类" 或者 "部分类" 关键字出现在尾部，取描述子中这些关键字前面的部分。比如：人类化石⇒部分类，取 "人类化石"；

■ 情形 3：描述子中的"子类"或者"部分类"关键字出现在中间，取全部描述子。比如：牙齿化石⇒子类⇒齿冠，取"牙齿化石⇒子类⇒齿冠"。

④读取一篇文本中同一个描述类 DC 的连续句子语段及其描述流，将其称为候选描述流 CDS；

⑤提取训练描述流 TDS 中类为 DC 的描述子及其偏序关系；

⑥求解 CDS 和 TDS 的最大连续相同的描述子序列集合；

⑦从 CDS 中，构建与训练描述流 TDS 的描述子相同的不同序列；

⑧采用动态规划方法在这些序列集合中选择与训练描述流相似度最大的候选描述流。

（7）验证描述流。

对于构建的篇章描述流，需要分析其正确性。为此，采用基于主题句的方法来验证篇章的描述流的正确性。算法如下：

算法：验证文本的描述流

输入：文本的描述流；

输出：验证后的描述流；

方法：基于主题句的描述流的验证方法

①输入一个语段，可以为一个段落、几个段落，或者一个段落内的句群；

②删除句子中的干扰字，包括（a）出现次数为 1 的字；（b）使用频率高且没有实际意义的字（的、了、们）；（c）一些高频的代词和连词；

③计算句子的信息量；也就是，假设句子 $s = C_0 C_1 C_2 \cdots C_{n-1} C_n$，$C_k$ 为字符，n 为整数，那么句子的信息量 $E(S)$ 为：

$$E(S) = \sum_{ii=0}^{n-1} E_{ii+1},$$

$$E_{ii+1} = -P_{ij} \times \log(P_{ij}),$$

$$p_{ij} = \frac{f_{ij}}{f_{ii} + f_{jj} - f_{ij}},$$

其中，f_{ii} 和 f_{jj} 为 C_i 和 C_j 在语段的不同句子中出现的频率，f_{ij} 为 C_i 和 C_j 在不同句子内共现的频率。

④计算句子的权重 Weight (S)：

$$\text{Weight}(S) = \frac{E(S)}{L}.$$

其中，E 为句子的信息量，L 为句子的长度。

⑤按照句子的权重和主题句的位置进行排序输出主题句；

⑥设语段的主题句 S 的特征项集合为 FTS，S 的对应的描述子集合为 $\{d_1,$

d_2，$\cdots$，d_k｝；

⑦如果存在 $FT \in FTS$，使得存在 i，$FT \in \mathrm{AVF}$（d_i），则验证结束；否则，由知识工程师验证。

7.4 实验结果与分析

选用准确率、召回率和漏识率作为实验结果的评价方法。首先定义如下参数：

- N_{ks}：由描述流识别系统和知识工程师均识别的描述子个数；
- N_k：由知识工程师识别的描述子个数；
- N_s：由描述流识别系统识别的描述子个数；
- N_l：由知识工程师识别而描述流识别系统没有识别的描述子个数；

准确率、召回率和漏识率分别定义如下：

$$\mathrm{Precision} = \frac{N_{ks}}{N_s},$$

$$\mathrm{Recall} = \frac{N_{ks}}{N_k},$$

$$\mathrm{Missed - Identification - Rate} = \frac{N_l}{N_k}.$$

以《中国大百科全书考古卷》中的遗址类文本为例，进行描述流识别。将语料按照篇数平均分为十组，从每组中随机抽取了十篇进行评估，平均准确率为 85.71%，召回率为 67.11%，漏识率为 32.24%。

本节阐述的本体驱动的描述流识别的优势在于：首先，构建了贡献度驱动的描述子关联词汇场。基于训练文本，构建了描述子关键词汇场及其贡献度，从而可以从定量分析和定性分析两方面提取特征项映射的候选描述子。

其次，引入了多策略的特征项的描述子识别方法。本节采用三种不同的方法来提取特征项映射的描述子。第一是根据知识获取本体识别结果；第二是基于描述子的关联词汇场识别结果；第三是通过计算互信息来学习特征项的描述子。

最后，基于动态规划的篇章层语段描述流的识别方法。基于动态规划的方法，构建与训练描述流相似度最大的候选描述流，仍可保持描述流的结构。

|7.5　本章小结|

本章论述描述流提取，首先介绍包括描述子的类型、描述子的结构、描述流的表示语言，以及描述流的形式分析、定性分析和定量分析。然后阐述描述流提取方法、实验结果与分析。

第 8 章

知识评估

知识评估包括评估知识的正确性、一致性和完全性。本章首先阐述概念分类层次知识的评估方法，然后论述实体属性知识评估方法。

|8.1 概念分类层次知识评估|

本体工程方法侧重于整个本体开发过程的管理。相应地,需要提供方法和准则来表示和评估知识,特别是概念分类层次知识。本节引入概念分类层次知识的构建原则,识别类别或概念之间的不同类型关系(包括相同关系、真包含关系、交叉关系、相容并列关系、相异关系、矛盾关系和反义关系),并描述基于不同类型属性的分类层次知识的正确性评估方法[135]。另外,阐述该种方法在构建和评估考古领域的分类层次知识中的应用。

8.1.1 概念分类层次知识的构建准则

定义(单值属性、多值属性):给定类别 C 及其属性 a,如果 $\forall x \in \text{Ext}(C)$,实例 x 具有属性 a 的单个属性值,则称属性 a 是单值属性,也就是,实例 x 属性 a 的属性值是空值或是唯一值。否则,如果 $\exists x \in \text{Ext}(C)$,实例 x 属性 a 的属性值是多个值,则称属性 a 是多值属性。

例如,类别"遗址"的属性"地质年代"是单值属性。因为,遗址实例的地质年代是唯一的。再如,"遗址"的属性"发掘时间"是多值属性。因此,遗址实例的发掘时间是不确定的,可能没有被发掘,或发掘过一次或若干次。

在构建分类层次知识时,需要考虑一些基本问题:构建它的准则是什么,如何验证其正确性等。构建分类层次知识遵循以下准则:

- 一个类别根据类别的属性及其值域分为多个子类别。
- 一个类别的每个分类都应该基于该类别的同一组属性。

例如，对于类别"人工制品（Artifacts）"，根据其属性"制作材料（Producing - Material）"，被划分为子类"石器（Stoneware）""金属器（Metalwork）""陶器（Pottery）""角器（Horny - Artifacts）""骨器（Bone - Artifacts）"等。

8.1.2 概念分类层次知识验证

根据类别的实例空间，类别关系可以划分为如下不同的关系类型，如图8.1所示。

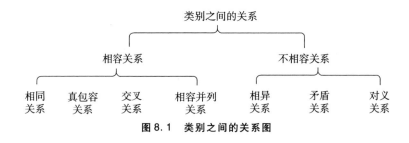

图8.1 类别之间的关系图

- 类别之间的关系分为两大类：相容关系和不相容关系。
- 相容关系又分为四种关系：相同关系、真包含关系、交叉关系、相容并列关系。
- 不相容关系又分为三种关系：相异关系、矛盾关系和对义关系。

这些关系定义如下。在图8.2和图8.3中，圆圈表示类别的实例空间。

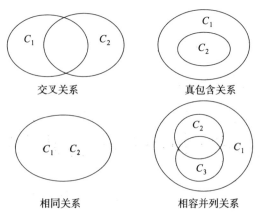

图8.2 相容关系分类

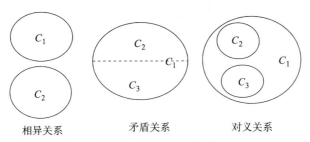

图 8.3 不相容关系分类

（a）如果 Ext（C_1）= Ext（C_2），则称类别 C_1 和 C_2 具有相同关系，如图 8.2 所示。

（b）如果 Ext（C_1）⊃Ext（C_2），则称类别 C_1 和 C_2 具有真包含关系，如图 8.2 所示，也就是，C_2 是 C_1 的子类。

（c）如果 Ext（C_1）∩ Ext（C_2）≠ ∅ 和 Ext（C_1）≠ Ext（C_2），则称类别 C_1 和 C_2 具有交叉关系，如图 8.2 所示。

（d）如果 Ext（C_3）⊂ Ext（C_1），Ext（C_2）⊂ Ext（C_1），Ext（C_2）∩ Ext（C_3）≠ ∅，并且 Ext（C_2）≠ Ext（C_3），则称类别 C_1 和 C_2 具有相容并列关系，如图 8.2 所示。

（e）如果 Ext（C_1）∩ Ext（C_2）= ∅，则称类别 C_1 和 C_2 具有相异关系，如图 8.3 所示。

（f）如果 Ext（C_3）⊂ Ext（C_1），Ext（C_2）⊂ Ext（C_1），和 Ext（C_2）∪ Ext（C_3）= Ext（C_1），和 Ext（C_2）∩ Ext（C_3）= ∅，则称类别 C_1 和 C_2 具有矛盾关系，如图 8.3 所示。

（g）如果 Ext（C_3）⊂ Ext（C_1），Ext（C_2）⊂ Ext（C_1），和 Ext（C_2）∩ Ext（C_3）= ∅，则称类别 C_1 和 C_2 具有对义关系，如图 8.3 所示。

以考古学领域为例，

▪ 类别古文化与其自身的关系是相同关系，如图 8.4 所示。

▪ 类别"遗址"真包含类别"遗骸"，因为任一遗骸实例均是遗址的实例，也就是，遗骸是遗址的子类。

▪ 类别"生活工具"与类别"铁器"具有交叉关系，如图 8.4 所示，这是由于存在铁针既是铁器的实例，也是生活工具的实例。

▪ 类别"生产工具"与类别"生活工具"是相容并列关系，如图 8.4 所示，这是因为生产工具和生活工具均是类别"人工制品"的子类，镰刀既是生产工具，也是生活工具。

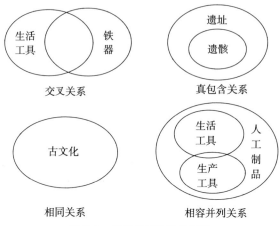

图 8.4　相容关系分类的示例

■ 例如，类别"生活场所"和类别"遗迹"具有相异关系，如图 8.5 所示。因为，没有实例既是类别生活场所的实例，同时也是遗迹的实例。

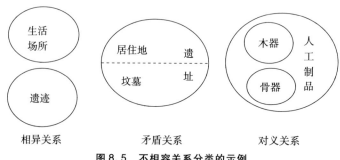

图 8.5　不相容关系分类的示例

■ 类别"居住地"和类别"坟墓"是矛盾关系，如图 8.5 所示，这是由于类别遗址划分为类别居住地和类别坟墓，没有实例既是类别居住地的实例，同时也是坟墓的实例。

■ 类别"木制品"和类别"骨器"是不相容并列关系，这是由于这两个类别是人工制品的子类，类别木制品的实例空间和类别骨器的实例空间的交集是空集。

评估本体包括概念分类层次知识的主要准则包括一致性、完整性、简洁性、可扩展性和敏感性。这里，本节给出基于继承关系的分类层次知识结构需要满足的命题或性质，并说明满足这些性质的分类层次知识结构不存在不一致错误和不完整性错误[18]。

将一个类别划分为子类别的依据可分为四种情况：

（a）单值属性。换句话说，一个类别根据单个值属性划分子类别。

（b）多值属性。换句话说，一个类别根据多个值属性划分子类别。

（c）多个属性均是单值属性。

（d）多个属性中，至少存在一个多值属性。

对于每一种划分，可能产生的错误和相应的评估方法，如图 8.6 和图 8.7 所示。

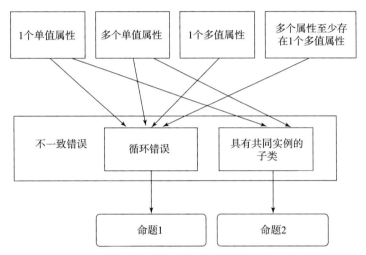

图 8.6　不相容关系分类的示例

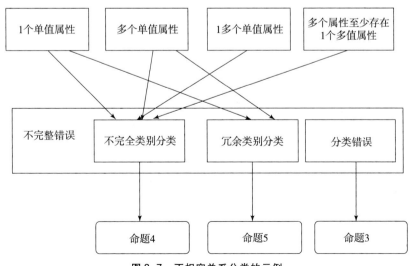

图 8.7　不相容关系分类的示例

命题 1：给定类别 C 和其子类 SC_1，SC_2，$\cdots$，SC_n，那么
$(\forall i)(i \in \{1,2,\cdots,n\} \rightarrow \text{Ext}(SC_i) \subset \text{Ext}(C))$。

证明：由于 $\forall i$（$i \in \{1, 2, \cdots, n\}$，$SC_i$ 是 C 的子类，根据子类定义，有 $\text{Ext}(SC_i) \subset \text{Ext}(C)$。

命题 1 确保每个类别均没有被定义为自身的泛化或特化[18]，即不会发生循环错误。

定义（类别的划分）类别 C 的划分定义为：类别 C 被划分为子类 SC_1，SC_2，$\cdots$，SC_n（n 是自然数），任一子类的任意实例均不是其他子类的实例，也就是，$\forall x(x \in \text{Ext}(SC_i) \rightarrow (x \notin \text{Ext}(SC_i) \wedge (i \neq j)))$。

命题 2：给定类别 C，根据其单值属性集合，类别 C 划分为子类 SC_1，SC_2，$\cdots$，SC_n，那么 $\text{Ext}(SC_{i_1}) \cap \text{Ext}(SC_{i_2}) \cap \cdots \cap \text{Ext}(SC_{i_m}) = \varnothing$，其中，$i_1$，$i_2$，$\cdots$，$i_m$ 是 1，2，$\cdots$，n 的一个排列，并且 $1 \leq m \leq n$，任意两个子类均是对义关系。

证明：如果类别 C 根据其单值属性集合 $\{a_1, a_2, \cdots, a_r\}$，被划分为子类 SC_1，SC_2，$\cdots$，SC_n，那么，根据单值属性定义，
$$\forall x \in \text{Ext}(SC_i), \forall y \in \text{Ext}(SC_j), i,j \in \{1,2,\cdots,n\}, i \neq j,$$
实例 x 属性 a_p 的属性值与实例 y 属性 a_p 的属性值是不同的（$p \in \{1, 2, \cdots, r\}$）。因此，不存在同时属于 $\text{Ext}(SC_i)$ 和 $\text{Ext}(SC_j)$ 的实例，也就是，$\text{Ext}(SC_i) \cap \text{Ext}(SC_j) = \varnothing$。根据对义关系的定义，类别 SC_1 和 SC_2 的关系为对义关系。进一步，获得 $\text{Ext}(SC_{i_1}) \cap \text{Ext}(SC_{i_2}) \cap \cdots \cap \text{Ext}(SC_{i_m}) = \varnothing$，其中，$i_1$，$i_2$，$\cdots$，$i_m$ 是 1，2，$\cdots$，n 的排列，并且 $1 \leq m \leq n$。

例如，对于类别"古人类（Paleoanthropus）"的单值属性"性别（Sex）"，不存在古人类实例即古人既是男性，又是女性。

根据子类划分的定义，若是根据单值属性集合进行类别划分，则称为子类划分。当一个或若干个实例属于至少两个子类，则会产生具有相同实例的子类的错误[18]。因此，满足命题 2 的划分就可以避免该类错误。如果命题 2 中至少存在一个多值属性，则公式 $\text{Ext}(SC_{i_1}) \cap \text{Ext}(SC_{i_2}) \cap \cdots \cap \text{Ext}(SC_{i_m}) = \varnothing$ 不是永远成立。例如，科学家类别可以分为自然科学家和社会科学家，也可以分为子类别：数学家、天文学家、物理科学家、历史学家、考古学家等。对于中国社会科学院考古学家兼历史学家张正朗来说，他属于前一种划分的社会科学家，也属于后一种划分的历史学家和考古学家，即 Ext（历史学家）$\cap$ Ext（考古学家）$\neq \varnothing$。

命题 3. 给定类别 C，根据包含至少一个多值属性 a 的属性集合，类别 C 划分为子类 SC_1，SC_2，$\cdots$，SC_n（n 是自然数），如果对于任意 i，子类 SC_i 所有实

例的属性 a 的属性值集合至少包含一个元素，那么，$\exists i, j$（Ext（SC_i）$\cap$ Ext（SC_j）$\neq \varnothing$）。

证明：由于属性 a 是多值属性，根据多值属性的定义，则至少存在类别 C 的一个实例 x，实例 x 的属性 a 的属性值个数大于 1。进一步，子类 SC_i 所有实例的属性 a 的属性值集合至少包含一个元素，因此，存在两个子类包含一个相同的类别 C 实例，即，$\exists i, j$（Ext（SC_i）$\cap$ Ext（SC_j）$\neq \varnothing$）。

当类别 C 的实例不属于 C 的任何子类别时，会产生类别划分不完整错误。当存在类别 C 的子类的实例，但该实例不是类别 C 的实例，则会产生冗余类别分类错误。这两种类型的错误可以分别通过命题 4 和命题 5 来检测。

命题 4. 给定类别 C，若类别 C 被划分为子类 SC_1，SC_2，$\cdots$，SC_n（n 是自然数），则 Ext（C）$\subseteq$ Ext（SC_{i_1}）$\cup$ Ext（SC_{i_2}）$\cup \cdots \cup$ Ext（SC_{i_n}）。

证明：由于类别 C 被划分为子类 SC_1，SC_2，$\cdots$，SC_n，即，Ext（C）的实例被划分到 n 个集合 Ext（SC_1），Ext（SC_2），$\cdots$，Ext（SC_n）。因此，$\forall x \in$ Ext（C），$\exists j \in \{1, 2, \cdots, n\}$，$x \in$ Ext（SC_j），即 Ext（C）$\subseteq$ Ext（SC_{i_1}）$\cup$ Ext（SC_{i_2}）$\cup \cdots \cup$ Ext（SC_{i_n}）。

命题 5：给定类别 C，若类别 C 被划分为子类 SC_1，SC_2，$\cdots$，SC_n（n 是自然数），则 Ext（C）$\supseteq$ Ext（SC_{i_1}）$\cup$ Ext（SC_{i_2}）$\cup \cdots \cup$ Ext（SC_{i_n}）。

证明：根据命题 1，$\forall i$（$i \in \{1, 2, \cdots, n\}$），Ext（$SC_i$）$\subset$ Ext（C）），那么

Ext（C）$\supseteq$ Ext（SC_{i_1}）$\cup$ Ext（SC_{i_2}）$\cup \cdots \cup$ Ext（SC_{i_n}）。类别划分的子类个数可以通过下面命题 6 进行计算。

给定类别 C，根据其属性集合 $\{a_1, a_2, \cdots, a_n\}$ 对类别 C 进行分类。利用符号 $V_{a_i}(C)$（$i \in \{1, 2, \cdots, n\}$）表示属性 a_i 的属性值集合，$|V_{a_i}(C)|$ 表示集合中元素的个数。

命题 6. 给定 $V_{a_i}(C)$（$i \in \{1, 2, \cdots, n\}$）是离散的，

（a）若 $\forall i \in \{1, 2, \cdots, n\}$，$a_i$ 是单值属性，则类别 C 划分为至多 $|V_{a_1}(C)| \times |V_{a_2}(C)| \times \cdots \times |V_{a_n}(C)|$ 个子类个数。

（b）若 a_1，a_2，$\cdots$，a_i 是单值属性，a_{i+1}，$\ldots$，a_n 是多值属性，则类别 C 至多分为 $|V_{a_1}(C)| \times |V_{a_2}(C)| \times \cdots \times |V_{a_i}(C)| \times |2^{|V_{a_{i+1}}(C)|} - 1| \times |2^{|V_{a_{i+2}}(C)|} - 1| \times \cdots \times |2^{|V_{a_n}(C)|} - 1|$ 个子类个数。

（c）若 $\forall i \in \{1, 2, \cdots, n\}$，$a_i$ 是多值属性，则类别 C 划分为至多 $|2^{|V_{a_1}(C)|} - 1| \times |2^{|V_{a_2}(C)|} - 1| \times \cdots \times |2^{|V_{a_n}(C)|} - 1|$ 个子类个数。

证明：

（a）如果 $\forall i \in \{1, 2, \cdots, n\}$，属性 a_i 是单值属性，$V_{a_i}(C)$ 是离散的，那么 $\forall x \in \text{Ext}(C)$，实例 x 的属性 a_i 的属性值是集合 $V_{a_i}(C)$ 中的一个元素，并且根据属性 a_i，类别 C 至多划分为 $|V_{a_i}(C)|$ 个子类。进一步，不同划分的子类组合构成类别 C 的子类。因此，存在至多 $|V_{a_1}(C)| \times |V_{a_2}(C)| \times \cdots \times |V_{a_n}(C)|$ 个组合，也就是，类别 C 被划分为 $|V_{a_1}(C)| \times |V_{a_2}(C)| \times \cdots \times |V_{a_n}(C)|$ 个子类。

（b）如果 $a_1, a_2, \cdots, a_i$ 是单值属性，$V_{a_1}(C), V_{a_2}(C), \cdots, V_{a_i}(C)$ 是离散的，则根据属性 a_p，则类别 C 划分 $|V_{a_p}(C)|$（$p \in \{1, 2, \cdots, i\}$）个子类。如果 $a_{i+1}, \cdots, a_n$ 是多值属性，$V_{a_{i+1}}(C), V_{a_{i+2}}(C), \cdots, V_{a_n}(C)$ 是离散的，则 $\forall x \in \text{Ext}(C)$，实例 x 的属性 a_q 的属性值可能是集合 $V_{aq}(C)$（$q \in \{i+1, i+2, \cdots, n\}$）中的一个元素或多个元素。因此，至多存在

$|V_{a_1}(C)| \times |V_{a_2}(C)| \times \cdots \times |V_{a_i}(C)| \times |2^{|V_{a}(C)|} - 1| \times |2^{|V_{a}(C)|} - 1| \times \cdots \times |2^{|V_{a}(C)|} - 1|$ 个不同划分的子类组合。也就是，类别 C 至多分为 $|2^{|V_{a}(C)|} - 1| \times 2^{|V_{a}(C)|} - 1| \times \cdots \times |2^{|V_{a}(C)|} - 1|$ 个子类个数。

子类划分缺失错误是指忽略两个类别之间的矛盾关系和对义关系。命题 2 可用于消除划分的该类错误。

8.1.3　概念分类层次知识验证方法应用

根据构建准则，构建了考古学领域基于继承关系的类别分类层次结构。例如，对于遗址类别，根据遗址的属性使用分为子类居住遗址和子类墓葬。居住遗址根据居住遗址的属性使用又分为生活遗址和生产遗址。而生活遗址则按其属性结构分为子类：村庄和遗骸等。遗迹则按其属性生产者和用途分为人工制品、遗存和加工遗物子类。人工制品则按属性用途可分为生产工具、生活工具和陪葬品；按其属性生产材料则可分为木器、骨器、石器、陶器、石器、金属器等。将评估方法应用于考古领域概念分类层次知识验证，若它们满足命题 1 至命题 6，则它们是一致的和相对完整的。

|8.2　实体属性知识评估|

海量数据或大规模语料库的易得性，以及互联网和机器学习技术的迅猛发展使得从网络中获取海量知识成为可能。另外，维基百科、百度百科等许多网络百科全书均包含大量结构化知识。然而，知识质量的不正确性、不一致性和

不完整性，成为这些结构化知识和自动抽取的结构化知识广泛应用的严重障碍。本节构建概念属性之间关系的分类体系，并引入了一种属性关系分类体系驱动的方法来评估实体属性的属性值知识。另外，给出本节方法在不同领域中构建和验证实体属性知识的应用[136]。

8.2.1　属性关系分类

本体主要由概念、实例、属性和关系组成。概念可以通过它在本体中的外延或内涵来定义。概念的外延是概念的所有实例的集合。概念的内涵是概念的所有实例均具有的性质。概念的属性和属性值确定概念的内涵。本节旨在建立概念属性之间关系的分类体系。使用一阶谓词演算作为实体属性知识的表示语言。

在本节中，使用 c 表示概念，x 表示实例，a 表示属性，V 表示属性值集合。属性知识表示框架包括如下内容：

■ 两个谓词 Instanceof（x，c）和 Valueof（x，a，V）表示 x 是 c 的实例，V 是实例 x 的属性 a 的属性值集合。谓词 Belongto（v，V）表示：v 是集合 V 的元素，也就是，v 是实例 x 的属性 a 的属性值。

■ Predicates Equal（v_1，v_2）表示 v_1 和 v_2 具有相同的字符串。Equivalent（v_1，v_2）表示 v_1 和 v_2 具有不同的字符串，但具有相同的含义。Include（v_1，v_2）表示 v_1 包含 v_2。Imply（v_1，v_2）表示 v_1 蕴含 v_2。这四个谓词表示属性值之间的四种关系：相等关系、等价关系、包含关系和蕴含关系。

例如，Instanceof（China，Country）表示中国是概念"国家"的实例。Valueof（China，Establishment Time，｛A. D. 1949｝）表示实体"中国"的属性"成立时间"的属性值是"A. D. 1949"。一个属性值集合 V 可能包含多个元素，即多个属性值。

例如，（a）对于谓词 Valueof（Nokia 1280，Shape，｛straight plate｝）和 Valueof（Nokia 1280，Appearance，｛straight plate｝），可以构建属性值相等关系：Equal（straight plate，straight plate）。

（b）对于谓词 Valueof（Dairy of A Madman，Author，｛Luxun｝）和 Valueof（Dairy of A Madman，Author，｛Shuren Zhou｝），可以构建属性值等价关系：Equivalent（Luxun，Shuren Zhou）。

（c）对于谓词 Valueof（Antirrhinum jajus，Distribution Area，｛France，Portugal，Turkey，Morocco，Lyon｝），可以构建属性值包含关系 Include（France，Lyon）。

（d）对于谓词 Valueof（Luxun，Age，｛Fifty - five years old｝）和 Valueof

（Luxun，Age，｛More than fifty years old｝），可以构建蕴含关系：Imply（Fifty – five years old，More than fifty years old）。

根据实体的属性值之间的关系，属性之间的关系可以分为等价关系、继承关系、包含关系、蕴含关系和反义关系，如图8.8所示。

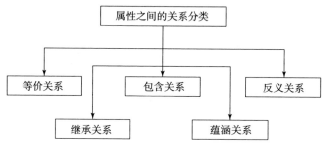

图8.8 属性之间的关系分类

定义（等价属性）：对于概念 c 及其两个属性 a_1 和 a_2，若公式（8.1）成立，并且 f 是从集合 V_1 到集合 V_2 的一一映射，则称属性 a_1 和 a_2 具有等价关系，写为 AttEquivalent（c，a_1，a_2）。

$$\text{AttEquivalent}(c,a_1,a_2) \Leftrightarrow \forall x \, \forall V_1 \, \forall V_2 \, \forall v_1 \, \forall v_2 \, (\text{Instanceof}(x,c)$$
$$\wedge \text{Valueof}(x,a_1,V_1) \wedge \text{Valueof}(x,a_2,V_2) \wedge \text{Belongto}(v_1,V_1)$$
$$\wedge \text{Belongto}(v_2,V_2) \rightarrow (f(v_1) = v_2) \wedge (\text{Equal}(v_1,v_2)$$
$$\vee \text{Equivalent}(v_1,v_2))) \tag{8.1}$$

例如，概念"Phone"的属性"Shape"等价于该概念的属性"Appearance"，也就是，AttEquivalent（Phone，Shape，Appearance）成立。

定义（继承属性）对于概念 c 及其两个属性 a_1 和 a_2，若公式（8.2）成立，则称属性 a_2 继承属性 a_1，写为 AttInherit（c，a_2，a_1），其中，a_1 称为上位属性或超属性，a_2 称为下位属性或子属性。

$$\text{AttInherit}(c,a_1,a_2) \Leftrightarrow \forall x \, \forall V_1 V_2 \, \forall v \, (\text{Instanceof}(x,c)$$
$$\wedge \text{Valueof}(x,a_1,V_1) \wedge \text{Valueof}(x,a_2,V_2) \wedge \text{Belongto}(v,V_2)$$
$$\rightarrow \text{Belongto}(v,V_1) \vee \exists w (\text{Belongto}(w,V_1) \wedge \text{Equivalent}(w,v)))$$

$$\tag{8.2}$$

例如，概念"Country"的属性"The Largest City"继承该概念的属性"City"，也就是，AttInherit（Country，The Largest City，City）成立。这是由于若 v 是一个国家的属性"The Largest City"的属性值，则 v 也是该国家的属性"City"的属性值。

定义（包含属性）：对于概念 c 及其两个属性 a_1 和 a_2，若公式（8.3）成立，则称属性 a_1 包含属性 a_2，写为 AttInclude（c，a_1，a_2），其中，a_1 称为整体属性，a_2 称为部分属性。

$$\text{AttInclude}(c,a_1,a_2) \Leftrightarrow \forall x \forall V_1 \forall V_2 \forall v(\text{Instanceof}(x,c)$$
$$\wedge \text{Valueof}(x,a_1,V_1) \wedge \text{Valueof}(x,a_2,V_2) \wedge \text{Belongto}(v,V_2)$$
$$\rightarrow \exists w(\text{Belongto}(w,V_1) \wedge \text{Include}(w,v)))$$
$$\wedge \forall s(\text{Belongto}(s,V_1) \rightarrow \exists t(\text{Belongto}(t,V_2) \wedge \text{Include}(s,t)))$$

$$(8.3)$$

例如，概念"River"的属性"Distributing Continent"包含该概念的属性"Distributing Country"，也就是，AttInclude（c，a_1，a_2）成立。例如，长江的属性"Distributing Continent"的属性值是"Asia"，长江的属性"Distributing Country"的属性值是"China"。

定义（蕴含属性）：对于概念 c 及其两个属性 a_1 和 a_2，若公式（8.4）成立，则称属性 a_1 蕴含属性 a_2，写为 AttImply（c，a_1，a_2），其中，a_1 称为前件属性，a_2 称为后件属性。

$$\text{AttImply}(c,a_1,a_2) \Leftrightarrow \forall x \forall V_1 V_2 \forall v(\text{Instanceof}(x,c)$$
$$\wedge \text{Valueof}(x,a_1,V_1) \wedge \text{Valueof}(x,a_2,V_2) \wedge \text{Belongto}(v,V_2) \qquad (8.4)$$
$$\rightarrow \exists w(\text{Belongto}(w,V_1) \wedge \text{Imply}(w,v)))$$

例如，概念"Human Being"的属性"Birth Year"蕴含该概念的属性"Age"，也就是，AttImply（Human Being，Birth Year，Age）成立。这是由于任何人均可以根据其出生年份来计算出其年龄。

定义（对义关系）：对于概念 c 及其两个属性 a_1 和 a_2，若公式（8.5）成立，则称属性 a_1 与属性 a_2 具有对义关系，写为 AttAntonymous（c，a_1，a_2）。

$$\text{AttAntonymous}(c,a_1,a_2) \Leftrightarrow \forall x_1 \forall x_2 \forall V(\text{Instanceof}(x_1,c)$$
$$\wedge \text{Instanceof}(x_2,c) \wedge \text{Valueof}(x_1,a_1,V) \qquad (8.5)$$
$$\wedge \text{Belongto}(x_2,V) \rightarrow \text{Valueof}(x_2,a_2,\{x_1\}))$$

例如，概念"Country"的属性"Bordered to the north"与概念的属性"Bordered to the south"是对义关系。也就是，AttAntonymous（Country，Bordered to the north，Bordered to the south）成立。

8.2.2　属性知识验证

8.2.2.1　单种属性关系的属性知识验证

本节阐述如何验证涉及一种属性关系的实体属性值的一致性和完备性。表

8.1 给出了实体属性值的错误类型及其验证方法。

表 8.1　不同类型的错误及其验证方法

	属性之间的关系类型		错误类型	验证方法
不一致错误	等价关系	（1）	关于属性值数目的错误	定理1
		（2）	等价属性的属性值集合之间的映射关系	定义1
	继承关系	（3）	关于属性值数目的错误	定理2
	包含关系	（4）	关于属性值数目的错误	定理3
		（5）	包含属性的属性值集合之间的和映射关系	定理3
	蕴含关系	（6）	前件属性和后件属性的属性值之间的蕴含错误	定义4
	反义关系	（7）	反义关系属性的属性值之间的错误	定理5
不完全错误	等价关系	（8）	属性值缺失错误	定理1
	继承关系	（9）	上位属性的属性值缺失错误	定义2
	包含关系	（10）	整体属性和部分属性的属性值缺失错误	定义3
	蕴含关系	（11）	前件属性的属性值缺失错误	定义4
	反义关系	（12）	反义关系属性的属性值缺失错误	定理5

定理 1. 对于概念 c，及其两个属性 a_1 和 a_2，若 AttEquivalent (c, a_1, a_2) 成立，则公式 (8.6) 为真。其中，EqualNumber (V_1, V_2) 是指集合 V_1 与集合 V_2 的元素个数相同。

$$\forall x \forall V_1 \forall V_2 (AttEquivalent(c, a_1, a_2) \wedge Instanceof(x, c)$$
$$\wedge Valueof(x, a_1, V_1) \wedge Valueof(x, a_2, V_2) \rightarrow EqualNumber(V_1, V_2))$$

$$(8.6)$$

证明：根据定义 1，从集合 V_1 到 V_2 存在一一映射或双射 f。因此，能够获得公式 EqualNumber (V_1, V_2) 为真。

对于等价属性 a_1 和 a_2，若它们的属性值满足定理 1 和定义 1，则可以判断等价属性 a_1 和 a_2 不存在表 8.1 中错误 (1)，(2) 和 (8)。具体地，

a) 当公式 EqualNumber (V_1, V_2) 不成立时，则属性 a_1 和 a_2 会产生不一致错误 (1) "关于属性值数目的错误"。

b) 当集合 V_1 到 V_2 不存在一一映射或双射 f 时，则属性 a_1 和 a_2 会产生不一致错误 (2) "等价属性的属性值集合之间的映射关系"。

c) 当公式 EqualNumber (V_1, V_2) 不成立时，即集合 V_1 或集合 V_2 存在缺失属性值时，则属性 a_1 和 a_2 会产生不完全错误 (8) "属性值缺失错误"。

定理 2. 对于概念 c，及其两个属性 a_1 和 a_2，若 AttInherit（c，a_1，a_2）成立，则公式（8.7）为真。其中 NotGreaterNumber（V_1，V_2）是指集合 V_1 的元素个数不大于集合 V_2 的元素个数。

$$\forall x \forall V_1 \forall V_2 (\text{AttInherit}(c,a_1,a_2) \wedge \text{Instanceof}(x,c)$$
$$\wedge \text{Valueof}(x,a_1,V_1) \wedge \text{Valueof}(x,a_2,V_2) \rightarrow \text{NotGreaterNumber}(V_1,V_2))$$

$$(8.7)$$

证明：根据定义 2，可以推断，对于集合 V_1 中的任意元素 v，在集合 V_2 中至少存在一个元素与元素 v 相同或等价。因此，可以推断出：集合 V_1 中的元素个数小于或等于集合 V_1 中的元素个数。

对于具有继承关系的属性 a_1 和 a_2，如果它们的属性值满足定理 2，则避免产生表 8.1 中的错误（3）和（9）。具体地，

（a）当 NotGreaterNumber（V_1，V_2）不成立时，会产生错误（3）"关于属性值数目的错误"。

（b）当存在集合 V_1 中的元素 v，对于集合 V_2 中的任意元素 w，元素 w 与元素 v 不相同或不等价。

定理 3. 对于概念 c 及其两个属性 a_1 和 a_2，若 AttInclude（c，a_1，a_2）成立，则公式（8.8）为真，并且从集合 V_1 到集合 V_2 存在一对多的包含关系映射。

$$\forall x \forall V_1 \forall V_2 (\text{AttInclude}(c,a_1,a_2) \wedge \text{Instanceof}(x,c) \wedge \text{Valueof}(x,a_1,V_1)$$
$$\wedge \text{Valueof}(x,a_2,V_2) \rightarrow \text{NotGreaterNumber}(V_1,V_2))$$

$$(8.8)$$

证明：根据定义 3，对于集合 V_2 中的任意元素 v，集合 V_1 中至少存在一个元素包含 v；对于集合 V_1 中的任意元素 w，集合 V_2 中至少存在一个元素被元素 w 包含。另外，由于集合 V_1 中的属性值不具有相同部分，这些属性值包含集合 V_2 中的不同元素。因此，从集合 V_1 到集合 V_2 存在一对多的映射。进一步，NotGreaterNumber（V_1，V_2）成立。

若属性 a_1 包含属 a_2，若它们的属性值满足定理 3 和定义 3，则不会产生表 8.1 中错误（4），（5）和（10）。

（a）当 NotGreaterNumber（V_1，V_2）不成立时，会产生错误（4）"关于属性值数目的错误"。

（b）当从集合 V_1 到集合 V_2 不存在一对多的映射时，会产生错误（5）"包含属性的属性值集合之间的和映射关系"。

（c）当属性 a_2 存在一个属性值 v，属性值 v 没有被属性 a_1 的任一属性值所

包含，反之亦然，则会产生错误（10）"整体属性和部分属性的属性值缺失错误"。

定理 4. 对于概念 c 及其两个属性 a_1 和 a_2，若 AttImply（c，a_1，a_2）成立，则公式（8.9）为真，其中，NonNull（V）表示集合 V 是非空集合。

$$\forall x \forall V_1 \forall V_2 (\text{AttImply}(c,a_1,a_2) \wedge \text{Instanceof}(x,c) \wedge \text{Valueof}(x,a_1,V_1)$$

$$\wedge \text{Valueof}(x,a_2,V_2) \wedge \text{NonNull}(V_2) \rightarrow \text{NonNull}(V_1))$$

$$(8.9)$$

证明：对于集合 V_2 中任一元素 v，根据定义 4，集合 V_1 中至少存在一个元素蕴含元素 v。因此，如果集合 V_2 是非空集合，则集合 V_1 也是非空集合。

若属性 a_1 蕴含属性 a_2，若它们的属性值满足定理 4 和定义 4，则不会产生表 8.1 种错误（6）和（11）。

（a）当属性 a_2 的属性值错误的话，会产生表 8.1 中错误（6）"前件属性和后件属性的属性值之间的蕴含错误"。

（b）当公式 NonNull（V_2）$\wedge \neg$NonNull（V_1）不成立时，会产生表 8.1 中错误（11）"前件属性的属性值缺失错误"。

定理 5. 对于概念 c，及其两个属性 a_1 和 a_2，若 AttAntonymous（c，a_1，a_2）成立，则公式（8.10）为真。

$$\forall x_1 \forall x_2 (\text{AttAntonymous}(c,a_1,a_2) \wedge \text{Instanceof}(x_1,c)$$

$$\wedge \text{Instanceof}(x_2,c) \wedge \text{Valueof}(x_1,a_1,\{x_2\}) \rightarrow \text{Valueof}(x_2,a_2,\{x_1\}))$$

$$(8.10)$$

证明：根据已知条件，可以推断出：Valueof（x_1，a_1，$\{x_2\}$）为真。因此，如果 Valueof（x_1，a_1，V）为真，则 x_2 属于 V。进一步，根据定义 5，推断出 Valueof（x_2，a_2，$\{x_1\}$）成立。

对于具有对义关系的两个属性，若这两个属性的属性值满足定理 5，则能够避免产生表 8.1 中的错误（7）和（12）。

a）当公式 Valueof（x_1，a_1，$\{x_2\}$）$\wedge \neg$Valueof（x_2，a_2，$\{x_1\}$）成立时，会产生表 8.1 中错误（7）"反义关系属性的属性值之间的错误"。

b）若存在实体 x_1 的属性 a_1 的属性值 v，v 的属性 a_2 的属性值集合不包含 x_1，则产生表 8.1 中错误（12）"反义关系属性的属性值缺失错误"。

8.2.2.2 多种属性关系的属性知识验证

本节讨论如何验证实体属性涉及概念属性之间的多种关系的属性值。

定理 6. 对于概念 c，及其任意四个属性 a_1，a_2，a_3 和 a_4，对于具有等价关系和继承关系的属性，公式（8.11）和（8.12）成立。

类似地，对于具有等价关系和包含关系的属性，公式（8.13）和（8.14）成立。

对于具有等价关系和蕴含关系的属性，公式（8.15）和（8.16）成立。

对于具有等价关系和对义关系的属性，公式（8.17）和（8.18）成立。

$$\forall a_1 \forall a_2 \forall a_3 (\text{AttEquivalent}(c, a_1, a_2) \wedge \text{AttInherit}(c, a_1, a_3) \newline \rightarrow \text{AttInherit}(c, a_2, a_3)) \tag{8.11}$$

$$\forall a_1 \forall a_3 \forall a_4 (\text{AttEquivalent}(c, a_3, a_4) \wedge \text{AttInherit}(c, a_1, a_3) \newline \rightarrow \text{AttInherit}(c, a_1, a_4)) \tag{8.12}$$

$$\forall a_1 \forall a_2 \forall a_3 (\text{AttEquivalent}(c, a_1, a_2) \wedge \text{AttInclude}(c, a_1, a_3) \newline \rightarrow \text{AttInclude}(c, a_2, a_3)) \tag{8.13}$$

$$\forall a_1 \forall a_3 \forall a_4 (\text{AttEquivalent}(c, a_3, a_4) \wedge \text{AttInclude}(c, a_1, a_3) \newline \rightarrow \text{AttInclude}(c, a_1, a_4)) \tag{8.14}$$

$$\forall a_1 \forall a_2 \forall a_3 (\text{AttEquivalent}(c, a_1, a_2) \wedge \text{AttImply}(c, a_1, a_3) \newline \rightarrow \text{AttImply}(c, a_2, a_3)) \tag{8.15}$$

$$\forall a_1 \forall a_3 \forall a_4 (\text{AttEquivalent}(c, a_3, a_4) \wedge \text{AttImply}(c, a_1, a_3) \newline \rightarrow \text{AttImply}(c, a_1, a_4)) \tag{8.16}$$

$$\forall a_1 \forall a_2 \forall a_3 (\text{AttEquivalent}(c, a_1, a_2) \wedge \text{AttAntonymous}(c, a_1, a_3) \newline \rightarrow \text{AttAntonymous}(c, a_2, a_3)) \tag{8.17}$$

$$\forall a_1 \forall a_3 \forall a_4 (\text{AttEquivalent}(c, a_3, a_4) \wedge \text{AttAntonymous}(c, a_1, a_3) \newline \rightarrow \text{AttAntonymous}(c, a_1, a_4)) \tag{8.18}$$

证明：对于概念 c 的实例 x，设实例 x 的属性 a_1，a_2 和 a_3 的属性值集合分别为 V_1，V_2 和 V_3。对于属性值集合 V_2 中任意元素 v，由于 AttEquivalent（c，a_1，a_2）为真，所以，属性值集合 V_1 中存在元素 u 等于或等价于元素 v。进一步，AttInherit（c，a_1，a_3）为真，因此，属性值集合 V_3 中存在元素 w 等于或等价于元素 u。对于属性值集合 V_2 中任意元素 v，属性值集合 V_3 中存在元素 w 等于或等价于元素 v。根据定义 2，推断出公式 AttInherit（c，a_2，a_3）为真。公式（8.12）和其他公式均可以采用类似方法进行证明。

对于具有等价关系和继承关系的多个属性，当知识 AttInherit（c，a_2，a_3）或 AttInherit（c，a_1，a_4）不存在知识库中时，会产生不完全错误"继承关系缺失"。若满足定理 6，则可以避免产生该错误。其他不一致错误和不完全错误如同表 8.1 中的错误（3）和（9）。对于具有等价关系和包含关系的属性、等价关系和蕴含关系的属性、等价关系和对义关系的属性，可以采用类似的错误和错误检测方法。

定理7. 对于概念 c，及其任意三个属性 a_1，a_2 和 a_3，若这三个属性之间具有继承和包含关系，则公式（8.19）和（8.20）成立。

$$\forall a_1 \forall a_2 \forall a_3 (\text{AttInclude}(c, a_1, a_2) \wedge \text{AttInherit}(c, a_3, a_2)$$
$$\rightarrow \text{AttInclude}(c, a_1, a_3)) \tag{8.19}$$

$$\forall a_1 \forall a_2 \forall a_3 (\text{AttInherit}(c, a_2, a_1) \wedge \text{AttInclude}(c, a_2, a_3)$$
$$\rightarrow \text{AttInclude}(c, a_1, a_3)) \tag{8.20}$$

证明：对于概念 c 的实例 x，设实例 x 的属性 a_1，a_2 和 a_3 的属性值集合分别为 V_1，V_2 和 V_3。对于属性值集合 V_3 中任意元素 w，由于 $\text{AttInherit}(c, a_3, a_2)$ 成立，所以，属性值集合 V_2 中至少存在一个元素 v 相同于或等价于 w。进一步，$\text{AttInclude}(c, a_1, a_2)$ 成立，因此，属性值集合 V_1 中至少存在一个元素 u 包含 w。根据定义3，可以推断出：$\text{AttInclude}(c, a_1, a_3)$ 为真。公式（8.20）可以采用类似的方法证明。

定理8. 对于概念 c，及其任意三个属性 a_1，a_2 和 a_3，若这三个属性之间具有继承和蕴含关系，则公式（8.21）和（8.22）成立。进一步，若这三个属性之间具有包含和蕴含关系，则公式（8.23）和（8.24）成立。

$$\forall a_1 \forall a_2 \forall a_3 (\text{AttInherit}(c, a_2, a_1) \wedge \text{AttImply}(c, a_2, a_3)$$
$$\rightarrow \text{AttImply}(c, a_1, a_3)) \tag{8.21}$$

$$\forall a_1 \forall a_2 \forall a_3 (\text{AttImply}(c, a_1, a_2) \wedge \text{AttInherit}(c, a_3, a_2)$$
$$\rightarrow \text{AttImply}(c, a_1, a_3)) \tag{8.22}$$

$$\forall a_1 \forall a_2 \forall a_3 (\text{AttInclude}(c, a_1, a_2) \wedge \text{AttImply}(c, a_2, a_3)$$
$$\rightarrow \text{AttImply}(c, a_1, a_3)) \tag{8.23}$$

$$\forall a_1 \forall a_2 \forall a_3 (\text{AttImply}(c, a_1, a_2) \wedge \text{AttInclude}(c, a_2, a_3)$$
$$\rightarrow \text{AttImply}(c, a_1, a_3)) \tag{8.24}$$

证明：对于属性值集合 V_3 中任意元素 w，由于 $\text{AttImply}(c, a_2, a_3)$ 成立，所以属性值集合 V_2 中至少存在一个元素 v 蕴含元素 w。进一步，$\text{AttInherit}(c, a_2, a_1)$ 为真，属性值集合 V_1 中至少存在一个元素 u 相同于或等价于 v。因此，对于属性值集合 V_3 中任意元素 w，属性值集合 V_1 中至少存在一个元素 u 蕴含 w。根据定义，可以推断出：$\text{AttImply}(c, a_1, a_3)$ 成立。公式（8.22），（8.23）和（8.24）可以采用类似的方法进行证明。

对于具有继承和包含关系的多个属性，若在知识库中不存在知识 $\text{AttInclude}(c, a_1, a_3)$，则会产生不完全错误"包含关系缺失"。若满足定理7，则不会产生该错误。其他不一致和不完全错误类似于表 1 中错误（4），（5）和（10）。对于具有继承关系和蕴含关系的属性，包含关系和蕴含关系的属性，具有类似的错误和错误检测方法。对于具有继承关系、包含关系和蕴含关系的属性，根据定理 8 可以推断出性质定理 9。

定理 9. 对于概念 c，及其任意三个属性 a_1，a_2 和 a_3，若 a_1，a_2 和 a_3 之间具有继承关系和包含关系，则公式（8.25）和（8.26）成立。

$$\forall a_1 \forall a_2 \forall a_3 (\text{AttInherit}(c,a_2,a_1) \wedge \text{AttInclude}(c,a_2,a_3) \\ \wedge \text{AttImply}(c,a_3,a_4) \rightarrow \text{AttImply}(c,a_1,a_4)) \tag{8.25}$$

$$\forall a_1 \forall a_2 \forall a_3 (\text{AttImply}(c,a_1,a_2) \wedge \text{AttInclude}(c,a_2,a_3) \\ \wedge \text{AttInherit}(c,a_4,a_3) \rightarrow \text{AttImply}(c,a_1,a_4)) \tag{8.26}$$

对于具有继承关系、包含关系和蕴含关系的属性，当知识 AttImply（c，a_1，a_4）不存在于知识库时，会产生不完全错误"蕴含关系缺失"。当满足定理 9 时，该错误不会产生。其它错误类似于表 8.1 中错误（6）和（11）。

8.2.3　属性知识验证方法应用

选择不同领域的八个概念的实例来检测实体的属性值错误。这些概念包括国家、城市、电影、中国革命家、军舰遗址、博物馆。对于前 4 个概念，选择平均 100 个实体和 40 个属性。对于后面 3 个概念，选择平均 80 个实体和 30 个属性。本节方法应用于评估这些实例的属性和属性值错误。

下面给出利用本节知识验证方法构建的属性关系、识别的实体属性值错误例子。

实例属性之间具有等价关系的例子如下。对于概念"城市"，及其属性"建城时间"，

与该属性具有等价关系的属性如下：

- AttEquivalent（c，a，Established Time（建置时间）），
- AttEquivalent（c，a，Time of Set Up（设置时间）），
- AttEquivalent（c，a，Founded Time（成立时间）），
- AttEquivalent（c，a，The First Year of Establishment（设置始年）），
- AttEquivalent（c，a，Establishing City（建城））。

对于具有蕴含关系的属性的属性值不一致错误例子如下。概念"City"的属性"人口"和"面积"蕴含其属性"人口密度"。

对于城市"Anqing（安庆）"，谓词公式 Valueof（Anqing，Population，{6，186，500}）和 Valueof（Anqing，Area，{15，398 square kilometers}）为真。

因此，"Anqing"的属性值"Population Density"应该是"401.8/km^2"，而不是知识库中的"344.9/km^2"。

下面给出具有对义关系的属性的属性值不完全错误例子。在知识库的词条"Sun Yat – sen"中，谓词公式 Valueof（Sun Yat – sen，Wife，｛Dayuexun｝）为真。由于属性"Wife"与属性"Husband"具有对义关系，因此，谓词公式 Valueof（Dayuexun，Husband，｛Sun Yat – sen｝）为真。然后，该条知识不存在于词条"Dayuexun"中。该错误是错误（12），根据定理5可以检测出该错误。

|8.3　本章小结|

本章阐述概念分类层次知识的评估方法，实体属性知识评估方法。概念分类层次知识的评估包括概念分类层次知识的构建准则、概念分类层次知识的方法。实体属性知识评估包括属性之间的关系分类、单种属性关系的属性知识验证或评估、多种属性关系的属性知识验证或评估、属性知识验证方法应用。

参考文献

［1］什么是人工智能？人工智能研究什么？［OL］. https：∥www. chinairn. com/
news/20190729/175613799. shtml，2022.

［2］什么是人工智能？浅谈人工智能的研究目标是什么？ ［OL］. https：∥
3g. 163. com/dy/article/H629ACHB0511VD5C. html，2022.

［3］符号主义［OL］. https：∥baike. baidu. com/item/％E7％AC％A6％E5％8F％
B7％E4％B8％BB％E4％B9％89/10570834，2022.

［4］知识工程是什么？我国知识工程行业调研［OL］https：∥www. chinairn.
com/news/20200516/123330698. shtml，2022.

［5］杨福义，叶其松. 人工智能时代知识工程的初步探索［J］. 人工智能与机
器人研究，2021，10（1）：9 – 28.

［6］张钹，朱军，苏杭. 迈向第三代人工智能［J］. 中国科学：信息科学，
2020，50（9）：1281 – 1302.

［7］吴信东，何进，陆汝钤，郑南宁. 从大数据到大知识：HACE + BigKE
［J］. 自动化学报，2016，42（7）：965 – 982.

［8］张春霞. 领域文本知识获取方法研究及其在考古领域中的应用［D］. 博
士学位论文. 中国科学院计算技术研究所，北京. 2005.

［9］ Chunxia Zhang, Junpeng Chen. A Pattern Ontology and Its Applications in
Knowledge Services Based on Big Data ［C］. China Simulation Conference,
2015.

［10］ Chunxia Zhang, Cungen Cao, Fang Gu, and Jinxin Si. A Domain – Specific

Formal Ontology of Archaeology and Its Application in Knowledge Acquisition and Analysis［J］. Journal of Computer Science and Technology，2004，19（3）：290 –301.

［11］ Loom 4. 0 Release Notes ［OL］. http：//www. isi. edu/isd/LOOM/how – to – get. html，2022.

［12］ Vinay K. Chaudhri，Adam Farquhar，Richard Fikes，Peter D. Karp，James P. Rice. The Generic Frame Protocol 2. 0，KSL – 97 – 05 ［OL］. http：// www. ksl. stanford. edu/KSL_ Abstracts/KSL – 97 – 05. html，1997.

［13］ Ahlem Chérifa Khadir，Hassina Aliane，Ahmed Guessoum：Ontology Learning：Grand Tour and Challenges ［J］. Computer Science Review，2021，39：100339.

［14］ Rudi Studer，V. Richard Benjamins，Dieter Fensel. Knowledge Engineering，Principles and Methods ［J］. Data and Knowledge Engineering，1998，25（1 –2）：161 –197.

［15］ Alessandro Artale，Enrico Franconi，Nicola Guarino，Luca Pazzi. Part – Whole Relations in Object – Centered Systems：An Overview ［J］. Data & Knowledge Engineering，1996，20（3）：347 –383.

［16］ Cássia Trojahn，Renata Vieira，Daniela Schmidt，Adam Pease，Giancarlo Guizzardi. Foundational Ontologies Meet Ontology Matching：A Survey ［J］. Semantic Web，2022，13（4）：685 –704.

［17］ Asunción Gómez – Pérez，V. Richard Benjamins. Overview of Knowledge Sharing and Reuse Components：Ontologies and Problem – Solving Methods ［C］. CEUR Workshop Proceedings，1999.

［18］ Asuncion Gomez – Perez. Evaluation of Taxonomic Knowledge in Ontologies and Knowledge Bases ［C］. Proceedings of the Workshop for Knowledge Acquisition，Modeling and Management，1999.

［19］ The CIDOC Conceptual Reference Model(CIDOC CRM)［OL］. http：//cidoc. ics. forth. gr/，2022.

［20］ 张春霞，彭成，罗妹秋，牛振东. 数学课程知识图谱构建及其推理 ［J］. 计算机科学，2020，47（S02），573 –578.

［21］ Thomas R Gruber. Toward Principles for the Design of Ontologies Used for Knowledge Sharing? ［J］. International Journal of Human – Computer Studies，1995，43（5 –6）：907 –928.

［22］ 曾庆田，曹存根，眭跃飞，司晋新，田国刚，刘汉武. 基于本体的数学

知识获取与知识继承机制研究［J］．微电子学与计算机，2003，20（9）：19－27．

［23］ 何中胜，庄燕滨．基于概念图的离散数学课程自主学习系统［J］．高等理科教育，2018，（1）：90－95．

［24］ 屈婉玲，耿素云，张立昂．离散数学［M］．北京：高等教育出版社，2017．

［25］ 李涛，王次臣，李华康．知识图谱的发展与构建［J］．南京理工大学学报（自然科学版），2017，41（1）：22－34．

［26］ 朱木易洁，鲍秉坤，徐常胜．知识图谱发展与构建的研究进展［J］．南京信息工程大学学报（自然科学版），2017，9（6）：575－582．

［27］ Chunxia Zhang，Cungen Cao，Yuefei Sui，Xindong Wu：A Chinese Time Ontology for the Semantic Web［J］．Knowledge－based System，2011，24（7）：1057－1074．

［28］ CommonKADS 知识工程方法及其应用［OL］，http：∥www.360doc.com/content/07/0924/15/23620＿767175.shtml，2022．

［29］ 基于 CommonKADS 方法论实现知识库系统［OL］．http：∥www.bubuko.com/infodetail－2242001.html，2022．

［30］ Knowledge－Based Systems with the CommonKADS Methodology［OL］．https：∥www.codeproject.com/articles/43474/knowledge－based－systems－with－the－commonkads－method，2009．

［31］ Jerry R. Hobbs，Feng Pan. An Ontology of Time for the Semantic Web［J］．ACM Transactions on Asian Language Information Processing，2004，3（1）：66－85．

［32］ KSL－Time［OL］，http：∥www.ksl.stanford.edu/ontologies/time，2008．

［33］ Time and Dates［OL］，http：∥www.cyc.com/cycdoc/vocab/time－vocab.html，2002．

［34］ Qiangze Feng，Cungen Cao，Yuefei Sui，et al. MASAQ：A Multi－Agent System for Answering Questions Based on an Encyclopedic Knowledge Base［C］．Proceedings of the International Workshop on Declarative Agent Languages and Technologies，2004，1－8．

［35］ 世界上最负盛名的十种历法［OL］，https：∥baijiahao.baidu.com/s？id＝1725187165660623677&wfr＝spider&for＝pc，2022．

［36］ Chunxia Zhang，Cungen Cao，Zhendong Niu，Qing Yang. A Transformation－Based Error－Driven Learning Approach for Chinese Temporal Information Extraction ［C］. Proceedings of the Fourth Asian Information Retrieval Symposium，2008.

［37］Mingli Wu，Wenjie Li，Qin Lu，Baoli Li. CTEMP：A Chinese Temporal Parser for Extracting and Normalizing Temporal Information ［C］. Proceedings of the Second International Joint Conference on Natural Language Processing，2005，694 – 706.

［38］朱乐俊，王卫民. 基于 BERT – FLAT – CRF 模型的中文时间表达式识别 ［J］. 软件导刊，2021，20（7）：5.

［39］王东升，王卫民，祁云松，王石，曹存根. 基于错误驱动的语义文法自动扩展学习方法研究 ［J］. 电子学报，2021，49（2）：248 – 259.

［40］张春霞，郝天永. 汉语自动分词的研究现状与困难 ［J］. 系统仿真学报，2005，17（1）：138 – 143.

［41］《汉语信息处理词汇 01 部分：基本术语（GB12200.1 – 90）》［M］. 北京：中国标准出版社，1990.

［42］章登义，胡思，徐爱萍. 一种基于双向 LSTM 的联合学习的中文分词方法 ［J］. 计算机应用研究，2019，36（10）：5.

［43］Changzai Pan，Maosong Sun，Ke Deng. TopWORDS – Seg：Simultaneous Text Segmentation and Word Discovery for Open – Domain Chinese Texts via Bayesian Inference ［C］. Proceedings of the Annual Meeting of the Association for Computational Linguistics，2022：158 – 169.

［44］Kaiyu Huang，Keli Xiao，Fengran Mo，Bo Jin，Zhuang Liu，Degen Huang. Domain – Aware Word Segmentation for Chinese Language：A Document – Level Context – Aware Model ［J］. ACM Transactions on Asian and Low – Resource Language Information Processing. 2022，21（2）：41：1 – 41：16.

［45］李家福，张亚非. 一种基于概率模型的分词系统 ［J］. 系统仿真学报，2002，14（5）：544 – 550.

［46］Kaiyu Huang，Junpeng Liu，Degen Huang，Deyi Xiong，Zhuang Liu，Jinsong Su. Enhancing Chinese Word Segmentation via Pseudo Labels for Practicability ［C］. Findings of the Association for Computational Linguistics：ACL/IJCNLP，2021：4369 – 4381.

［47］金翔宇，孙正兴，张福炎. 一种中文文档的非受限无词典抽词方法 ［J］. 中文信息学报，2001，15（6）：33 – 39.

［48］任智慧，徐浩煜，封松林，周晗，施俊. 基于 LSTM 网络的序列标注中文分词法 ［J］. 计算机应用研究，2017，34（5）：1321 – 1324，1341.

［49］张忠林，余炜，闫光辉，袁晨予. 基于 ACNNC 模型的中文分词方法
［J］. 中文信息学报，2022，36（8）：12－19.

［50］涂文博，袁贞明，俞凯. 无池化层卷积神经网络的中文分词方法［J］.
计算机工程与应用，2020，56（2）：120－126.

［51］王明会，钟义信，田中英严. 汉语文本切分的形式化和难点分析［C］.
中国人工智能学会第九届全国学术年会论文集：中国人工智能进展，
2001，987－991.

［52］Chunxia Zhang，Cungen Cao，Zhendong Niu. A Bootstrapping Approach for
Chinese Main Verb Identification［C］. Proceedings of the Eleventh International-
al Conference on Knowledge－Based Intelligent Information and Engineering
Systems，2017，580－587.

［53］刘源，谭强，沈旭昆. 信息处理用现代汉语分词规范及自动分词方法
［M］. 北京：清华大学出版社，1994.

［54］黄昌宁，高剑峰，李沐. 对自动分词的反思［C］. 全国第七届语言学联
合学术会议. 2003，26－38.

［55］唐琳，郭崇慧，陈静锋. 中文分词技术研究综述［J］. 数据分析与知识
发现. 2020，38/39：1－17.

［56］汉语语法和英语语法的区别［OL］，http：//m. ccutu. com/273271. html，
2022.

［57］朱晓亚. 现代汉语句模研究［M］. 北京：北京大学出版社，2001.

［58］Binggong Ding，Changning Huang，Degen Huang. Chinese Main Verb Identifi-
cation：from Specification to Realization［J］. International Journal of Computa-
tional Linguistics & Chinese Language Processing，2005，10（1）：53－94.

［59］中国大百科全书［M］. 北京：中国大百科全书出版社，1998.（Chinese
Encyclopedia. Beijing：Encyclopedia of China Publishing House，1998.）

［60］Chunxia Zhang，Peng Jiang. Automatic Extraction of Definitions［C］. Pro-
ceedings of the second International Conference on Computer Science and Infor-
mation Technology 2009，364－368.

［61］Chunxia Zhang，Zhendong Niu，Peng Jiang，Hongping Fu. Domain－Specific
Term Extraction from Free Texts［C］. Proceedings of the International Confer-
ence on Fuzzy Systems and Knowledge Discovery. Chongqing，China，2012，
1302－1305.

［62］Pavel Shvaiko，Jérôme Euzenat. Ontology Matching State of the Art and Future
Challenges［J］. IEEE Transactions on Knowledge and Data Engineering，

2013, 25 (1), 158 – 176.

[63] Lorena Otero – Cerdeira, Francisco J. Rodríguez – Martínez, Alma Gómez – Rodríguez. Ontology Matching：a Literature Review [J]. Expert Systems with Applications, 2015, 42 (2), 949 – 971.

[64] Rui Zhang, Bayu Distiawan Trisedya, Miao Li, Yong Jiang, Jianzhong Qi. A Benchmark and Comprehensive Survey on Knowledge Graph Entity Alignment via Representation Learning [J]. The VLDB Journal, 2022, 31 (5)：1143 – 1168.

[65] Xiang Zhao, Weixin Zeng, Jiuyang Tang, Wei Wang, Fabian M. Suchanek. An Experimental Study of State – of – the – Art Entity Alignment Approaches [J]. IEEE Transactions on Knowledge and Data Engineering, 2022, 34 (6)：2610 – 2625.

[66] Jérôme Euzenat, Pavel Shvaiko. Ontology Matching [M], Heidelberg：Springer, 2013.

[67] Ontology Alignment [OL]. https：//en. wikipedia. org/wiki/Ontology _ alignment, 2022.

[68] 庄严, 李国良, 冯建华. 知识库实体对齐技术综述 [J]. 计算机研究与发展, 2016, 53 (1), 165 – 192.

[69] Chunxia Zhang, Xiuzhang Yang, Shuliang Wang, Zhendong Niu, Yu Guo. A Multi – View Fusion Approach for Entity Alignment [C]. Proceedings of the IEEE International Conference on Cognitive Informatics & Cognitive Computing, 2017, 388 – 393.

[70] Yanhui Peng, Jing Zhang, Cangqi Zhou, Shunmei Meng. Knowledge Graph Entity Alignment Using Relation Structural Similarity [J]. Journal of Database Management, 2022, 33 (1)：1 – 19.

[71] 漆桂林, 黄智生, 杜剑峰. 面向语义 Web 的知识管理技术 [M]. 北京：高等教育出版社, 2015.

[72] 蒋湛, 姚晓明, 林兰芬. 基于特征自适应的本体映射方法 [J]. 浙江大学学报（工学版）, 2014, 48 (01)：76 – 84.

[73] Kai Yang, Shaoqin Liu, Junfeng Zhao, Yasha Wang, Bing Xie. COTSAE：CO – Training of Structure and Attribute Embeddings for Entity Alignment [C]. Proceedings of the Thirty – Fourth AAAI Conference on Artificial Intelligence (AAAI) [C], 2020, 3025 – 3032.

[74] Zhiyuan Liu, Yixin Cao, Liangming Pan, Juanzi Li, Tat – Seng Chua. Exploring

and Evaluating Attributes, Values, and Structures for Entity Alignment [C]. Proceedings of the Conference on Empirical Methods in Natural Language Processing (EMNLP), 2020: 6355 – 6364.

[75] 李广一, 王厚峰. 基于多步聚类的汉语命名实体识别和歧义消解 [J]. 中文信息学报, 2013, 27 (5), 29 – 35.

[76] Chang Xu, Dacheng Tao, Chao Xu. A Survey of Multi – View Learning, https://arxiv.org/pdf/1304.5634.pdf, 2013.

[77] Harith Alani, Sanghee Kim, David E. Millard, Mark J. Weal, Paul H. Lewis, Wendy Hall, Nigel Shadbolt. Automatic Extraction of Knowledge from Web Documents [C]. Proceedings of the second International Semantic Web Conference – Workshop on Human Language Technology for the Semantic Web and Web Services, 2003.

[78] Efstathios Stamatatos. A Survey of Modern Authorship Attribution Methods [J]. Journal of the American Society for Information Science and Technology, 2009, 60 (3): 538 – 556.

[79] Tufan TAS, Abdul Kadir GÖRÜR. Author Identification for Turkish Texts [J]. Journal of Arts and Sciences 2007, 7: 151 – 161.

[80] 张洋, 江铭虎. 作者识别研究综述 [J]. 自动化学报, 2021, 47 (11): 2501 – 2520.

[81] Fereshteh Jafariakinabad, Kien A. Hua. A Self – Supervised Representation Learning of Sentence Structure for Authorship Attribution [J]. ACM Transactions on Knowledge Discovery from Data, 2022, 16 (4): 1 – 16.

[82] Farkhund Iqbal, Hamad Binsalleeh, Benjamin C. M. Fung, Mourad Debbabi. A Unified Data Mining Solution for Authorship Analysis in Anonymous Textual Communications [J]. Information Sciences, 2013, 231: 98 – 112.

[83] Chunxia Zhang, Xindong Wu, Zhendong Niu, Wei Ding. Authorship Identification from Unstructured Texts [J]. Knowledge – Based System, 2014, 66: 99 – 111.

[84] Efstathios Stamatatos. Authorship Attribution Based on Feature Set Subspacing Ensembles [J]. International Journal on Artificial Intelligence Tools, 2006, 15 (5): 823 – 838.

[85] Haiyan Wu, Zhiqiang Zhang, Qingfeng Wu. Exploring Syntactic and Semantic Features for Authorship Attribution [J]. Applied Soft Computing, 2021, 111: 107815.

[86] Kim Luyckx, Walter Daelemans. Shallow Text Analysis and Machine Learning for Authorship Attribution [C]. Proceedings of the Fifteenth Meeting of Computational Linguistics in the Netherlands, 2005, 149 – 160.

[87] Rong Zheng, Jiexun Li, Hsinchun Chen, Zan Huang. A Framework for Authorship Identification of Online Messages: Writing – Style Features and Classification Techniques [J]. Journal of the American Society for Information Science and Technology, 2006, 57 (3), 378 – 393.

[88] Philip M. McCarthy, Gwyneth A. Lewis, David F. Dufty, Danielle S. McNamara. P. Analyzing Writing Styles with Coh – metrix [C]. Proceedings of the Florida Artificial Intelligence Research Society International Conference, 2006, 764 – 769.

[89] Marie – Catherine de Marneffe and Christopher D. Manning. Stanford Typed Dependencies Manual [OL], https://worksheets. codalab. org/rest/bundles/ 0x953afe5537074b4b9cd3c57e08e2d865/contents/blob/StanfordDependenciesManual. pdf, 2008.

[90] John Houvardas, Efstathios Stamatatos. N – gram Feature Selection for Authorship Identification [C]. Proceedings of the International Conference on Artificial Intelligence: Methodology, Systems, and Applications, 2006, 77 – 86.

[91] Efstathios Stamatatos. Using Text Sampling to Handle the Class Imbalance Problem [J]. Information Processing and Management, 2008, 44 (2): 790 – 799.

[92] Carole E. Chaski. Who's at the keyboard? Authorship Attribution in Digital Evidence Investigations [J]. International Journal of Digital Evidence, 2005, 4 (1), 1 – 13.

[93] Robert Gorman: Author Identification of Short Texts Using Dependency Treebanks Without Vocabulary [J]. Digital Scholarship Humanities, 2020, 35 (4): 812 – 825.

[94] Hans van Halteren, R. Harald Baayen, Fiona J. Tweedie, Marco Haverkort, Anneke Neijt. New Machine Learning Methods Demonstrate the Existence of a Human Stylome [J]. Journal of Quantitative Linguistics, 2005, 12 (1), 65 – 77.

[95] Reza Ramezani. A Language – Independent Authorship Attribution Approach for Author Identification of Text Documents [J]. Expert System with Application. 2021, 180: 115139.

［96］ Moshe Koppel, Jonathan Schler, Elisheva Bonchek - Dokow. Measuring Differentiability: Unmasking Pseudonymous Authors ［J］. Journal of Machine Learning Research, 2007, 8: 1261 - 1276.

［97］ Shlomo Argamon, Casey Whitelaw, Paul J. Chase. et al. Stylistic Text Classification Using Functional Lexical Features ［J］. Journal of the American Society for Information Science and Technology, 2007, 58 (6): 802 - 822.

［98］ Michael Gamon. Linguistic correlates of style: Authorship Classification with Deep Linguistic Analysis Features ［C］. Proceedings of the 20th International Conference on Computational Linguistics, 2004, 611 - 617.

［99］ Gavin Brown, Adam Pocock, Ming - Jie Zhao, Mikel Luján. Conditional Likelihood Maximization: A Unifying Framework for Information Theoretic Feature Selection ［J］. Journal of Machine Learning Research, 2012, 13: 27 - 66.

［100］ Brian Quanz, Jun Huan, Meenakshi Mishra. Knowledge Transfer with Low - Quality Data: a Feature Extraction Issue ［J］. IEEE Transactions on Knowledge and Data Engineering, 2012, 24 (10): 1789 - 1802.

［101］ Chanchal Suman, Ayush Raj, Sriparna Saha, Pushpak Bhattacharyya. Authorship Attribution of Microtext Using Capsule Networks ［J］. IEEE Transactions on Computational Social Systems, 2022, 9 (4): 1038 - 1047.

［102］ Tsau Young Lin, Shangxuan Zhang. An Automata Based Authorship Identification System ［C］. Workshops with the 12th Pacific - Asia Conference on Knowledge Discovery and Data Mining, 2008, 134 - 142.

［103］ David D. Lewis, Yiming Yang, Tony G. Rose, Fan Li. Rcv1: A New Benchmark Collection for Text Categorization Research ［J］. Journal of Machine Learning Research, 2004, 5: 361 - 397.

［104］ Na Cheng, Rajarathnam Chandramouli, K. P. Subbalakshmi. Author Gender Identification from Text ［J］. Digital Investigation, 2011, 8 (1): 78 - 88.

［105］ Tayfun Kucukyilmaz, Ayça Deniz, Hakan Ezgi Kiziloz: Boosting Gender Identification Using Author Preference ［J］. Pattern Recognition Letter. 2020, 140: 245 - 251.

［106］ 王璐，作者身份属性识别 ［D］. 硕士学位论文，北京理工大学，2013.

［107］ Claudia Peersman, Walter Daelemans, Leona Van Vaerenbergh. Predicting Age and Gender in Online Social Networks ［C］. Proceedings of the third International Workshop on Search and Mining User - generated Contents, 2011, 37 - 44.

［108］ Cathy Zhang，Pengyu Zhang. Predicting gender from blog posts，http：//web. stanford. edu/ ~ pyzhang/papers/gender_ prediction. pdf，2010.

［109］ Chunxia Zhang，Yu Guo，Jiayu Wu，Shuliang Wang，Zhendong Niu，Wen Cheng，An Approach for Identifying Author Profiles of Blogs ［C］. Proceedings of the 13th International Conference on Advanced Data Mining and Applications，2017，475 － 487.

［110］ Hoshiladevi Ramnial，Shireen Panchoo，Sameerchand Pudaruth. Gender Profiling from PhD Theses Using K － Nearest Neighbour and Sequential Minimal Optimisation. In：Berretti S. ，Thampi S. ，Dasgupta S. （eds）Intelligent Systems Technologies and Applications. Advances in Intelligent Systems and Computing，2016，369 － 377.

［111］ Ansari Y Z，Azad S A，Akhtar H. Gender classification of blog authors ［J］. Special Issue of International Journal of Sustainable Development and Green Economics，2013.

［112］ 王晶晶，李寿山，黄磊. 中文微博用户性别分类方法研究 ［J］. 中文信息学报，2014，28. 6：150 － 155.

［113］ 王芬. 博客作者性别分类的研究 ［D］. 硕士学位论文，北京交通大学，2012.

［114］ Miguel A. Álvarez － Carmona，A. Pastor López － Monroy，Manuel Montes － y － Gómez，Luis Villaseñor － Pineda，and Hugo Jair Escalante. Inaoe's participation at PAN'15：Author Profiling Task － Notebook for PAN at CLEF 2015 ［C］. CLEF 2015 Evaluation Labs and Workshop Working Notes Papers，2015.

［115］ Arjun Mukherjee，Bing Liu. Improving Gender Classification of Blog Authors ［C］. Proceedings of the Conference on Empirical Methods in Natural Language Processing，2010，207 － 217.

［116］ Dong Nguyen，Rilana Gravel，Dolf Trieschnigg，Theo Meder. "How old do you think I am？A Study of Language and Age in Twitter ［C］. Proceedings of the seventh International AAAI Conference on Weblogs and Social Media，2013，1 － 10.

［117］ Quoc V. Le，Tomás Mikolov. Distributed Representations of Sentences and Documents ［C］. Proceedings of the 31st International Conference on Machine Learning，1188 － 1196，（2014）.

［118］ Jey Han Lau，Timothy Baldwin. An Empirical Evaluation of Doc2vec with

Practical Insights into Document Embedding Generation ［C］. Proceedings of the First Workshop on Representation Learning for NLP, Rep4NLP@ACL 2016, 78 – 86 (2016).

［119］ Siwei Lai, Kang Liu, Shizhu He, Jun Zhao: How to Generate a Good Word Embedding ［J］. IEEE Intelligent System, 2016, 31 (6): 5 – 14.

［120］ Zewen Li, Fan Liu, Wenjie Yang, Shouheng Peng, Jun Zhou: A Survey of Convolutional Neural Networks: Analysis, Applications, and Prospects ［J］. IEEE Transactions on Neural Networks and Learning System. 2022, 33 (12): 6999 – 7019.

［121］ Baotian Hu, Zhengdong Lu, Hang Li, Qingcai Chen. Convolutional Neural Network Architectures for Matching Natural Language Sentences ［C］. Proceedings of the 27th International Conference on Neural Information Processing Systems, 2014, 2042 – 2050.

［122］ Matthew F. Tennyson, Francisco J. Mitropoulos. A Bayesian Ensemble Classifier for Source Code Authorship Attribution ［C］. Proceedings of the International Conference on Similarity Search and Applications, 2014, 265 – 276.

［123］ Matthew F. Tennyson. On Improving Authorship Attribution of Source Code ［C］. Proceedings of the International Conference on Digital Forensics and Cyber Crime, 2012, 58 – 65.

［124］ Chunxia Zhang, Sen Wang, Jiayu Wu, Zhendong Niu. Authorship Identification of Source Codes ［C］. Proceedings of the APWeb – WAIM Joint Conference on Web and Big Data, 2017, 282 – 296.

［125］ Upul Bandara, Gamini Wijayarathn. Deep Neural Networks for Source Code Author Identification ［C］. Proceedings of the International Conference on Neural Information Processing, 2013, 368 – 375.

［126］ Qianjun Liu, Shouling Ji, Changchang Liu, Chunming Wu: A Practical Black – Box Attack on Source Code Authorship Identification Classifiers ［J］. IEEE Transactions on Information Forensics and Security, 2021, 16: 3620 – 3633.

［127］ Steven Burrows, Seyed MM Tahaghoghi. Source Code Authorship Attribution Using N – grams ［C］. Proceedings of the 12th Australasian Document Computing Symposium, 2007, 32 – 39.

［128］ Steven Burrows, Alexandra L. Uitdenbogerd, Andrew Turpin. Comparing Techniques for Authorship Attribution of Source Code ［J］. Software: Practice and

Experience, 2014, 44 (1), 1 – 32.

[129] Mohammed Abuhamad, Tamer AbuHmed, David Mohaisen, Daehun Nyang: Large – scale and Robust Code Authorship Identification with Deep Feature Learning [J]. ACM Transactions on Privacy and Security, 2021, 24 (4): 23: 1 – 23: 35.

[130] Bruce S Elenbogen, Naeem Seliya. Detecting Outsourced Student Programming Assignments [J]. Journal of Computing Sciences in Colleges, 2008, 23 (3), 50 – 57.

[131] Maxim Shevertalov, Jay Kothari, Edward Stehle, Spiros Mancoridis. On the Use of Discretised Source Code Metrics for Author Identification [C]. Proceedings of the International Symposium on Search Based Software Engineering, 2009, 69 – 78.

[132] Mohammed Abuhamad, Tamer AbuHmed, David Mohaisen, Daehun Nyang: Large – scale and Robust Code Authorship Identification with Deep Feature Learning [J]. ACM Transactions on Privacy and Security, 2021, 24 (4): 23: 1 – 23: 35.

[133] Roni Mateless, Oren Tsur, Robert Moskovitch: Pkg2Vec: Hierarchical Package Embedding for Code Authorship Attribution [J]. Future Generation Computer Systems, 2021, 116: 49 – 60.

[134] Chunxia Zhang, Cungen Cao, and Nengfu Xie. An Ontology – Driven Approach to Extracting Descriptive Streams [C]. Proceedings of the Second International Conference on Knowledge Economy and Development of Science and Technology, 2004, 196 – 203.

[135] Chunxia Zhang. Representation and Evaluation of Hierarchical Knowledge in Formal Ontologies [C]. Proceedings of the Second International Conference on Machine Learning and Cybernetics, 2003, 324 – 329.

[136] Chunxia Zhang, Zhendong Niu, Chongyang Shi, Mengdi Tan, Hongping Fu, Sheng Xu. Representation and Verification of Attribute Knowledge [C]. Proceedings of the International Conference on Knowledge Science, Engineering and Management, 2013, 473 – 482.